Introduction to
DIGITAL LOGIC CIRCUIT

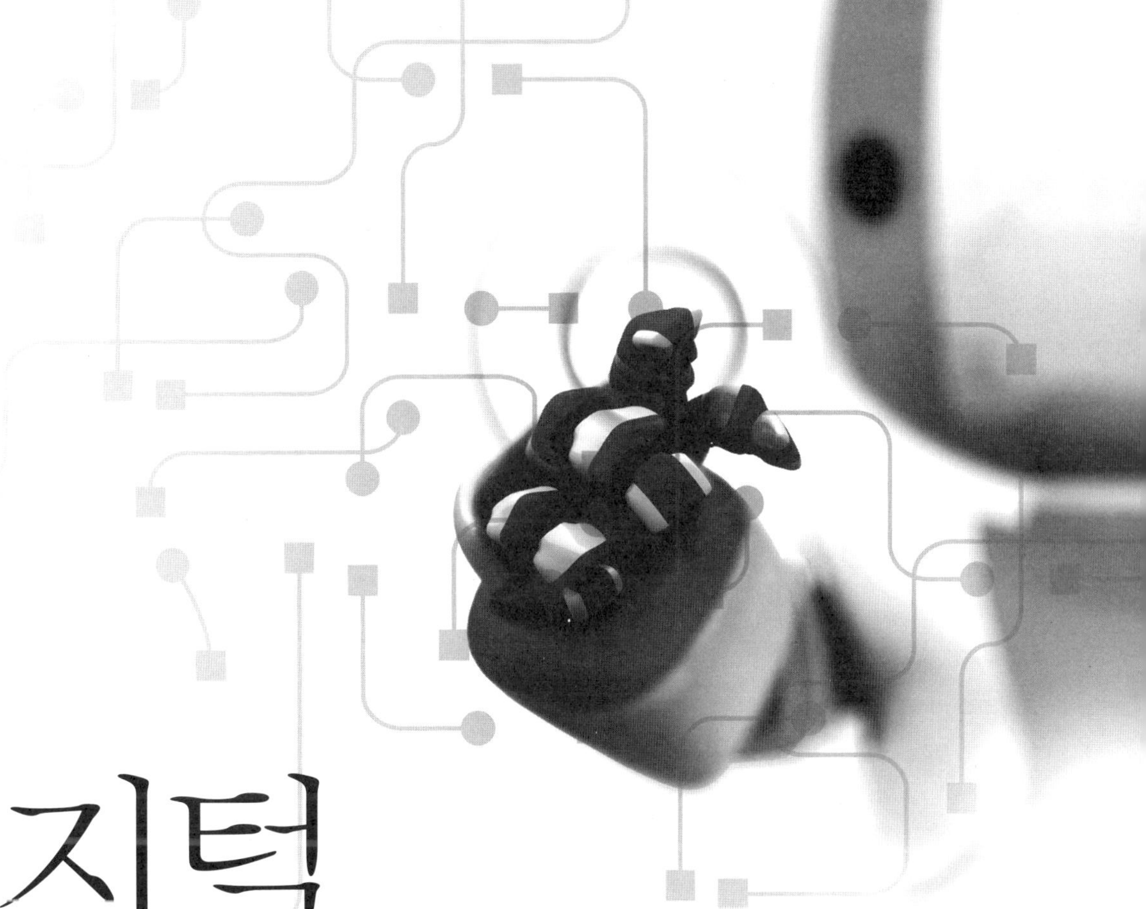

디지털 논리회로

이지영 · 박덕원 공저

| 디지털 시스템 | 디지털 코드 | 논리 게이트_Logic Gates |
| 부울대수_Boolean Algebra | 조합논리회로_combinational Logic Circuits |
| 순차논리회로_Sequential Logic Circuits |

도서출판 그린

우리는 주변에서 수도 없이 많은 디지털 기기들을 볼 수 있으며, 이런 기기의 혜택으로 높은 삶을 질을 유지하며 살아가고 있다. 현재 거의 모든 분야에서 사용되고 있는 컴퓨터도 이런 것 중에 하나이며 이제는 컴퓨터가 없이는 거의 하루도 살아가기 힘든 세상이 되었다. 컴퓨터는 디지털 시대의 꽃이라 할 수 있다. 이렇게 만능과 같은 컴퓨터의 설계 및 제작에는 디지털 논리 회로의 설계가 우선되어야 한다. 또한 디지털 논리 회로의 설계는 컴퓨터 분야뿐만 아니라 모든 디지털 장비에서 가장 기본이 부분이다. 그래서 컴퓨터학, 정보통신학, 전자공학, 전기공학 등의 관련된 학문 분야에서는 필수 과목으로 배우는 학문이다.

현재 컴퓨터 관련 학문에서 컴퓨터 하드웨어의 이해를 도와 고급 프로그래밍을 하기 위해서 많은 과목이 개설되어 있으나, 이 여러 과목 중에서도 디지털 논리회로는 컴퓨터 구조, 컴퓨터 조직론, 마이크로프로세서, 임베디드 시스템 등의 하드웨어 관련 과목의 선수과목으로 배워야하는 중요한 과목이다. 이 책은 디지털 논리 회로 분야 중에서 특히 컴퓨터 분야에 필요한 부분을 중심으로 저술하였다. 전체적으로는 8장까지로 모든 분야를 망라하고 있으나, 컴퓨터에 관련된 부분은 좀 더 많은 분량을 할당하였으며 각장의 주요 내용을 소개하면 다음과 같다.

1장 디지털 시스템

디지털 논리회로의 개념에 대해서 설명하였으며 아나 로그와 디지털 시스템을 이해하고 디지털 시스템의 기본이라 할 수 있는 수의 체계에 대해서 설명하였다. 특히 논리 회로의 기본이 되는 2진수 체계와 2진수 연산에 대한 내용을 살펴보았다.

2장 디지털 코드

디지털 논리회로를 설계하려면 여러 가지의 코드를 알아야 한다. 그래서 컴퓨터 분야에서 자주 사용되는 코드의 이론과 현재 많이 이용되고 있는 ASCII 등에 대해서 설명하였으며 통신이나 보안에 이용되는 에러 검출코드와 에러 정정 코드에 대해서 알아보았다.

3장 논리게이트

디지털 기기의 회로를 설계하기 위해 필요로 하는 기본 논리 게이트를 설명한 장으로서 각각의 게이트가 어떻게 다른가와 이 게이트 중에서 많이 이용되는 NAND, NOR, EX-OR, EX-NOR 등을 자세히 알아보았다.

4장 부울 대수

3장의 게이트들을 이용하여 실제 복잡한 회로를 설계하려고 하면 반드시 필요한 것이 디지털 시스템의 수학적 기반이 될 수 있는 부울 함수라 할 수 있다. 그래서 이 장에서는 부울 함수와 이와 관련된 법칙을 설명하였다. 또한 복잡한 회로를 간소화 시키는 맵의 간소화와 에러 검출을 위한 패리티 비트 발생기와 검사기에 대해 살펴보았다.

5장 조합논리회로

논리 회로 설계에 많이 이용되는 조합회로들의 구성과 동작 특성에 대해서 살펴보았다. 특히 이들 중에서 가산기, 비교기, 디코더, 멀티플렉서 등이 컴퓨터 회로에서 어떻게 이용되는 가를 알아보았다.

6장 순차회로

조합회로와 순차회로의 차이와 순차회로를 설계하기 위해 필요로 하는 플립플롭의 종류와 구성방법 그리고 동작방식에 대해서 설명하였으며, 이것들이 다양하게 사용되는 형태의 순차회로에 대해서 알아보았다.

7장 레지스터와 카운터

순차회로의 대표적인 회로라 할 수 있는 레지스터와 카운터 회로의 구성방법과 동작방식 등을 살펴보았으며, 특히 컴퓨터의 중요 부분인 레지스터에 대해서 자세하게 설명하였다.

8장 메모리

컴퓨터에서 이용되는 모든 데이터, 정보 그리고 프로그램은 메모리에 저장이 된다. 이때 이러한 것들이 어떻게 저장되며 사용되는지를 살펴보았으며 동작되는 방식을 자세하게 설명하였다. 또한 RAM과 ROM에 대한 것도 알아보았다.

이 책의 특징은 컴퓨터를 전공으로 하는 학생이 한 학기를 공부하기에 무리가 없도록 구성하였다. 이 책을 공부한 후에 컴퓨터 구조, 컴퓨터 조직론, 마이크로프로세서, 임베디드 시스템 등을 공부하면 많은 도움을 줄 수 있을 것으로 생각된다.

마지막으로 본 저서의 출판을 위해서 편집과정을 도와준 학부생 문종민 학생, 그리고 도서출판 그린의 윤덕우 사장님과 여러분들께 감사의 말씀을 드립니다.

2015. 9월

저자 이지영, 박덕원

CONTENTS

제3장 논리 게이트(Logic Gates) / 61

제4장 부울대수(Boolean Algebra) / 77

제6장 순차논리회로(Sequential Logic Circuits) / 197

제7장 레지스터와 카운터 / 253

제8장 메모리 / 275

제 1 장

디지털 시스템

정 오 표

페이지	위치	틀린 표기	바른 표기
P. 18	(2) 예제	$101\ 001\ 001)_2$ → $5\ 1\ 1)_8$	$101\ 001\ 001)_2$ → $5\ 1\ 1)_8$
P. 19	(3) 예제	1001 1111 0010 1010 → 9 F 2 A	1001 1111 0010 1010 → 9 F 2 A
P. 20	아래에서 4번째 줄	$35)_8=011\ 101)_2$ → 3 5	$35)_8=011\ 101)_2$ → 3 5
P. 21	3번째 줄	$0.101\ 111\ 010\ 100)_2 = 0.5724)_8$ → 5 7 2 4	$0.101\ 111\ 010\ 100)_2 = 0.5724)_8$ → 5 7 2 4
	12번째 줄	$023)_8=2\times8^{-1}+3\times8^{-2}$	$0.23)_8=2\times8^{-1}+3\times8^{-2}$
P. 23	2번째 줄	$0010\ 0011.1010)_2 = 23.A)_{16}$ → 2 3 A	$0010\ 0011.1010)_2 = 23.A)_{16}$ → 2 3 A
P. 32	연습문제 1.7	① $1000)_2-111)_2$ ② $1110-101)_2$ ③ $1010-111)_2$ ④ $1111-1101)_2$	① $1000)_2-111_2$ ② $1110-101_2$ ③ $1010-111_2$ ④ $1111-1101_2$
P. 33	연습문제 1.11	① 5FA16×3D16 ② 358×618 ③ 321×124	① $5FA_{16}\times3D_{16}$ ② $35_8\times61_8$ ③ $321_4\times12_4$
	연습문제 1.12	① $123_{10}-324)_{10}$ ② $549-675)_{10}$	① $123)_{10}-324_{10}$ ② $549)_{10}-675_{10}$
P. 34	연습문제 1.17	① $0.125)_5$	① $0.125)$
P. 45	12번째 줄	$0\ 1\ 0\ 1)_2$ → $0\ 1\ 1\ 1)_g$	$0\ 1\ 0\ 1)_2$ → $0\ 1\ 1\ 1)_g$
P. 63	7번째 줄	여기 상태 또는 들뜬 상태라고 한다.	여기 상태(Excited state) 또는 들뜬 상태라고 한다.
P. 70	그림 3.11(d)	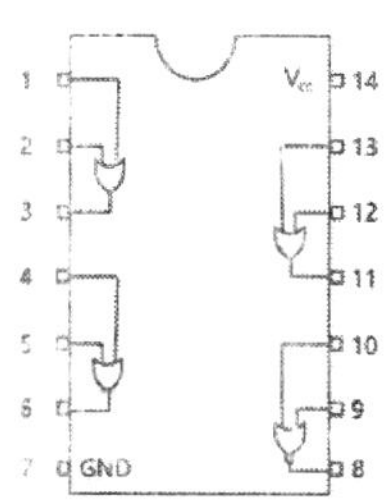 (d) OR게이트(7432)	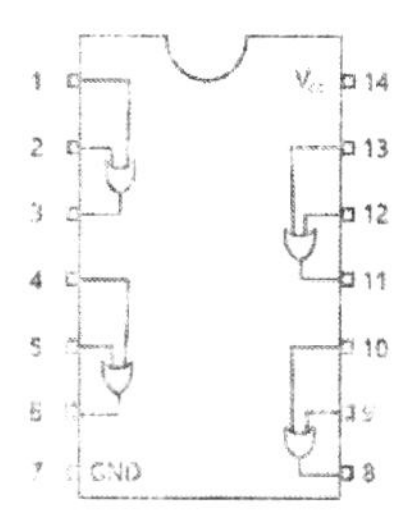 (d) OR게이트(7432)
P. 83	8번째 줄	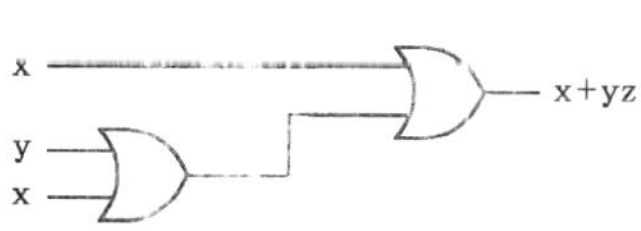	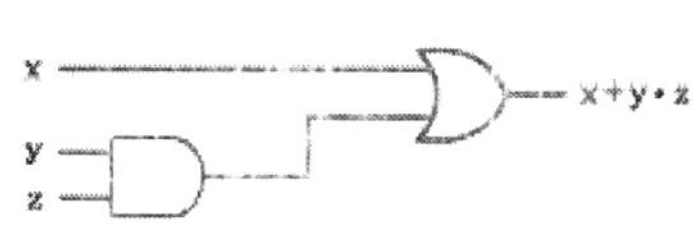

P. 86	그림 4.1	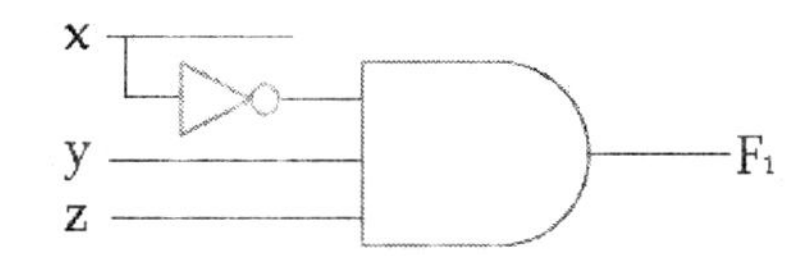	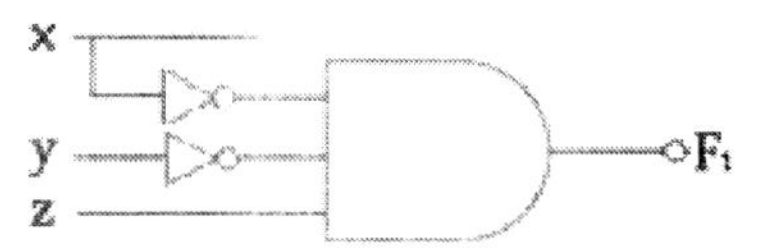
	그림 4.1	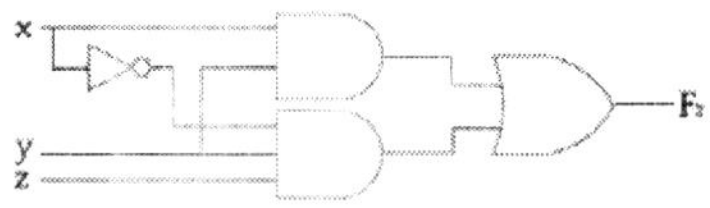	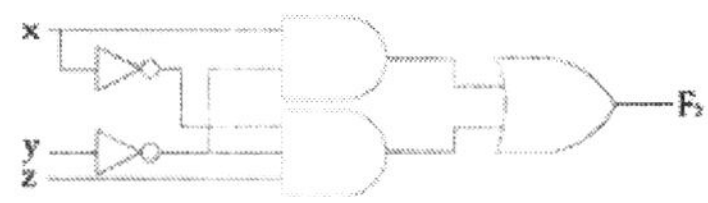
P. 88	5번째 줄	$F = (xyz' + x'yz + xz')'$	$F' = (xyz' + x'yz + xz')'$
P. 114	연습문제 4.6	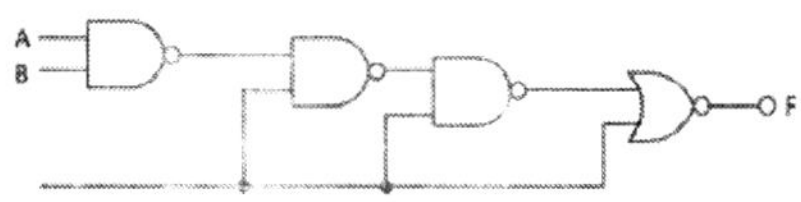	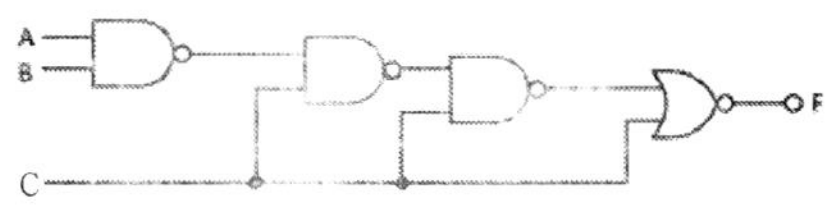
P. 122	그림 5.2	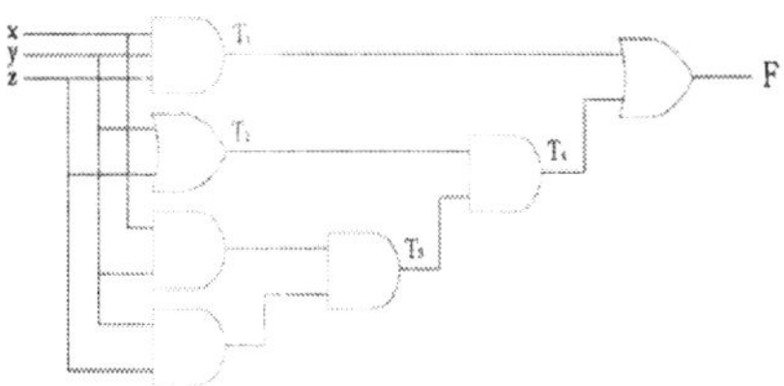	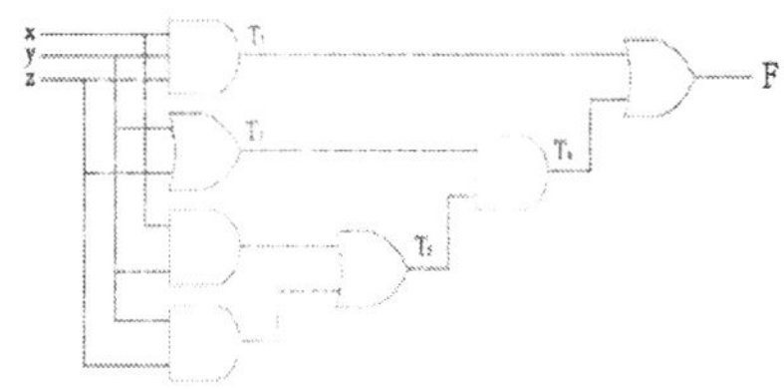
P. 130	그림 5.9	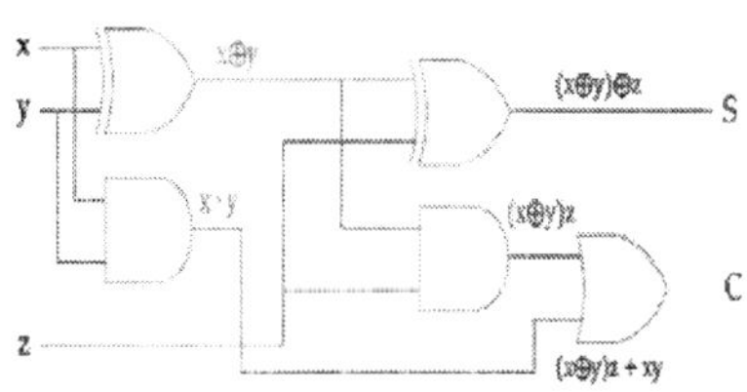	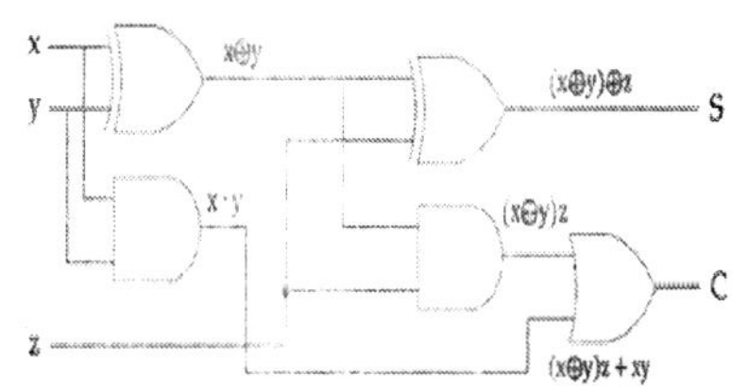
P. 132	그림 5.10	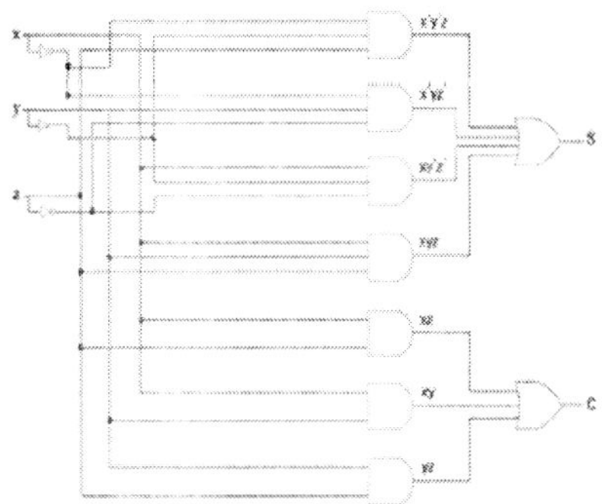	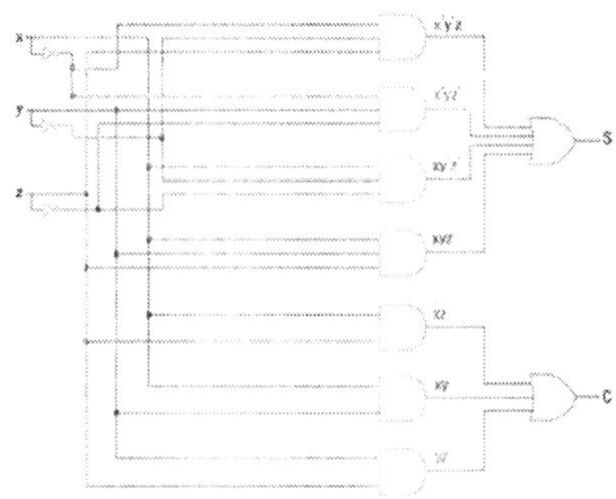
P. 136	8번째 줄	$C_2 = G_1 + P_1C_1$ $C_3 = G_2 + P_2C_2 = G_2 + P_2(G_1 + P_1C_1) = G_2 + P_2G_1 + P_2P_1C_1$ $C_4 = G_3 + P_3C_3 = G_3 + P_3G_2 + P_3P_2G_1 + P_3P_2P_1C_1$	**i = 1일 때**, $C_2 = G_1 + P_1C_1$ **i = 2일 때**, $C_3 = G_2 + P_2C_2 = G_2 + P_2(G_1 + P_1C_1) = \cdots$ **i = 3일 때**, $C_4 = G_3 + P_3C_3 = G_3 + P_3G_2 + P_3P_2G_1 \cdots$

P. 138 — 표 5.2

2진수 0					BCD합					Decimal
K	Z_8	Z_4	Z_2	Z_1	C	S_8	S_4	S_2	S_1	
0	0	0	0	0	0	0	0	0	0	0
0	0	0	0	1	0	0	0	0	1	1
0	0	0	1	0	0	0	0	1	0	2
0	0	0	1	1	0	0	0	1	1	3
0	0	1	0	0	0	0	1	0	0	4
0	0	1	0	1	0	0	1	0	1	5
0	0	1	1	0	0	0	1	1	0	6
0	0	1	1	1	0	0	1	1	1	7
0	1	0	0	0	0	1	0	0	0	8
0	1	0	0	1	0	1	0	0	1	9
0	1	0	1	0	1	0	0	0	0	10
0	1	0	1	1	1	0	0	0	1	11
0	1	1	0	0	1	0	0	1	0	12
0	1	1	0	1	1	0	0	1	1	13
0	1	1	1	0	1	0	1	0	0	14
1	0	0	0	0	1	0	1	1	0	15
1	0	0	0	1	1	0	1	1	1	16
1	0	0	1	0	1	1	0	0	0	17
1	0	0	1	1	1	1	0	0	1	18

2진수 0					BCD합					Decimal
K	Z_8	Z_4	Z_2	Z_1	C	S_8	S_4	S_2	S_1	
0	0	0	0	0	0	0	0	0	0	0
0	0	0	0	1	0	0	0	0	1	1
0	0	0	1	0	0	0	0	1	0	2
0	0	0	1	1	0	0	0	1	1	3
0	0	1	0	0	0	0	1	0	0	4
0	0	1	0	1	0	0	1	0	1	5
0	0	1	1	0	0	0	1	1	0	6
0	0	1	1	1	0	0	1	1	1	7
0	1	0	0	0	0	1	0	0	0	8
0	1	0	0	1	0	1	0	0	1	9
0	1	0	1	0	1	0	0	0	0	10
0	1	0	1	1	1	0	0	0	1	11
0	1	1	0	0	1	0	0	1	0	12
0	1	1	0	1	1	0	0	1	1	13
0	1	1	1	0	1	0	1	0	0	14
0	1	1	1	1	1	0	1	0	1	15
1	0	0	0	0	1	0	1	1	0	16
1	0	0	0	1	1	0	1	1	1	17
1	0	0	1	0	1	1	0	0	0	18
1	0	0	1	1	1	1	0	0	1	19

페이지	위치	수정 전	수정 후
P. 141	마지막 줄	$P_i = (A_iB_i' + A_i'B_i)' = A_i'B_i' + A_iB_i$	$x_i = (A_iB_i' + A_i'B_i)' = A_i'B_i' + A_iB_i$
P. 142	1번째 줄	$P_i = 1$	$x_i = 1$
	2번째 줄	P의 값은 0이 된다.	x의 값은 0이 된다.
	5번째 줄	$(A = B) = P_4P_3P_2P_1$	$(A = B) = x_4x_3x_2x_1$
	7번째 줄	P_i 값을 알아보면	x_i 값을 알아보면
	10번째 줄	$\cdots + P_4A_3B_3' + P_4P_3A_2B_2' + P_4P_3P_2A_1B_1'$ $\cdots + P_4A_3'B_3 + P_4P_3A_2'B_2 + P_4P_3P_2A_1'B_1$	$\cdots + x_4A_3B_3' + x_4x_3A_2B_2' + x_4x_3x_2A_1B_1'$ $\cdots + x_4A_3'B_3 + x_4x_3A_2'B_2 + x_4x_3x_2A_1'B_1$
P. 143	그림 5.19	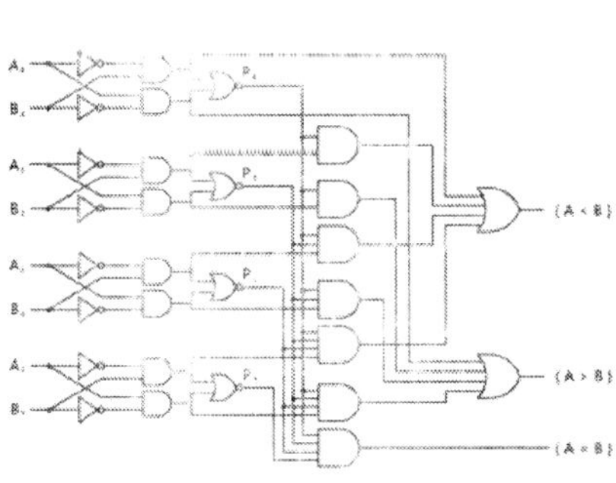	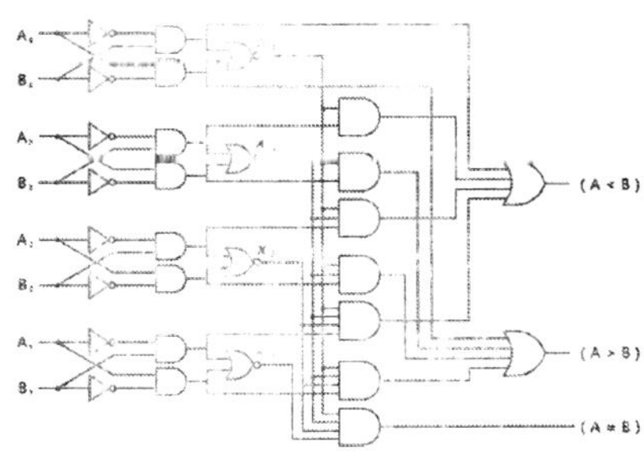 $P \rightarrow x$
P. 145	그림 5.22(b)	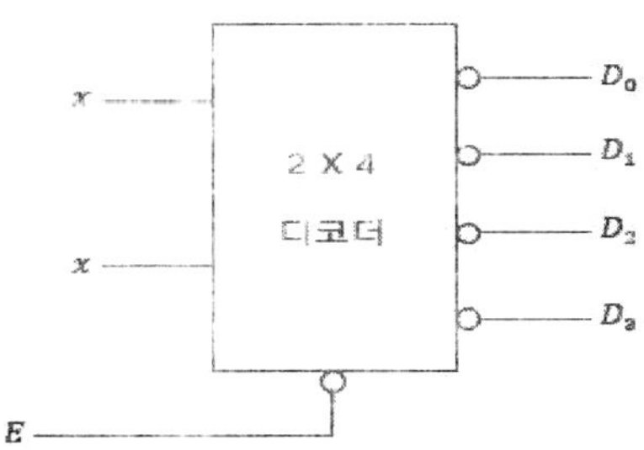	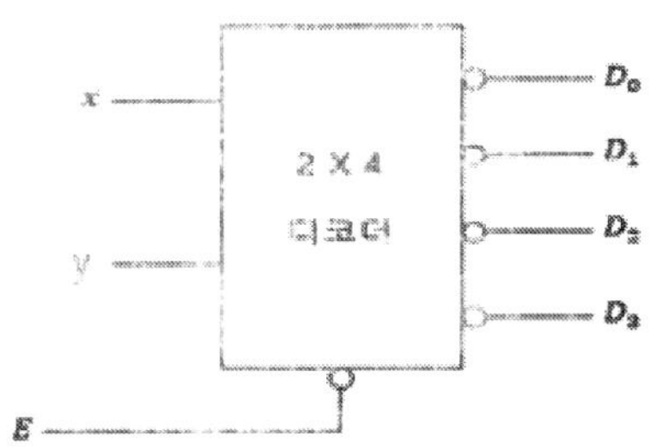

P. 145	그림 5.23	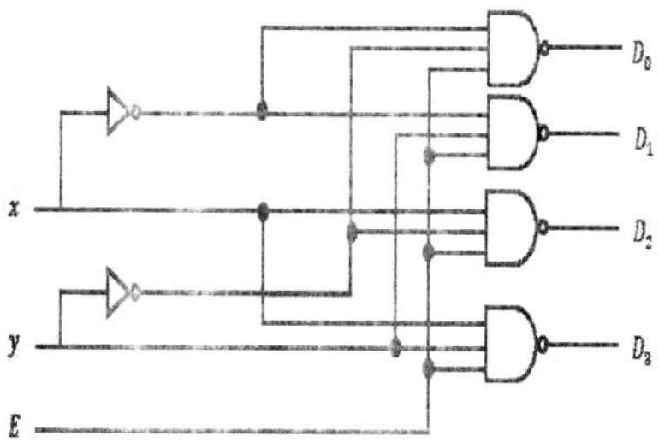	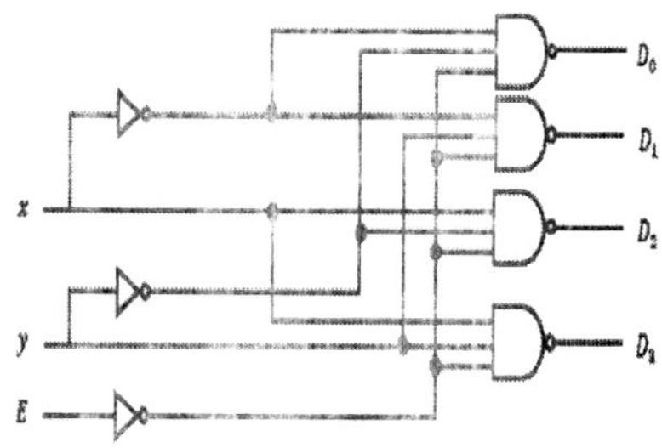
	그림 5.24	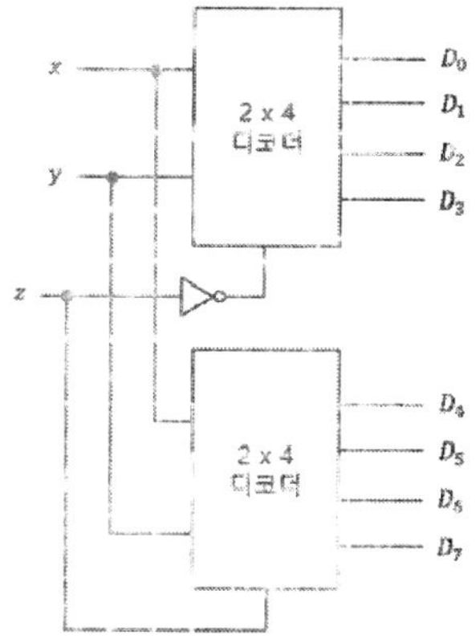	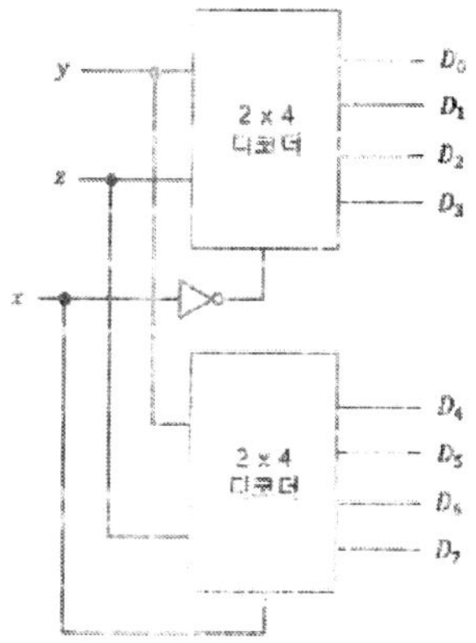
P. 154	마지막 줄	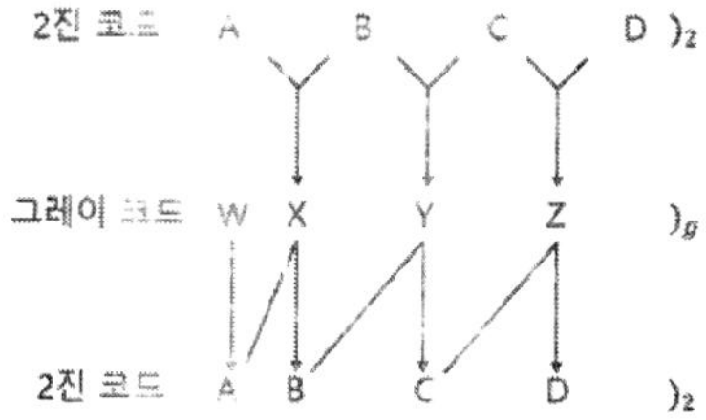	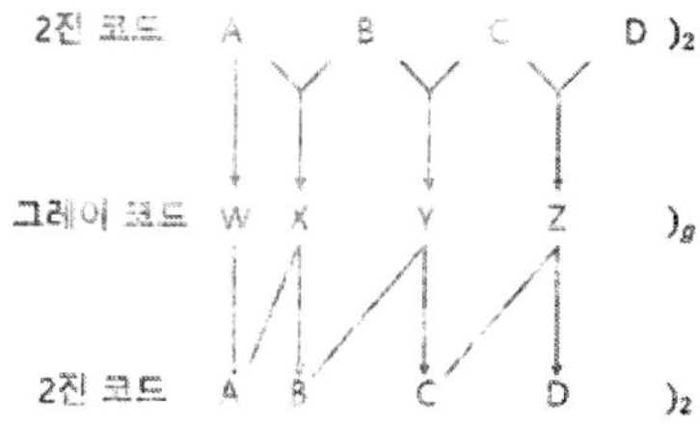
P. 159	그림 5.34	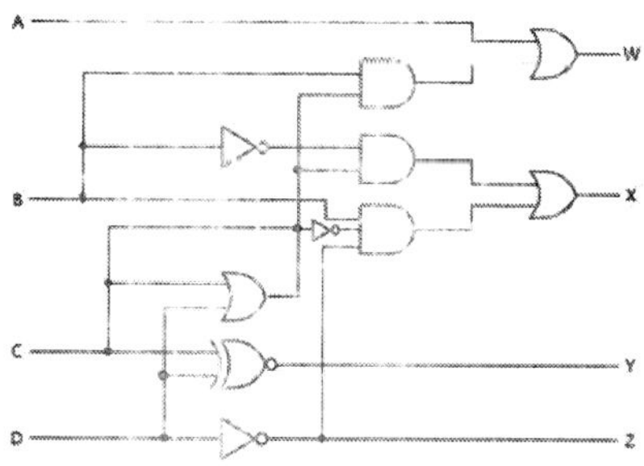	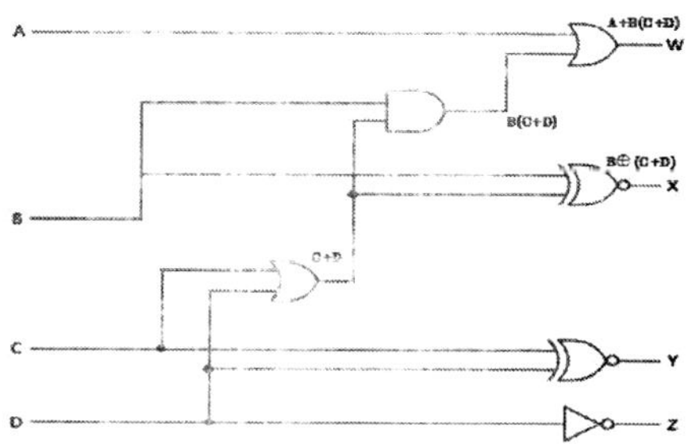
P. 168	2번째 줄	P_E=x'y'z'p+ x'y'zp+ x'yz'p'+ ⋯	P_E=x'y'z'p+ x'y'zp'+ x'yz'p'+ ⋯
	3번째 줄	=x'y'(z'p+ zp)+ x'y(z'p'+ zp)⋯	=x'y'(z'p+ zp')+ x'y(z'p'+ zp)⋯
	5번째 줄	(x⊕A, z⊕p=B라면)	(x⊕y=A, z⊕p=B라면)
P. 176	중간 회색 박스	{=Σ(8,9)) {=Σ(4,5,6,7)) {=Σ(2,3,6,7)) {=Σ(1,3,5,7,9))	{=Σ(8,9)} {=Σ(4,5,6,7)} {=Σ(2,3,6,7)} {=Σ(1,3,5,7,9)}

P. 191	연습문제 5.1	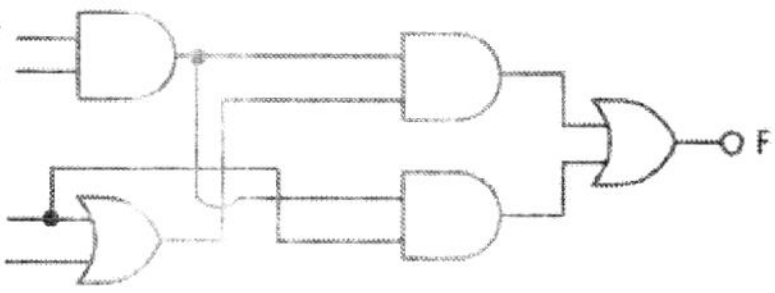	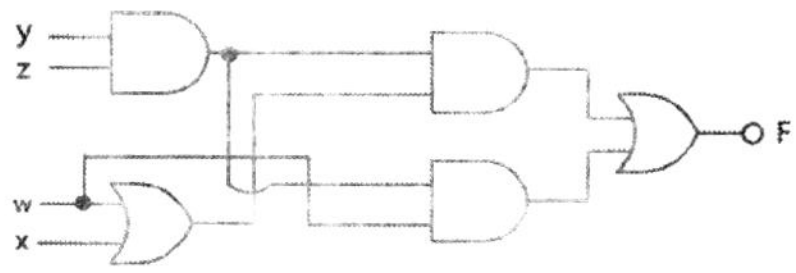
P. 234	그림 6.26	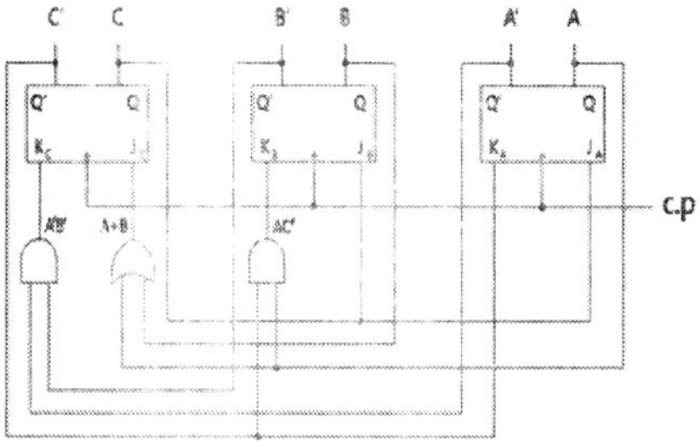	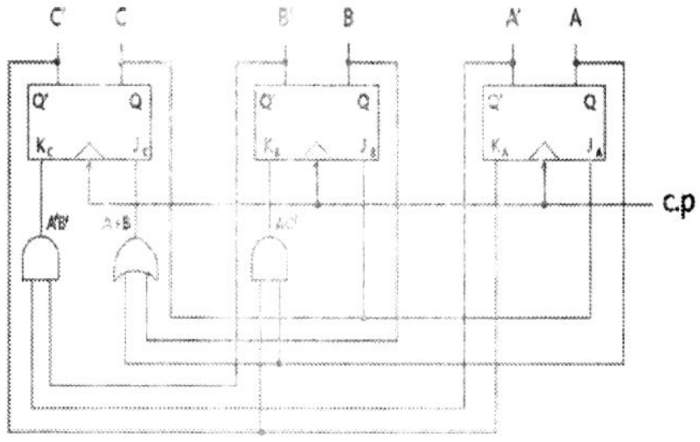
P. 244	페이지 하단	$J_C = AB'$	$J_C = AB$
P. 289	그림 8.13	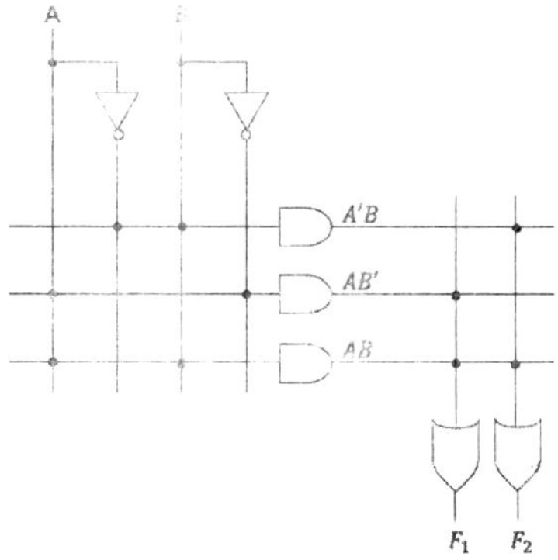	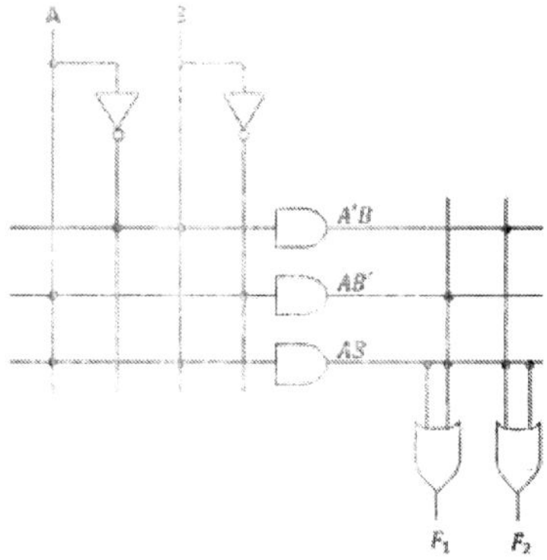

제1장

디지털 시스템

1.1 디지털과 아날로그

일반적으로 우리가 일상생활에서 사용하거나 볼수 있는 하는 많은 양의 기계장치, 일부 전자기기 그리고 자연현상에서 일어나는 일들은 대부분이 연속적으로 변화되는 양으로 표현된다. 예를 들어, 아침에는 기온이 3℃로 낮고 오후에는 서서히 기온이 올라가 9℃가 되었다면 6℃의 변화가 있었는데 이때 온도의 변화를 보면 한번에 1℃씩 변화된 것이 아니라 아주 조금씩 연속적으로 올라가게 된다. 이러한 연속적인 변화를 가져오는 것은 우리 주변에서 많이 볼 수 있다. 습도가 서서히 내려가거나 올라 갈 때 또는 고도가 높아질수록 기압이 차이 나는 현상 등이 그것이다. 이와 같이 연속적으로 변하는 현상을 물리적인 양으로 표현한 것을 아날로그(analog)라고 한다. 이러한 값은 어느 한 순간에 읽으려고 하면 비슷한 근사치를 읽게 된다. 그래서 이러한 값을 숫자로 읽으려면 아날로그의 연속적으로 변화되는 값을 일정 시간 간격으로 끊어서 읽어야 한다. 이렇게 일정시간 단위로 값을 측정하는 동작을 '샘플링이라고 한다. 예를 들어 1초 또는 2초 단위로 샘플링을 하여 숫사로 보여주면 된다. 이렇게 수자로 표현된 값을 이산적 값이라고 하며 디지털이라고 한다. 그림 1.1은 아날로그 신호와 디지털 신호를 보여주고 있다.

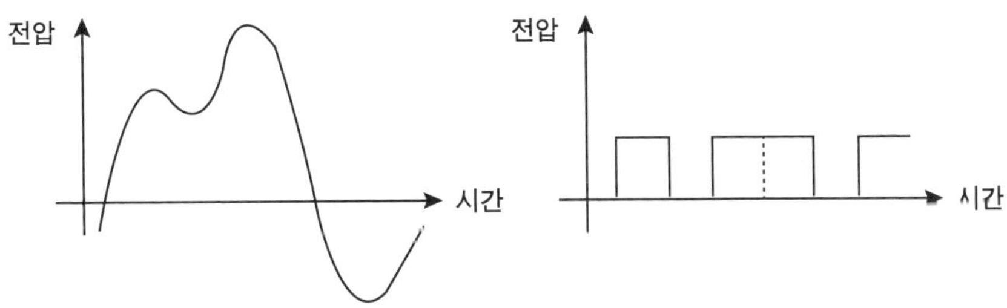

(a) 아날로그 신호　　　　디지털 신호

그림 1.1 아날로그 신호와 디지털 신호

아날로그의 연속적인 값을 디지털의 이산적인 값으로 바꾸어 사용하는 이유는 요즘의 거의 모든 전자장치은 이산적인 수치인 디지털 값으로 처리한다. 이렇게 처리되는 것을 디지털 시스템이라 부른다. 디지털 시스템은 아날로그 시스템에 비해서 다음과 같은 장점들을 가지고 있기 때문이다. 첫째로는 이산적인 값은 외부 환경 변화에 영향을 적게 받아 연속적인 값에 비해서 신뢰도가 높다. 두 번째는 회로 설계가 쉽고 시스템 설계가 용이하다. 디지털 시스템에서는 '0'과 '1'의 2진수만을 표현하여 설계가 가능하기 때문이다. 그리고 마지막으로 아날로그 시스템에 비해서 크기와 가격이 점차적으로 감소하고 처리속도가 현저하게 빨라져서 아날로그 시스템만이 가지고 있던 한두 가지 장점들이 이제는 거의 없어졌기 때문이다. 예를 들어 초기의 아날로그 시스템은 처리 속도는 빨랐으나 현재는 반도체 집적회로 기술의 발전으로 인하여 복잡한 회로를 작은 크기로 제작할 수 있고 처리 속도도 빨라지고 대량 생산이 용이하기 때문에 가격 또한 저렴해졌다.

그렇지만 우리 주변에서 일어나는 자연 현상으로부터 측정되는 대부분의 물리적인 양들은 아날로그 신호이며, 그들을 디지털 시스템에서 처리하기 위해서는 연속적인 아날로그 신호를 입력으로 받아서 이산적인 디지털 신호로 변환하는 변환기가 필요하다. 아날로그 신호를 디지털 신호로 바꾸는 변환기를 A/D 변환기라 하며, 그 반대로 디지털 신호를 아날로그로 바꾸는 변환기를 D/A 변환기라고 한다. 그림 1.2에 A/D 변환기와 D/A 변환기의 예가 있다.

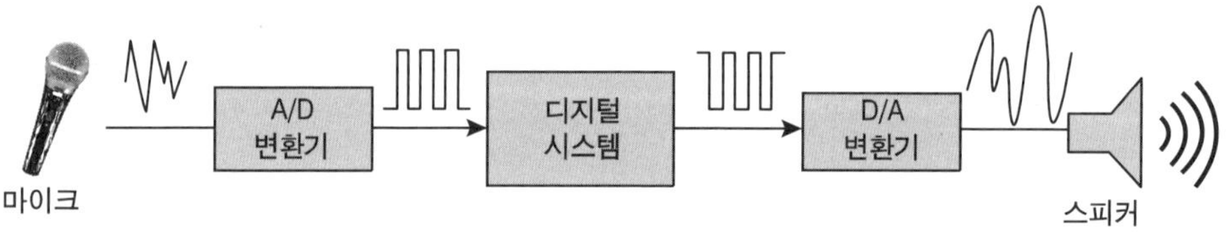

그림 1.2 A/D 변환기와 D/A 변환기

그러나 아무리 디지털 시스템이 많은 장점을 가지고 있다고 하더라도 아날로그 값을 샘플링 하여 디지털 데이터로 표현하는 데 약간의 오차가 발생하여 디지털 데이터가 원래의 아날로그 값을 정확하게 반영하지는 못한다. 즉, 샘플링과 디지털 데이터를 표현하는 비트 수의 한계로 인하여, 완벽하게 아날로그의 연속적인 값을 디지털의 이산적인 값으로 변환할 수 없다.

1.2 진수 및 진수 변환

인간이 사용하는 10진수는 0에서 9까지 10개의 숫자를 사용하는데 비해서 컴퓨터에서 사용하는 2진수는 0과 1의 2개의 숫자를 사용한다. 또한 8진법은 0에서 7까지 8개의 숫자를 사용하며, 16진수는 0부터 9까지의 숫자와 A,B,C,D,E,F 까지인 6개의 문자를 사용하는데 마지막 6가지 문자 A,B,C,D,E,F 는 10진수 10, 11, 12, 13, 14, 15에 해당하는 수이다. 모든 수에는 수치 값과 자리 값이 있다. 기수는 사용되는 수치 값의 개수이고 자리 값은 기수를 위치에 따라 곱해준 값이다. 즉 10진수는 사용하는 숫자가 0에서부터 9까지 10가지이므로 기수는 10이다.
일반적으로 r진수는 다음과 같이 표현한다.

$$N = A_n r^n + A_{n-1} r^{n-1} + \cdots + A_2 r^2 + A_1 r^1 + A_0 r^0 + A_{-1} r^{-1} + A_{-2} r^{-2} + \cdots + A_{-m} r^{-m}$$
$$= A_n A_{n-1} \cdots A_2 A_1 A_0 A_{-1} A_{-2} \cdots A_m (\text{단}, 0 \le A < r)$$

예를 들어 10진수 $9800000201.5)_{10}$는

$$N_{10} = 9 \times 10^9 + 8 \times 10^8 + 2 \times 10^2 + 1 \times 10^0 + 5 \times 10^{-1}$$

이 된다. 이것을 우리는 가중치(Weight)라고 한다

1.2.1 10진수 변환(Decimal number conversion)

(1) 10진수에서 2진수로의 변환(Decimal to binary conversion)

10진수를 2진수로 변환할 때에는 밑수인 2로 나누며, 더 이상 나눌 수 없을 때까지 연산을 수행한 후 역으로 올라가면서 표기한다. 그러면 제일먼저 나누어지고 남은 나머지가 최하위비트(LSB: Least Significant Bit)가 된다.

예제 329)$_{10}$을 2진수로 변환하라.

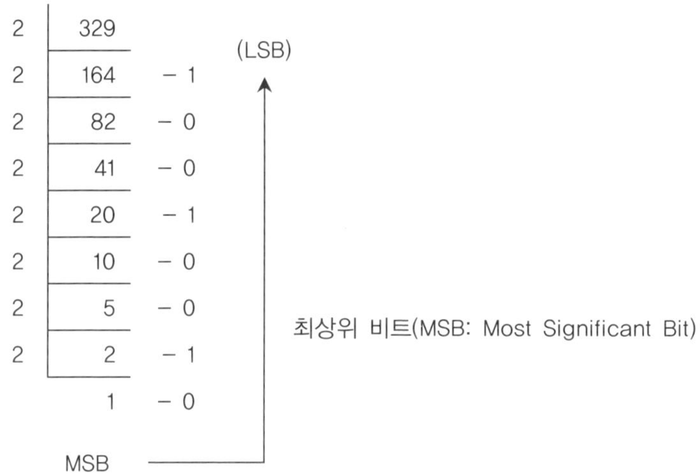

329)$_{10}$ = 101001001)$_2$

그러므로 329)$_{10}$는 101001001)$_2$로 변환된다.

(2) 10진수에서 8진수로의 변환(Decimal to octal conversion)

10진수에서 8진수로 변환할 때에도 2진수처럼 10진수를 8로 나누어 더 이상 나누어지지 않을 때의 나머지로 최상위 비트의 숫자를 취한다.

예제 329)$_{10}$을 8진수로 변환하라

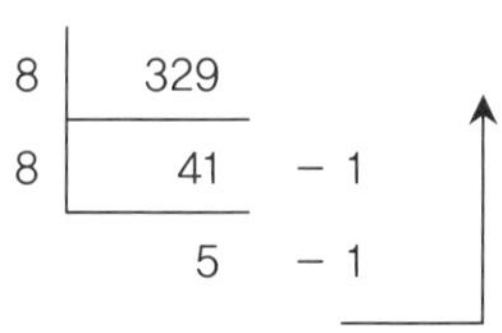

329)$_{10}$ = 511)$_8$

그러므로 329)$_{10}$은 511)$_8$로 변환된다.

(3) 10진수에서 16진수로의 변환(Decimal to hexa-decimal conversion)

10진수에서 16진수로의 변환 방법도 마찬가지이다.

예제 — $499)_{10}$을 16진수로 변환하라.

```
16 | 499
   -----
16 |  31        - 3      ↑
   -----
       1    - 15(=F)    |
```

$499)_{10} = 1F3)_{16}$

그러므로 $499)_{10}$은 $1F3)_{16}$으로 변환된다.

(4) 10진 소수에서 2진수로의 변환(Decimal point to binary conversion)

10진수의 소수를 2로 곱하여 곱한 결과 정수자리의 값은 곱하지 않고 그냥 놔두고 소수만 0이 될 때까지 곱하여 정수의 자리 값을 순서대로 쓰면 된다.

예제 — 10진수 $0.625)_{10}$을 2진수로 변환하라.

```
│  0. | 625
│   × |   2
│  -----------
│   1 | 250
│   × |   2
│  -----------
│   0 | 500
│   × |   2
│  -----------
↓   1 | 000
```

$0.625)_{10} = 0.101)_2$

그러므로 $0.625)_{10}$은 $0.101)_2$로 변환된다.

(5) 10진 소수에서 16진수로의 변환(Decimal point to hexa-decimal conversion)

```
   0.625
 ×    16
 -------
    3750
    625
 -------
  10.000
  A
```

즉 $0.625)_{10}$는 $0.A)_{16}$로 변환된다.

1.2.2 2진수 변환(Binary number conversion)

(1) 2진수에서 10진수로의 변환(Binary to decimal conversion)

2진수는 0과 1의 두 개의 숫자를 사용한다. 이때 기수(Base)는 2를 사용한다. 예를 들어 2진수 $11011)_2$을 십진수로 변환하면 다음과 같다.

$$11011)_2 = 1\times2^4+1\times2^3+0\times2^2+1\times2^1+1\times2^0$$
$$=27)_{10}$$

예제 2진수 $101101)_2$를 십진수로 변환하라.

$$101101)_2 = 1\times2^5+0\times2^4+1\times2^3+1\times2^2+0\times2^1+1\times2^0$$
$$=45)_{10}$$

그러므로 $101101)_2$는 $45)_{10}$로 변환된다.

(2) 2진수에서 8진수로의 변환(Binary to octal conversion)

2진수에서 8진수로 변환할 때 10진수로 변환한 다음 다시 8진수로 변환할 수 있으나 양의 정수인 경우는 최하위 비트부터 3비트씩 묶어서 이것을 10진수로 변환하면 된다. 세분화하면 2진수에서 8진수로 변환 할 때에는 소수점을 중심으로 좌우로 3자리씩 끊어서 이에 해당하는 2진수를 대신 쓰면 된다. 만일 소수점이 없으면 최하위 비트인 맨 우측 비트부터 좌측으로 3개씩 끊어서 환산하면 된다.

예제 $101001001)_2$를 8진수로 변환하라.

$$\underbrace{101}\ \underbrace{001}\ \underbrace{001})_2$$
$$5\quad 1\quad 1\ )_8$$

$101001001)_2 = 511)_8$

그러므로 2진수$101001001)_2$는 $511)_8$로 변환된다.

(3) 2진수에서 16진수로의 변환(Binary to hexa-decimal conversion)

양의 정수일 경우 최하위 비트부터 4비트씩 묶고 난 다음 16진수로 변환하면 된다.

예제 101001001)₂를 16진수로 변환하라.

0001 0100 1001)$_2$

1 4 9)$_{16}$

그러므로 2진수 101001001)$_2$는 149)$_{16}$으로 변환된다.

2진수를 4자리씩 분할하여 이들에 맞는 16진수 값으로 바꾸면 된다.

예 2〉 1001111100101010 → 1001 1111 0010 1010

9 F 2 A

즉 1001111100101010)$_2$는 9F2A)$_{16}$로 변환된다.

(4) 2진 소수에서 10진수로의 변환(Binary point to decimal conversion)

소수 이하의 2진수는 소수점 첫째 자리의 숫자부터 세어서 그 자리의 2진수에 그 자릿수만큼의 2의 마이너스 승수를 곱하여 각각 더해준다.

예를 들어 2진수 0.101)$_2$를 10진수로 변환하면 다음과 같다.

$$0.101)_2 = 1\times2^{-1}+0\times2^{-2}+1\times2^{-3}$$
$$= 0.5+0.125$$
$$= 0.625)_{10}$$

그러므로 2진수 0.101)$_2$은 0.625)$_{10}$가 된다.

예제 2진수 0.1110)$_2$을 10진수로 변환하라.

$$0.1110)_2 = 1\times2^{-1}+1\times2^{-2}+1\times2^{-3}+0\times2^{-4}$$
$$= 0.5+0.25+0.125$$
$$= 0.875)_{10}$$

그러므로 0.1110)$_2$는 0.875)$_{10}$로 변환 된다.

1.2.3 8진수 변환(Octal number conversion)

8진수는 0, 1, 2, 3, 4, 5, 6, 7까지 8가지로 표현하며 기수는 8이다. 8진수를 2진수로 상호변환을 할 때에는 3개의 비트를 한 묶음씩 묶어서 표현한다. 8진수는 2진수를 곧바로 바뀌어질 수 있으므로 큰 수의 2진수를 표현할 때에는 주로 8진수를 이용한다. 또한 이 2진수는 숫자로 표현되지 않고 임의의 코드 형태로 저장되는데 실제로 디지털 시스템에서 사용되는 숫자 표현은 2진수이다.

(1) 8진수에서 10진수로의 변환(Octal to decimal conversion)

8진수를 10진수로 변환하려면 각 자릿수에 있는 가중치(Weight)를 사용한다.
예를 들어 $329)_8$을 10진수로 변환하려면

$$
\begin{aligned}
329)_8 &= 3\times 8^2 + 2\times 8^1 + 9\times 8^0 \\
&= 192 + 16 + 9 \\
&= 217)_{10}
\end{aligned}
$$

8진수 $329)_8$은 십진수 $217)_{10}$로 변환된다.

예제 8진수 $511)_8$을 10진수로 변환하라.

$$
\begin{aligned}
511)_8 &= 5\times 8^2 + 1\times 8^1 + 1\times 8^0 \\
&= 320 + 8 + 1 \\
&= 329
\end{aligned}
$$

그러므로 $511)_8$은 $329)_{10}$로 변환된다.

(2) 8진수에서 2진수로의 변환(Octal to binary conversion)

8진수에서 2진수로 변환하기 위해서 8진수를 10진수로 변환한 후 다시 2진수로 변환하여야 하나 그냥 3비트씩 끊어서 변환하면 된다.(8은 2^3이므로 3개의 비트가 필요)
예를 들어 8진수 $35)_8 = \underbrace{011}_{3}\ \underbrace{101}_{5})_2$로 변환하면 된다.

예제 8진수 $637)_8$을 2진수로 변환하라.

$637)_8$ = 110 011 111$)_2$

그러므로 $637)_8$ = 110011111$)_2$로 변환된다.

(3) 2진 소수에서 8진 소수로의 변환(Binary point to octal point conversion)

예를 들어 2진소수 0.101 111 0101)$_2$를 8진수로 변환하면

0.101 111 010 100)$_2$ = 0.5724)$_8$가 된다.

5 7 2 4

(4) 8진 소수에서 2진 소수로의 변환(Octal point to binary point conversion)

소수 이하 첫째 자리부터 3자리씩 묶어서 표현하면 된다.

예를 들어 8진수 0.124)$_8$은 0.001 010 100)$_2$로 변환된다.

예제 8진수 0.7406)$_8$을 2진수로 변환하라.

8진수 0.7406)$_8$ = 0.111 100 000 110)$_2$

그러므로 0.7406)$_8$은 0.111100000110)$_2$으로 변환된다.

(5) 8진 소수에서 10진 소수로의 변환(Octal point to decimal point conversion)

예를 들어 8진수 0.23)$_8$을 10진수로 변환하면 다음과 같다.

$$023)_8 = 2 \times 8^{-1} + 3 \times 8^{-2}$$

$$= 0\ 296875)_{10}$$

그러므로 8진수 0.23)$_8$은 십진수 0.296875)$_{10}$로 변환된다.

1.2.4 16진수 변환(Hexa decimal number conversion)

16진수는 0부터 15까지 16개의 숫자를 사용하는데 10부터 15까지는 한 자리 숫자로 쓸 수 없으므로 영문자인 A, B, C, D, E, F를 각각 10, 11, 12, 13, 14, 15, 대신에 사용된다.

(1) 16진수에서 10진수로의 변환(Hexa-decimal to decimal conversion)

16진수에서 10진수로의 변환은 이전과 마찬가지로 각 자릿수에 해당하는 위치의 가중치(Weight)를 사용한다.

예로 16진수 4AC)$_{16}$를 10진수로 변환하면 다음과 같다.

$4AC)_{16} = 4 \times 16^2 + 10 \times 16^1 + 12 \times 16^0$

$= 1452)_{10}$

(2) 16진수에서 2진수로의 변환(Hexa-decimal to binary conversion)

먼저 16진수를 10진수로 변환한 후 2진수로 변환하여야 하나 이 경우에는 4비트씩 묶어서 표현하면 된다. 즉 16진수 1개의 자릿수에 해당하는 4자리 수의 값으로 바꾸면 된다.

예를 들어 16진수 $5F8)_{16}$을 2진수로 변환하면 다음과 같다.

$5F8)_{16} = 5 \times 16^2 + 15 \times 16^1 + 8 \times 16^0$

$= 1528)_{10}$

그러므로 16진수 $5F8)_{16}$은 십진수 $1528)_{10}$으로 변환하면 된다.

예제 16진수 $4F1B)_{16}$을 2진수로 변환하라.

$4F1B)_{16}$ = $0100\ 1111\ 0001\ 1011)_2$ 이다.

그러므로 $4F1B)_{16}$은 $0100111100011011)_2$로 변환된다.

(3) 16진 소수에서 10진 소수로의 변환(Hexa-decimal point to decimal point conversion)

0부터 15까지 16개의 숫자를 사용하는 16진수는 특히 10에서 15까지는 A에서 F까지로 대신 사용한다.

예를 들어 $0.D)_{16}$을 10진 소수로 표현하면 다음과 같다.

$0.D)_{16} = 13 \times 16^{-1}$

$= 0.8125)_{10}$

그러므로 16진수 $0.D)_{16}$은 십진수 $0.8125)_{10}$로 변환된다.

1.2.5 8진수와 16진수(Octal number and hexa-decimal number)

8진 숫자는 2진수 3개를 사용하고 16진 숫자는 2진수 4개를 사용하여 표현한다. 10진수에서 8진이나 16진으로 변환하려면 먼저 2진수로 변환한 후 8진으로 변환하려면 소수점을 중심으로 3자리씩 끊어서 표현하고 16진으로 변환하려면 소수점을 중심으로 4자리씩 끊어서 표현하면 된다.

예를 들어 $35.625)_{10}$는 2진수로 변환 시 $100011.101)_2$가 되고 여기서 8진수로 변환하면 $\underbrace{100}_{4}\ \underbrace{011}_{3}.\underbrace{101}_{5})_2 = 43.5)_8$ 가 되고 16진수로 변환하면 $\underbrace{0010}_{2}\ \underbrace{0011}_{3}.\underbrace{1010}_{A})_2 = 23.A)_{16}$

1.3 진법의 가감승제

1.3.1 가산

(1) 2진수 가산

예를 들어

$$\begin{array}{r} 0 \\ +\ 0 \\ \hline 0 \end{array} \qquad \begin{array}{r} 0 \\ +\ 1 \\ \hline 1 \end{array} \qquad \begin{array}{r} 1 \\ +\ 0 \\ \hline 1 \end{array} \qquad \begin{array}{r} 1 \\ +\ 1 \\ \hline 1\ 0 \end{array}$$

← 자리올림 수(Carry) 발생
carry : 연산에서 한자리가 올라가는 것

2진수는 합이 2이면 자리올림수인 캐리가 발생한다. 즉 이진법의 사칙연산은 10진법과 같은 방법으로 수행한다.

(2) 8진수 가산

예를 들어

$$\begin{array}{r} 4 \\ +\ 3 \\ \hline 7 \end{array} \qquad \begin{array}{r} 155 \\ +\ 104 \\ \hline 261 \end{array}$$

즉 8진수는 합이 8이면 자리올림 수인 캐리가 발생한다.

(3) 16진수 가산

예를 들어

$$\begin{array}{r} 2B \\ +\ 8 \\ \hline 33 \end{array} \qquad \begin{array}{r} 306 \\ +\ BCD \\ \hline ED3 \end{array}$$

즉 16진수는 합이 16이면 자리올림 수인 캐리가 발생하며 10~15까지는 A, B, C, D, E, F로 표현한다.

(4) 10진수와 2진수 가산

예를 들어 10진수로 4+5는 9가 되고 2진수로는 100+101는 1001이 된다.

```
   4        100
 + 5      + 101
----    -------
   9      1 001
```

또한 십진수로 8+9는 17이 되고 2진수로는 10001이 된다.

```
   8        1000
 + 9      + 1001
----    --------
  17      1 0001
```

1.3.2 감산

(1) 2진수 감산

예를 들어 10진수 9-7은 2가 되고 2진수로는 1001 - 0111 = 0010이 된다.

```
   9        1001
 - 7      - 0111
----    --------
   2        0010
```

또한 10진수 15-11은 4가 되고 2진수로는 1111 - 1011 = 0100이 된다.

```
  15        1111
- 11      - 1011
----    --------
   4        0100
```

1.3.3 2진수 승산

예를 들어 10진수 8×6은 48이 되고 2진수 1000×0110=110000이 된다.

```
     8            1000
  ×  6          ×  110
  ----         -------
    48            0000
                 1000
                1000
               -------
                110000
```

1.3.4 2진수 제산

예를 들어 10진수 $4 \div 2$는 2가 되고 2진수 $100 \div 10 = 10$이 된다.

또한 10진수 $24 \div 3$은 8이 되고 2진수 $11000 \div 11 = 1000$이 된다.

```
      2           10           8          1000
 2 ) 4      10 ) 100     3 ) 24     11 ) 11000
     4            10          24          11
    ---          ----        ----       -------
     0             0           0           0
```

1.3.5 보수(Complement) 연산

연산에 있어서 가산기와 감산기를 모두 갖게 되면 구조상 복잡할뿐더러 제작비용 또한 많이 들어간다. 보수를 사용하면 감산을 가산으로 변환하여 처리할 수 있다.

수 N이 r진수이고 자리수가 n자리수일 때 N은 r의 보수와 (r−1)의 보수 2종류가 있다.

r의 보수는 $r^n - N$이고 (r−1)의 보수는 $(r^n - 1) - N$ 이다.

예를 들어

r의 보수인 경우 = $r^n - N$ 이므로

10진수, 758의 10의 보수 $= 10^3 - 758 = 242$

2진수, $110)_2$의 2의 보수 $= 2^3)_2 - 110)_2 = 1000 - 110 = 0010)_2$

8진수, $3476)_8$의 8의 보수 $= 8^4)_8 - 3476)_8 = 10000 - 3476 = 4302)_8$

16진수, $1234)_{16}$의 16의 보수 $= 16^4)_{16} - 1234)_{16} = 10000 - 1234$

```
 = (FFFF+1)−1234
 = FFFF
 −1234
-------------------------
  EDCB + 1 = EDCC)16
```

$10000)_{16} = 1 \times 16^4 + 0 \times 16^3 + 0 \times 16^2 + 0 \times 16^1 + 0 \times 16^0$

$= 65536)_{10}$

$1234)_{16} = 1 \times 16^3 + 2 \times 16^2 + 3 \times 16^1 + 4 \times 16^0$

$= 4660)_{10}$

그러므로 65536-4660 = 60,876)$_{10}$이다.

여기서 EDCC)$_{16}$ $= 14 \times 16^3 + 13 \times 16^2 + 12 \times 16^1 + 12 \times 16^0$

$= 60876)_{16}$이 된다.

또 $(r-1)$의 보수인 경우는 $(r^n - 1) - N$이므로

10진수, 758의 (10−1)=9의 보수 $= (10^3 - 1) - N = 999 - 758 = 241$

2진수, 110)$_2$의 (2−1)=1의 보수 $= (2^3 - 1) - N = (1000 - 1) - N = 111 - 110 = 001)_2$

8진수, 3476)$_8$의 (8−1)=7의 보수 $= (8^4 - 1) - N = (10000 - 1) - N = 7777 - 3476 = 4301)_8$

16진수 1234)$_{16}$의(16−1)=15의 보수 = $(16^4 - 1) - N = (100000 - 1) - N = FFFF - 1234 = EDCB)_{16}$

컴퓨터는 덧셈만을 하기 때문에 뺄셈을 할 때에는 보수를 사용하여야만 한다. 1의 보수는 쉽게 구하고 덧셈도 쉽게 수행하며 뺄셈을 하거나 음수 표현은 2의 보수로 치환하여 구한다.

2진수에서 보수를 만드는 방법은 2가지가 있다.

첫째. 1의 보수를 구하는 경우

0은 1로, 1은 0으로 서로 바꾸어 주면 된다.

10100 → 01011 (1의 보수)

둘째. 2의 보수를 구하는 경우

a. 1의 보수에 +1을 해준다.

b. 최하위 비트에서부터 카운트하여 제일 처음에 나오는 1을 제외한 그 좌측의 비트들을 1의 보수로 하면 된다.

예를 들어 2진수 10101000)$_2$의 1의 보수는 01010111이므로 +1을 하면

```
  10101000
         ↓
  01010111   ← 1's Complement
  +      1
-----------
  01011000)2
```

b와 같은 방법으로 구하려면 10101000는 $01011000)_2$가 된다.

- 뒤쪽 000 → 그대로 놓아둠
- 1 → 1을 그대로 놓아둠
- 앞쪽 1010 → 1's Complement 해준다

(1) 보수를 이용한 10진수 감산(10의 보수 사용시)

예를 들어 87-25인 경우 N=25, r=10진수, n=2자리 이므로 $r^n - N = 10^2 - 25 = 75$

```
   87                      87
 - 25   → 10의 보수는    + 75
-----                  ------
   62                     162
```

→ 이때 자리올림수(Carry)가 발생하면 결과 값은 양수이며 단순히 버리면(discard) 된다

만일 작은수에서 큰수를 감산하면 87은 N=87, r=10, n=2 이므로

$r^n - N = 10^2 - 87 = 13$

```
   25                                25
 - 87   → 10의 보수는 13이므로     + 13
-----                            ------
 - 62                                38   → 10의 보수는 62이며 음수이므로 -62가 된다.
```

이때에는 자리올림수(Carry)가 발생하지 않았으므로 결과값은 음수이며 10의 보수로 환원을 해주면 된다.

(2) 보수를 이용한 10진수 감산(9의 보수 사용시)

예를 들어 87-25인 경우 N=25, r=10진수, n=2자리 이므로 $(r^n - 1) - N$에서 $(10^2 - 1) - 25 = 99 - 25 = 74$

```
  87            87
- 25    →     + 74   → 25의 9의 보수
              161
                1    → 캐리 1을 더함
               62
```

자리 올림수(Carry)가 발생하였으므로 결과 값은 양수이며 자리 올림수는 버리지 않고 결과값에 더해주면 +62가 된다.

여기서 알 수 있는 바와 같이 10의 보수, 8의 보수, 16의 보수, 2의 보수는 자리 올림수(Carry)가 발생하면 결과 값은 양수이며 자리 올림수(Carry) 1은 버린다. 그리고 9의 보수, 7의 보수, 15의 보수, 1의 보수는 결과값에 자리 올림수(Carry)가 발생하면 결과 값은 양수이며 +1을 더해준다.

결과 값에 자리 올림수(Carry)가 발생하지 않으면 그 결과 값은 음수이며 각각 9의 보수, 7의 보수, 15의 보수, 1의 보수로 치환해주면 된다.

(3) 보수를 이용한 2진수 감산(2의 보수 사용시)

예를 들어 9-5를 보면

```
  9      1001           1001
- 5    - 0101    →    + 1011   → 0101)2의 2의 보수
  4      0100         (1)0100
                 Carry
```

이 경우 자리 올림수가 발생하였으므로 결과 값은 양수이며 단순히 버리고 나머지 것만 취하면 된다.

또한 작은 수에서 큰 수를 감산하는 경우

```
  5      0101                 0101
- 9    - 1001    →          + 0111   → 1001)2의 2의 보수
- 4    - 0100     No Carry    1100
```

이 경우 자리 올림수(Carry)가 발생하지 않았으므로 결과 값은 음수이며 다시 2의 보수로 환원하여 준다. 즉 1100의 2의 보수는 0100이 되고 마이너스를 붙여서 $-0100)_2$ = -4가 된다.

(4) 보수를 이용한 2진수 감산(1의 보수 사용시)

예를 들어 9−5를 보면

9	1001		1001	
− 5	− 0101	→	+ 1010	→ $0101)_2$ 의 1의 보수
4	0100		1 0011	
			+1	
			0100	

이 경우 Carry가 발생하였으므로 결과 값은 양수이며 자리 올림수는 버리지 말고 그 값에 더해주면 된다.

또한 작은 수에서 큰 수를 감산하는 경우

5	0101		0101	
− 9	− 1001	→	+ 0110	→ $1001)_2$의 1의 보수
− 4	− 0100		No Carry 1011	→ 1의 보수를 다시 취하면 $-0100)_2$ = −4 이다.

이 경우 자리 올림수가 발생하지 않았으므로 결과 값은 음수이며 1의 보수로 다시 환원하여주면 $-0100)_2$=−4이다.

(5) 보수를 이용한 8진수 감산(8의 보수 사용시)

예를 들어

$7563)_8$	$10000)_8$		$7563)_8$	
− $3477)_8$	$3477)_8$	→	+ $4301)_8$	→ $3477)_8$의 8의 보수
$4064)_8$	$4301)_8$		① $4064)_8$	

캐리는 버린다

$r^n - N$에서 r=8, n=4, N=3477이므로 $8^4 - 3477 = 4301)_8$

위에서 Carry가 발생하였으므로 결과 값은 양수이며 자리 올림수를 버리면 (Discard) $4064)_8$가 된다.

또한 작은 수에서 큰 수를 감산 하는 경우 위와 마찬가지로 $7563)_8$의 8의 보수는 $0215)_8$이므로

$3477)_8$		$3477)_8$		
$-\ 7563)_8$	→	$+\ 0215)_8$		
$-\ 4064)_8$		No Carry $3714)_8$	→	8의 보수로 환원하면 $-4064)_8$

자리 올림수가 없으므로 결과 값은 음수이며 8의 보수로 다시 환원해주면 된다. 즉 $3714)_8$의 8의 보수는 $4064)_8$이므로 $-4064)_8$가 된다.

(6) 보수를 이용한 8진수 감산(7의 보수 사용시)

예를 들어

$7563)_8$		$7563)_8$
$-\ 3477)_8$	→	$+\ 4300)_8$
$4064)_8$		Carry ① $4063)_8$
		$+\ 1$
		$4064)_8$

$(r^n-1)-N$에서 r=8, n=4, N=3477이므로 $3477)_8$의 7의 보수는 $(8^4-1)-3477=7777-3477=4300)_8$이므로 위의 덧셈에서 자리 올림수가 발생하므로 결과 값은 양수이며 이때4063에 자리 올림수 1을 더하면 $4064)_8$가 된다.

또한 작은수에서 큰 수를 감산하는 경우 위와 마찬가지로

$3477)_8$		$3477)_8$		
$-\ 7563)_8$	→	$+\ 0214)_8$	→	$7563)_8$의 7의 보수
$-\ 4064)_8$		No Carry $3713)_8$		

자리 올림수가 없으므로 결과 값은 음수이며 $3713)_8$의 7의 보수로 간단히 환원하면 $7777)_8-3713)_8=4064)_8$이며 결과적으로 $-4064)_8$가 된다.

연습문제

1.1 2진수를 8진수로 변환하라

① 11010001

② 101101

③ 011011

④ 10010011000010

1.2 2진수를 10진수로 변환하라

① 101000.11

② 10110.111

③ 10101.011

④ 110101.01

1.3 10진수의 값을 9의 보수와 10의 보수로 변환하라

① 9

② 37

③ 69

④ 469

1.4 9의 보수를 사용하여 연산하라

① 126 - 97

② 168 - 22

③ 299 - 125

④ 569 - 327

연습문제

1.5 10진수를 2진수,8진수,16진수로 변환하라

① 269

② 117

③ 79

④ 145

1.6 직접 뺄셈을 사용하여 2진수를 연산하라

① 1101 − 11

② 10101.01 − 100.110

③ 1001.1101 − 11010.110101

④ 110 − 1011

1.7 1의 보수를 사용하여 연산하라

① $1000)_2 - 111)_2$

② $1110 - 101)_2$

③ $1010 - 111)_2$

④ $1111 - 1101)_2$

1.8 2의 보수를 사용하여 연산하라

① 1110 − 1010

② 10101 − 10011

③ 100000 − 10101

④ 10100 − 1011

1.9 2진수를 8진수와 16진수로 변환하라

① 11

② 1101

③ 1111011111

④ 11001001000101010

1.10 16진수를 2진수로 변환하라

① 5A1

② 1E02

③ F04B76

④ C6D95F4B1A

1.11 다음의 진수의 수를 10진수로 변환한 뒤 곱셈을 수행하라

① 5FA16×3D16

② 358×618

③ 321_4×124

1.12 10의 보수를 이용하여 다음을 수행하라

① $123_{10} - 324)_{10}$

② $549 - 675)_{10}$

1.13 10의 보수를 이용하여 다음을 수행하라

$0110)_2 - 1011)_2$

연습문제

1.14 다음의 BCD연산을 수행하라

① 0101 0100$)_{BCD}$ + (0100 1001$)_{BCD}$

② 0011 1000$)_{BCD}$ + (1000 0011$)_{BCD}$

1.15 음수 $(-108)_{10}$ 을 부호화된 2의 보수로 표현하라

1.16 다음을 2진수로 변환하라

① $(0.6875)_{10}$

② 512.525$)_{10}$

1.17 다음을 5진수로 변환하라

① 0.125$)_{5}$

1.18 10진수 29.6875를 2진수로 변환하라

1.19 110010111010001110101011 을 16진수로 변환하라

연습문제

1.20 알파벳 A에 대한 ASCII코드에 짝수 패리티 비트를 추가한 값을 구하라

1.21 십진수 123.456 을 8진수로 표현하라

제 2 장

디지털 코드

제2장

디지털 코드

디지털 신호는 0 과 1의 2개 신호를 사용하여 정보를 표현하며 이를 이용한 시스템이 디지털시스템이다. 이 2진수를 조합한 코드를 사용하여 문자를 표시한다. 코드는 문자, 숫자, 기호 정보 등을 처리할 수 있게 다른 기호나 진수로 변환하여 표시한다. 정보란 수치와 알파벳, 각종기호 및 특수문자 등을 말한다.

컴퓨터에서 사용하는 코드는 ASCII(American Standard Code for Information and Interchange)와 EBCDIC(Extended BCD Interchange Code) 등 표준화된 코드를 사용하여 사칙연산을 하는 BCD(Binary Coded Decimal) 코드와 에러검출을 하는 parity code와 에러검출 및 정정 할 수 있는 hamming code 등이 있다. 또한 gray code는 한 숫자에서 다음 숫자로 이동 시 오직 한 비트만이 변화하고 동시에 두 비트는 절대 변화하지 않는 특성을 가지고 있어서 제어장치나 입출력장치에도 쓰이며 hypercube망에 이용되기도 한다.

2.1 2진 코드들

디지털시스템은 2진수와 여러 개의 2진수를 조합하여 많은 양의 정보를 2진 코드로 표현가능하다. Binary Digit(Bit)은 정보를 표현하는 최소단위이며 0 이나 1을 말한다. 예를들어 세 비트를 이용한 여덟개의 서로 다른 비트조합들(000, 001, 010, 011, 100, 101, 110, 111) 로 하여금 정보의 서로다른 요소를 표현하게 한다. 4비트 길이의 코드로는 16개의 요소들을 가진 정보를 표현 할 수 있다. 즉 2^n 개의 정보를 표현하기 위해서는 n 비트 길이의 코드를 이용하면 된다. 2진 코드에 사용 할 수 있는 최대 비트 수에는 제한이 없다.

2.2 10진수의 2진 코드

컴퓨터 사용자는 10진수의 데이터를 입력하면 일반적으로 BCD코드로 변환 되어 컴퓨터 메모리에 저장된다. 10진수에 대한 2진수로의 변환과 BCD코드로의 변환은 코드화에서 얻어지는 비트들이 사용되는 코드의 형태에 따라 배열되는 0 과 1들의 조합이 서로 달라진다. 예를 들어 10진수로 0부터 9 까지는 2진수와 BCD코드 값이 같지만 10을 넘어서면 그 값이 다르게 된다. 즉 10진수로 9는 2진수와 BCD값이 1001 로 같게 표시되나 10진수로 15인 경우 2진수는 1111 이지만 BCD 코드 값으로는 15(0001 0101)$_{BCD}$로 표현된다. 10진수를 표현하기 위한 각 2진 코드는 표 2.1과 같다.

표 2.1 10진수에 대한 2진 코드

10진수	BCD(8421)코드	$84\bar{2}\bar{1}$	2421	Excess 3코드	2 out of 5코드	5043210 (2중5)
0	0000	0000	0000	0011	00011	0100001
1	0001	0111	0001	0100	00101	0100010
2	0010	0110	0010	0101	00110	0100100
3	0011	0101	0011	0110	01001	0101000
4	0100	0100	0100	0111	01010	0110000
5	0101	1011	1011	1000	01100	1000001
6	0110	1010	1100	1001	10001	1000010
7	0111	1001	1101	1010	10010	1000100
8	1000	1000	1110	1011	10100	1001000
9	1001	1111	1111	1100	11000	1010000

2.2.1 BCD코드

컴퓨터는 2진수 시스템을 쓰지만 인간은 10진수 시스템을 사용한다. 그러므로 10진수를 2진수로 변환하여 산술연산을 하고 그것을 다시 10진수로 변환하여주면 된다. 컴퓨터는 2진수만 사용하므로 1과 0으로 10진수를 표현해야만 한다. 그래야 컴퓨터에 코드화된 상태로 저장이 되고 10진수로 산술연산이 가능하다. 이것은 컴퓨터에 10진수 계산법을 저장함으로써 가능하다. BCD(Binary Coded Decimal) 코드는 0과 1을 사용하여 10진수를 나타낸다. 예를 들어 10진수 165)$_{10}$을 BCD코드로 변환하면 다음과 같다.

$165)_{10}$ = 0001 0110 $0101)_{BCD}$

이것을 2진수로는 $10100101)_2$ 이 된다. BCD 코드는 0부터 9까지만을 사용한다. 표 2.2는 10진수와 BCD코드와의 관계를 나타낸다.

표 2.2 10진수와 BCD코드

10진수(Decimal number)	BCD(8421)
0	0000
1	0001
2	0010
3	0011
4	0100
5	0101
6	0110
7	0111
8	1000
9	1001

10진수로의 변환 시에 BCD가 매우 쉽고 회로구성도 용이하다.

2.2.2 BCD

컴퓨터에서 사용되는 덧셈, 뺄셈, 나눗셈, 곱셈, 지수 승, 루트, 멱승 등은 모두 덧셈으로 연산한다. BCD연산은 결과값인 4비트값이 10을 넘어가면 즉 자리올림수가 발생하면 반드시 보정수 $6)_{10}$ = $0110)_{BCD}$을 더해 주어야만 한다.

예를 들어

10진수로

```
  2
+ 3
----
  5
```

BCD코드

```
  0010
+ 0011
------
  0101
```

10진수로

```
   8              BCD코드
 + 9
 ----
  17                 1000
                   + 1001
          ------------------
          0001       0001    자리올림수가 발생
          0000  ↖    0110    6)10=0110)BCD을 더해줌
          ------------------
           0001      0111    BCD 결과값
```

10진수로

```
   3496
 + 5628
 ------
   9124
```

```
 0011        0100         1001                    0110
 0101        0110         0010                    1000
 ----        ----         ----                    ----   ← 10이 넘으므로 6을 더
 1000        1010         1011                    1110     함
             ----
 0001        0001 ↖       0001      캐리발생      0110
 ----        ----         ----                    ----
 1001        1011┐        1100┐                   0100
 ----------------         ----                    ----
   9    캐리  0110 │  캐리  0110 │                     4
         ↑── 0001 │   ↑── 0010 └→ 1100도 10을 넘어가므로 6을 더함
             ----  │          2
               1   │
                   └→ 1011도 10을 넘어가므로 6을 더함
```

그러므로 연산 3496+5628=9124=1001 0001 0010 0100)BCD가 된다.

2.3 Excess 3 코드

특별한 연산에서 사용되는 excess 3 코드는 0부터 15까지의 수(0000~1111)중에서 처음 3자리 0,1,2(0000, 0001, 0010)와 마지막 3자리 13,14,15(1101,1110,1111)을 베어버리고 그 나머지를 0부터 9까지 사용하는 코드이다. 표 2.3은 excess 3 코드를 나타낸다.

표 2.3 excess 3 코드

Decimal	Binary	Excess 3 코드
0	0000	0011
1	0001	0100
2	0010	0101
3	0011	0110
4	0100	0111
5	0101	1000
6	0110	1001
7	0111	1010
8	1000	1011
9	1001	1100
10	1010	
11	1011	
12	1100	
13	1101	
14	1110	
15	1111	

다시 말하면 이 excess 3 코드는 연산결과 자리올림수가 없으면 3을 빼고 자리올림수(carry)가 있으면 연산결과에 3을 더해주면 된다.

10 진수	Excess 3 코드	
2	0101	
+ 3	0110	
5	1011	← 자리올림수(Carry)가 없으므로 3을 뺀다
	−0011	
	1000	← Excess 3 연산결과 값

10진수	Excess 3 코드		
11	0100	0100	
+12	0100	0101	
23	1000	1001	← 자리올림수가 없으므로 3을 뺀다
	− 0011	− 0011	
	0101	110	← Excess 3 연산 결과 값

10 진수		Excess 3 코드	
7		1010	
+ 8		+ 1011	
15	1	0101	← 자리올림수 발생
	0011	0011	← 각각 양쪽에 3을 더한다
	0100	1000	excess 3 연산 결과 값

10 진수	Excess 3			
27	0101		1010	
+ 23	0101		0110	
	1			
50	1011	캐리	0000	← 자리올림수가 발생한 0000 에는 3을 더해주고
	−0011	↑	0011	자리올림수가 발생하지 않은 1011 에는 3을 빼준다
	1000		0011	excess 3 연산 결과값

표 2.4는 BCD와 excess 3 코드의 값을 나타낸다.

표 2.4 10진수와 BCD코드와 excess 3 코드

Decimal	BCD				Excess 3			
0	0	0	0	0	0	0	1	1
1	0	0	0	1	0	1	0	0
2	0	0	1	0	0	1	0	1
3	0	0	1	1	0	1	1	0
4	0	1	0	0	0	1	1	1
5	0	1	0	1	1	0	0	0
6	0	1	1	0	1	0	0	1
7	0	1	1	1	1	0	1	0
8	1	0	0	0	1	0	1	1
9	1	0	0	1	1	1	0	0

Excess 3 코드는 가중치(weight)가 없는 코드이며 자보수(Self complementary) 성격을 가지고 있다. 그리고 excess 3 에서의 1의 보수는 10진수에 대한 9의 보수 이다. 즉 10진수 5에 대한 excess 3 코드는 1000 이며 이것의 1의 보수는 0111 이고 excess 3 코드에서 10진수 4가 된다(4는 5에 대한 9의 보수)

2.4 Gray Code

그레이 코드는 순서적으로 앞과 뒤에 숫자 비트가 한번에 한 비트씩만 변화하는 코드로서 결코 에러가 발생하지 않는 코드이다. 또한 비가중치 코드(unweighted code)라서 산술적 특징을 가지고 있지 않으며 A/D 컨버터나 I/O장치 및 Hypercube 망 등에 사용되고 있다.

2.4.1 binary code를 gray code로의 변환

예를 들어 4비트 길이의 2진코드 $0101)_2$ 를 그레이 코드로 변환하려면 다음과 같다.

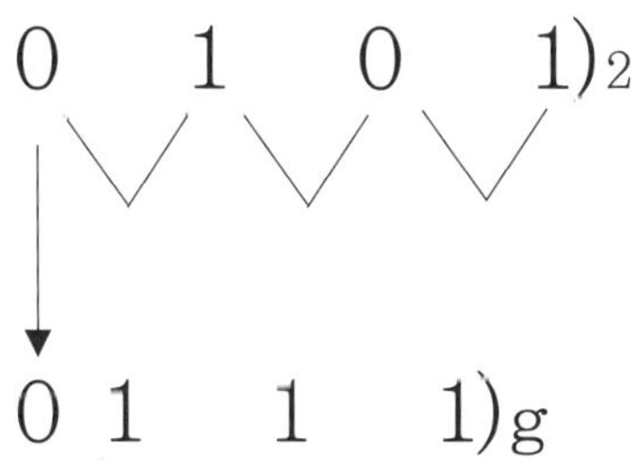

최상위 비트는 그냥 내려서 쓰고 최상위 비트 0과 우측의 1을 더하면 결과 값은 1이 된다. $0101)_2$의 최상위비트 우측의 1과 그 우측의 0을 더하면 또 1이 된다. 최상위비트에서 우측으로 두 번째 있는 0과 그 우측의 1을 더하면 또 1이 된다 그러므로 십진수로 5이며 2진수로 $0101)_2$ 인 것은 그레이로 $0111)_g$이 된다. 만일 캐리가 발생하면 그냥 버리면 된다.

2.4.2 gray code를 binary code 로의 변환

그레이 코드로부터 2진 코드로의 변환은 다음과 같다. 그레이코드의 가장 왼쪽의 비트는 2진코드의 첫 번째 비트가 되므로 그냥 내린다 다음 그냥 내린 2진비트와 그레이코드의 다음 번 비트를 더하면 2진수의 다음비트가 되고 캐리가 발생하면 그냥 버리면 된다. 예를 들어 그레이코드 $0111)_g$을 바이너리 코드로 변환하면 다음과 같다.

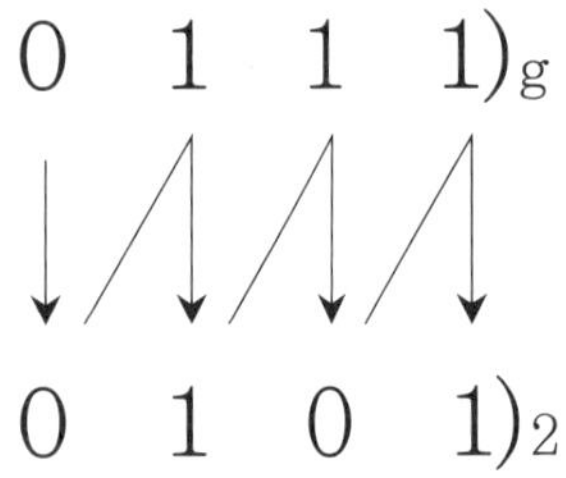

최상의 비트는 그냥 내리고 내린 값과 그 우측의 그레이코드인 1과 더하면 1이 된다. 변환된 1과 그레이코드의 다음우측에 있는 1을 더하면 (1+1)=0이 되고 캐리가 발생되는데 이 캐리는 버리면 된다. 2진 결과값 0에다가 그레이코드 맨 우측의 1을 더하면 1이 되므로 $0111)_g = 0101)_2$로 변환됨을 알 수 있다. 표 2.5는 4비트 그레이코드를 나타낸 것이다.

표 2.5 4비트 그레이 코드

Decimal	Binary Code	Gray Code	Decimal	Binary Code	Gray Code
0	0000	0000	8	1000	1100
1	0001	0001	9	1001	1101
2	0010	0011	10	1010	1111
3	0011	0010	11	1011	1110
4	0100	0110	12	1100	1010
5	0101	0111	13	1101	1011
6	0110	0101	14	1110	1001
7	0111	0100	15	1111	1000

2.5 에러 검출코드(Error Detecting Code)

에러검출 코드는 10진수를 코드화하여 2진수로 나타냈을 때, 잘못 된 정보를 검출하거나 정정할 기능을 가질 수 있도록 하는 것으로서 패리티 체크(Parity Check), 비퀴너리 코드(Biquinary Code), 2-out of 5코드, 링카운터(ring counter) 코드 등이 있다.

2.5.1 패리티 체크 코드(Parity Check Code)

패리티 체크는 어떤 문자나 숫자를 일정한 코드의 규칙에 따라서 코드화된 내용이 정확히 표현되어 있는지 여부를 판정하기 위하여 한자리여분의 비트를 check bit 로 사용하여 맞는지 틀리는지 판단한다. 이 패리티 비트는 odd parity(홀수 또는 기수 패리티)와 even parity(짝수 또는 우수 패리티)가 있다. 즉 어떤 숫자나 문자를 일정한 규칙에 따라서 코드화 했을 때, 1의 값을 가지는 비트의 개수가 짝수개가 되어야 한다는 규칙을 적용하는 방법(우수패리티)과 홀수 개가 되어야 한다는 규칙을 적용하는 방법(기수 패리티)이 있다. 패리티 비트는 패리티 코드를 만들기 위한 1비트의 여분의 비트이며, 시스템의 설계에 따라 기준코드의 처음이나 마지막에 비트를 사용하는데 대개는 맨 좌측에 사용한다. 패리티비트에 의한 에러검출코드는 한 단어에서 2개 비트 이상의 에러가 발생하는 중복에러는 검출 할 수 없고 한 비트 에서만 에러가 발생해야 검출 할 수 있다. 패리티 비트는 에러의 발생여부만을 검출 할 수 있고 에러 정정은 되지 않는나. 이 패리티 비트는 전송의 마지막 단계에서 패리티 발생기(Parity generator)로 발생시킨다. 표 2.6은 4비트 코드인데 패리티 비트를 가지고 있다.

표 2.6 패리티 비트를 갖는 4비트 코드

Decimal	Odd parity 첫째 줄은 bit	Even parity 첫째 줄은 bit	Decimal	Odd parity 첫째 줄은 bit	Even parity 첫째 줄은 bit
0	10000	00000	8	01000	11000
1	00001	10001	9	11001	01001
2	00010	10010	10	11010	01010
3	10011	00011	11	01011	11011
4	00100	10100	12	11100	01100
5	10101	00101	13	01101	11101
6	10110	00110	14	01110	11110
7	00111	10111	15	11111	01111

2.5.2 비퀴너리 코드(Biquinary Code)

각 코드의 그룹은 7개의 비트로 되어 있는데, 그 비트 중에서 1의 개수는 2개로 되어있다. 이 코드는 위치가 나타내는 값에 의해서 가중치(Weight)를 가지며 이는 각 비트가 존재하는 차례로 5043210의 의미를 가진다. 이러한 이유에서 5043210 코드 라고도 한다. 코드의 그룹에 1을 가지는 비트가 꼭 2개 있기 때문에 에러 검출이 가능하게 되며 각 코드의 그룹에서 1의 개수가 두 개 보다 많아도 에러로 취급되는 것이다. 대부분의 코드에서 그 코드의 그룹에서 모든 비트가 0일 경우에 10진수 0으로 해석되지만 이 코드의 경우에는 0100001로 기억된다. 비퀴너리 코드는 각 그룹에서 1이 반드시 두개 포함되어 있으므로 어느 한 비트에 에러가 발생하면 1의 개수가 달라지기 때문에 에러를 검출할 수가 있다. 그러나 1이 0으로, 0이 1로 서로 바뀌어 1을 기억되어 비트의 개수가 두개로 될 경우에는 에러를 검출할 수 없는 단점을 가지고 있으며, 그 외의 중복되는 에러의 검출은 가능하다. 표 2.7은 비퀴너리 코드를 나타낸다.

표 2.7 Biquinary Code

	Biquinary Code
Decimal number	5043210
0	0100001
1	0100010
2	0100100
3	0101000
4	0110000
5	1000001
6	1000010
7	1000100
8	1001000
9	1010000

2.5.3 링카운터 코드(Ring Counter Code)

전자회로를 사용하여 유용하게 해독할 수 있는 이 코드는 10비트의 각 코드 그룹중에서 1을 가지는 비트는 단 한개다. 이 코드에서 10진수로 변환시킬 경우 오른쪽 끝자리로부터 왼쪽으로 오면서 가중치를 0, 1, 2, 3, 4, 5, 6, 7, 8, 9 로 주어 1비트의 값을 구하면 된다. 에러 검출이 용이하고 해독이 쉽다. 링카운터회로는 링(ring) 모양의 폐회로 중에서 하나의 1의 비트를 움직이도록 하고 있다. 그러므로 1의 비트가 제일 왼쪽 끝에 온 후에는 다음 카운트는 1의 비트를 0의 자리로 돌려서 0에서 9까지의 카운트를 반복한다.

표 2.8 링카운터 코드

decimal number	ring conter code									
	9	8	7	6	5	4	3	2	1	0
0	0	0	0	0	0	0	0	0	0	1
1	0	0	0	0	0	0	0	0	1	0
2	0	0	0	0	0	0	0	1	0	0
3	0	0	0	0	0	0	1	0	0	0
4	0	0	0	0	0	1	0	0	0	0
5	0	0	0	0	1	0	0	0	0	0
6	0	0	0	1	0	0	0	0	0	0
7	0	0	1	0	0	0	0	0	0	0
8	0	1	0	0	0	0	0	0	0	0
9	1	0	0	0	0	0	0	0	0	0

기타 2 out of 5 코드는 통신에 주로 사용하며 하나의 십진숫자를 5비트로 나타내고 각 코드에는 2개의 1을 가지게 되므로 패리티 비트에 의한 에러검출 방식보다 더 쉽다. 한편 3-out of 5 code는 2-out of-5-code 의 보수를 구하면 되는 것이다.

2.6 에러 정정코드(Error Correcting Code)

에러검출 코드들은 에러를 검출은 하지만 에러를 정정하는 것이 불가능하다. 해밍코드(Hamming code)는 에러의 발견 및 정정이 가능한 코드이다. 표 2.9는 이 해밍코드를 나타낸다.

표 2.9 해밍코드

비트의 뜻	C_1	C_2	8	C_4	4	2	1
행번호 / 십진수	1	2	3	4	5	6	7
0	0	0	0	0	0	0	0
1	1	1	0	1	0	0	1
2	0	1	0	1	0	1	0
3	1	0	0	0	0	1	1
4	1	0	0	1	1	0	0
5	0	1	0	0	1	0	1
6	1	1	0	0	1	1	0
7	0	0	0	1	1	1	1
8	1	1	1	0	0	0	0
9	0	0	1	1	0	0	1

C_1, C_2, C_4 는 패리티 체크비트
8421은 8421 코드

여기서 1, 2, 4행에는 패리티비트(Parity bit)가 들어가고 3, 5, 6, 7행에는 정보비트 8, 4, 2, 1이라는 가중치로 들어간다[1]. 해밍코드의 패리티 체크비트(Parity check bit)는 다음과 같은 역할을 한다.

> C1 은 행 1, 3, 5, 7 에 대해서 우수(짝수) 패리티체크를 하고
> C2 는 행 2, 3, 6, 7 에 대해서 우수(짝수) 패리티체크를 하고,
> C4 는 행 4, 5, 6, 7 에 대해서 우수(짝수) 패리티체크를 한다.

단일에러를 정정하는 예로서 10진수 2에 대한 해밍코드의 표현은 표 2.9에서 보는 바와 같이 | 0 | 1 | 0 | 1 | 0 | 1 | 0 |이다.

그런데 에러가 발생하여 | 0 | 1 | 0 | 0 | 0 | 1 | 0 |로 되었다고 가정할 때 이 경우는 4행의 비트가 잘못 기억되어 있음을 알 수 있다. 에러가 발생하였을 경우에 그 에러를 찾는 방법은 C_1, C_2, C_4 가 각각 우수(짝수)패리티 체크의 규칙에 맞는가를 살펴서 찾아낸다. 즉 다음 그림 2.1과 같은 식으로 에러를 발견하고 정정한다.

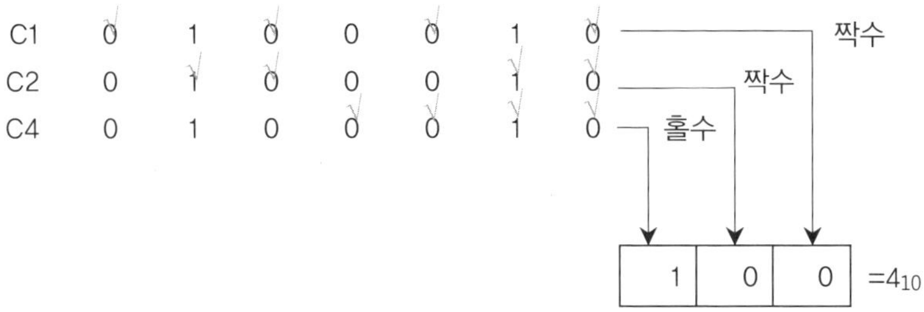

그림 2.1 해밍코드의 에러 발견 방법

이 원리로 구해진 2진수는 $100)_2$ 이므로 $4)_{10}$ 이다. 그러므로 제 4행에서 에러가 발생했음을 알 수 있다. 따라서 제 4행에 비트의 값을 1에서 0으로 바꿔주면 정정이 된다. 해밍코드는 3개의 여분비트(Redundant bit) 를 추가하여 단일비트의 에러를 정정한다. 단일교정이 아니면 더 많은 여분비트가 필요하다.

2.7 Alphanumeric

컴퓨터에 사용되는 코드는 26개의 대소문자로 이루어진 alphabet 과 0~9까지의 숫자(numeric character), +, −, /, %, # 등의 특수문자(special character), 마크 등으로 이루어지며 특히 알파벳과 숫자를 합쳐 표현하는 코드를 Alphanumeric Code 라고 한다. 지금 가장 많이 사용되고 있는 코드는 ASCII(American Standard Code for Information Interchange) 코드와 EBCDID(Extended Binary Coded Decimal Interchange code) 등이 있다.

---

[1] William H Gothmann, Digital Electronics, Prentice-Hall, Inc, 1982, pp60-61와 같이 체크비트로 다르게 배열하여 사용할 수도 있다.

2.7.1 ASCII 코드

ASCII 코드는 128개의 문자를 7비트를 사용하여 표현한다. ASCII는 94개의 출력되는 그림 문자와 34개의 제어용으로 사용되지만 출력되지 않는 문자를 가지고 있다. 그림 문자는 26개의 대문자, 26개의 소문자, 0~9까지의 10개의 숫자와 특수문자(%, #,

$)를 표현한다.

예를 들어 문자 A는 ASCII에서 1000001이다 (열 100, 행 0001) □1000001 이 A문자인데 HEX 로는 41이며 십진으로는 65이다. 맨 좌측의 □은 패리티 비트용으로 전송의 최종단계에서 발생한다. 만일 A자를 전송할 때 even parity(우수 패리티)이면 네모안은 0이되어 01000001이 전송되고 odd parity(기수 패리티)를 사용하면 11000001이 전송된다.

표 2.10은 ASCII 코드를 나타내고 표 2.11는 약어해설 표 2.12는 ASCII 코드와 HEX 값을 나타낸다.

표 2.10 ASCII 코드표

MSB / LSB	000	001	010	011	100	101	110	111
0000	NUL	DLE	SP	0	@	P		p
0001	SOH	DC1	!	1	A	Q	a	q
0010	STX	DC2	””	2	B	R	b	r
0011	ETX	DC3	#	3	C	S	c	s
0100	EOT	DC4	$	4	D	T	d	t
0101	ENQ	NAK	%	5	E	U	e	u
0110	ACK	SYN	&	6	F	V	f	v
0111	BEL	ETB	‘	7	G	W	g	w
1000	BS	CAN	(	8	H	X	h	x
1001	HT	EM	)	9	I	Y	i	y
1010	LF	SUB	*	:	J	Z	j	z
1011	VT	ESC	+		K	[	k	{
1100	FF	FS	,	〈	L	₩	l	|
1101	CR	GS	–	=	M	]	m	}
1110	SO	RS	.	〉	N	^	n	~
1111	SI	US	/		O	_	o	DEL

표 2.11 약어해설

NUL	Null	DEL	Data link escape
SOH	Start of heading	DC1	Device control 1
STX	Start of text	DC2	Device control 2
ETX	End of text	DC3	Device control 3
EOT	End of transmission	DC4	Device control 4
ENQ	Enquiry	NAK	Negative acknowledge
ACK	Acknowledge	SYN	Synchronous idle
BEL	Bell	ETB	End of transmission block
BS	Backspace	CAN	Cancel
HT	Horizontal tab	EM	End of medium
LF	Line feed	SUB	Substitute
VT	Vertical tab	ESC	Escape
FF	Form feed	FS	File separator
CR	Carriage return	GS	Group separator
SO	Shift out	RS	Record separator
SI	Shift in	US	Unit separator
SP	Space	DEL	Delete

표 2.12 ASCII 코드와 HEX 값

문자	7-Bit ASCII	Octal	Hex	문자	7-Bit ASCII	Octal	Hex
A	100 0001	101	41	0	011 0000	060	30
B	100 0010	102	42	1	011 0001	061	31
C	100 0011	103	43	2	011 0010	062	32
D	100 0100	104	44	3	011 0011	063	33
E	100 0101	105	45	4	011 0100	064	34
F	100 0110	106	46	5	011 0101	065	35
G	100 0111	107	47	6	011 0110	066	36
H	100 1000	110	48	7	011 0111	067	37
I	100 1001	111	49	8	011 1000	068	38
J	100 1010	112	4A	9	011 1001	069	39
K	100 1011	113	4B	Blank	010 0000	040	20
L	100 1100	114	4C	•	010 1110	056	2E
M	100 1101	115	4D	(	010 1000	050	28
N	100 1110	116	4F	+	010 1011	053	2B
O	100 1111	117	4F	$	010 0100	044	24
P	101 0000	120	50	*	010 1010	052	2A
Q	101 0001	121	51	)	010 1001	051	29

문자	7-Bit ASCII	Octal	Hex	문자	7-Bit ASCII	Octal	Hex
R	101 0010	122	52	–	010 1101	055	2D
S	101 0011	123	53	/	010 1111	057	2F
T	101 0100	124	54	,	010 1100	054	2C
U	101 0101	125	55	=	010 1101	075	3D
V	101 0110	126	56				
W	101 0111	127	57	RE TURN	000 1101	011	0D
X	101 1000	130	58				
Y	101 1001	131	59	LINE FEED	000 1010	012	0A
Z	101 1010	132	5A				

2.7.2 EBCDIC Code

EBCDIC(Extended Binary Coded Decimal Interchanged Code)코드는 확장된 2진화 10진수이며 8비트로 구성되어 있어 2^8=256개의 문자코드를 구성하고 있으며 IBM 등 대형 컴퓨터에서 사용되고 있다.

표 2.13는 EBCDIC코드를 나타내며 표 2.14는 약어이다.

표 2.13 EBCDIC 코드

B_0B_1	00				01				10				11			
B_2B_3	00	01	10	11	00	01	10	11	00	01	10	11	00	01	10	11
$B_4B_5B_6B_7$ 0 0 0 0	NUL		DS		SP	&	–									0
0 0 0 1			SOS				/		a	j			A	J		1
0 0 1 0			FS						b	k	s		B	K	S	2
0 0 1 1		TM							c	l	t		C	L	T	3
0 1 0 0	PF	RES	BYP	PN					d	m	u		D	M	U	4
0 1 0 1	HT	NL	LF	RS					e	n	v		E	N	V	5
0 1 1 0	LC	BS	EOB	UC					f	o	w		F	O	W	6
0 1 1 1	DS	IL	PRE	EOT					g	p	x		G	P	X	7
1 0 0 0									h	q	y		H	Q	Y	8
1 0 0 1									i	r	Z		I	R	Z	9
1 0 1 0		CC	SM		¢	!		:								
1 0 1 1						$	.	#								
1 1 0 0					〈	*		@								

B_0B_1	00				01				10				11			
1 1 0 1					(	)		'								
1 1 1 0					+			=								
1 1 1 1	CU1	CU2	CU3	¬	|			""								

표 2.14 EBCDIC 코드의 약어

BS	Backspace	EOT	End of transmission	PRE	Prefix
BYP	Bypass	FS	Field separator	RES	Restore
CC	Cursor control	HT	Horizontal tab	RS	Reader stop
CU1	Customer use	IL	Idle	SM	Set mode
CU2	Customer use	LC	Lowercase	SP	Space
CU3	Customer use	LF	Line feed	TM	Tape mark
DL	Delete	NL	New line	UC	Uppercase
DS	Digit select	PF	Punch off		
EOB	End of block	PN	Punch on		

연습문제

2.1 BCD코드에 대한 덧셈을 수행하라

① 1001+0100

② 01110101+01100010

③ 0101011+00101000

④ 01000101+01001000

2.2 2진수를 BCD코드를 변환하라

① 00010

② 0011000

③ 00111101

④ 100111011

2.3 10진수를 BCD코드를 변환하라

① 261

② 905

③ 8642

④ 98613

2.4 다음 10진수에 대한 BCD연산을 수행하라

① 8345+6271

② 543.21+341.71

③ 463.2+2354.6

④ 26934.26+85321.68

연습문제

2.5 그레이코드값 $1011)_g$ 을 2진코드값으로 변환하라

2.6 2진코드값 $0111)_2$을 그레이코드값으로 변환하라

2.7 10진수 265를 다음과 같이 변환하라

① 3초과코드(excess-3 code)

② 2진수

③ BCD

2.8 2진수를 그레이코드로 변환하라

① 11010101

② 10001001

③ 111010011

④ 1001011

연습문제

2.9 그레이코드를 2진수로 변환하라

① 1001011

② 1001100

③ 1001011

④ 10110101

2.10 10진수를 3초과 코드로 변환하라

① 28

② 341

③ 1234

④ 12345

2.11 3초과 코드를 10진수로 변환하라

① 1011

② 01100001

③ 011110110101

④ 0100011110111000

연습문제

2.12 10진수 98765를 $8\ 4\ \bar{2}\ \bar{1}$코드로 변환하라

2.13 $8\ 4\ \bar{2}\ \bar{1}$ 코드를 사용한 10개의 10진 숫자에 대한 홀수 패리티 비트를 구하라

2.14 10진수 5에 대한 해밍코드는 0100101이다 그런데 에러가 발생하여 0101101으로 내용이 잘못되었을 때 4행의 비트가 잘못 기억되었음을 증명하라.

제 3 장

논리 게이트(Logic Gates)

제3장

논리 게이트(Logic Gates)

논리게이트는 전자 회로인 트랜지스터를 이용하여 동작되나 여기서는 일반적인 IC들 위주로 디지털 회로의 구성에 대하여 공부한다. 일반적으로 펄스(Pulse)라 함은 한 상태(예를 들어 0, Low, 0V 등)를 유지하다가 갑자기 다른 상태(예를 들어 1, High, 5V 등)로 변하여 일정한 시간이 지나면 다시 원 상태로 돌아오는 전기적인 신호를 말한다. 예를 들어 아래의 그림 3.1에서 본 바와 같이

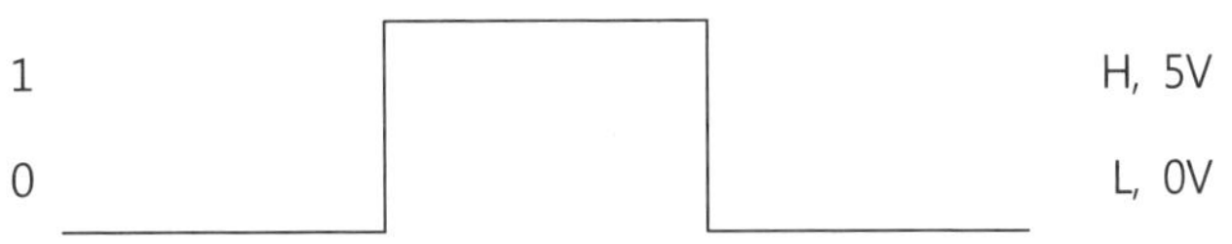

그림 3.1 기본 펄스

0, Low, 0V 등은 바닥 상태(Ground state)또는 기저상태 라고 하고 1, High, 5V 등은 여기 상태 또는 들뜬 상태라고 한다. 디지털 시스템에서 0.2~0.3V는 0V로 4.7V~5.4V 등은 5V로 표시되어 실제루는 0과 1로 표현된다.

3.1 기본 논리게이트

디지털 회로 설계 시 사용되는 가장 기본적인 논리 게이트는 AND, OR, NOT이며 NAND, XOR, Inverter 등이 표준 게이트로 사용된다.

3.1.1 AND 게이트

AND게이트는 두 개의 입력이 동시에 1이 들어와야만 출력이 1이 나오고 두 입력 중에 어느 것 하나라도 0이 들어오면 출력이 0이 되는 회로이며 74 Family에서 보면 7408이 대표적이다.

입력		출력
x	y	F
0	0	0
0	1	0
1	0	0
1	1	1

(a) 진리표

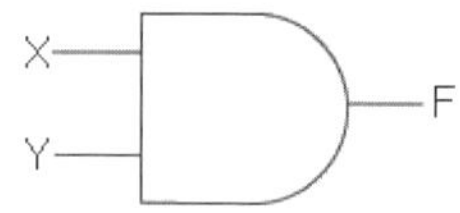

$F = x \cdot y$

(b) 기호

그림 3.2 AND 게이트

3.1.2 OR 게이트

OR 게이트는 두 개의입력 중에 어느 것 하나라도 1이 들어오면 출력이 1인 회로이며 74 Family에서 보면 7432가 대표적이다.

입력		출력
x	y	F
0	0	0
0	1	1
1	0	1
1	1	1

(a) 진리표

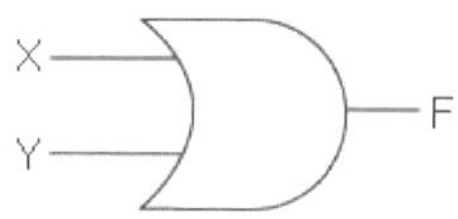

$F = x + y$

(b) 기호

그림 3.3 OR 게이트

3.1.3 NOT 게이트

NOT 게이트는 입력이 0이 들어오면 출력은 1이고, 입력이 1이 들어오면 출력은 0이 되는 것으로서 인버터(Inverter) 또는 반전기라고 부르며 74 Family에서 보면 7404가 대표적이다.

입력	출력
x	F
0	1
1	0

(a) 진리표

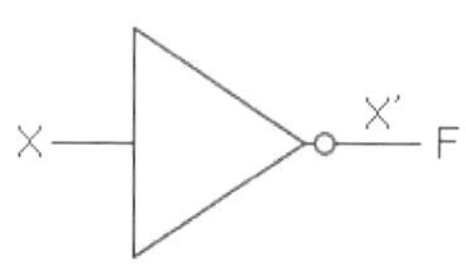

$F = x'$

(b) 기호

그림 3.4 NOT 게이트

3.1.4 NAND 게이트

NAND 게이트는 기본논리게이트 중에 가장 많이 사용하는 게이트이며 같은 동작을 하면서 게이트 수를 가장 많이 줄여서 최소의 비용으로 동일한 동작을 할 수 있는 게이트이며 AND 게이트의 반대이다. 즉 74 Family에서 보면 7400이 대표적이다.

입력		출력
x	y	F
0	0	1
0	1	1
1	0	1
1	1	0

(a) 진리표

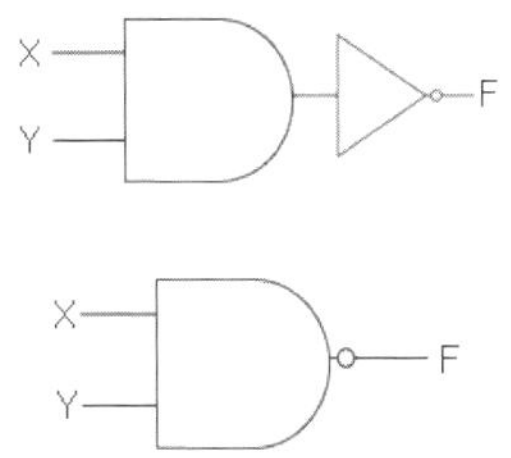

(b) 기호

$$F = (x \cdot y)' = x' + y'$$

그림 3.5 NAND 게이트

3.1.5 NOR 게이트

NOR 게이트는 OR 게이트의 반대이며 74 Family에서 보면 7402가 대표적이다.

입력		출력
x	y	F
0	0	1
0	1	0
1	0	0
1	1	0

(a) 진리표

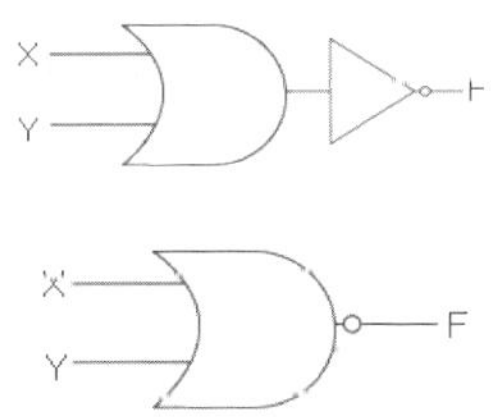

(b) 기호

$$F = (x + y)' = x' \cdot y'$$

그림 3.6 NOR 게이트

3.1.6 Exclusive-OR 게이트(X-OR: 배타적 논리합)

X-OR 게이트는 두 입력 중 서로 다른 입력이 들어오면 출력이 1이 나오고 같은 입력이 들어오면 출력이 0이 나오는 회로이다. 74 Family에서 보면 7486이 대표적이다. 특히 가산기, 크기 비교기, 패리티 발생기(Parity generator), 패리티 체커(Parity checker)에 많이 사용된다.

입력		출력
x	y	F
0	0	0
0	1	1
1	0	1
1	1	0

(a) 진리표

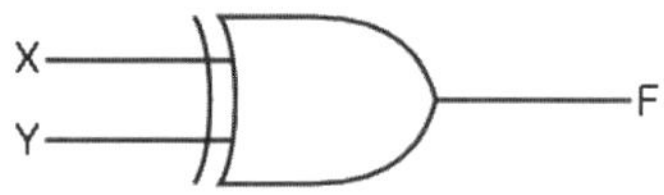

$F = x \oplus y$

$= x'y + xy'$

(b) 기호

그림 3.7 X-OR 게이트(배타적 OR 게이트)

3.1.7 Exclusive-NOR 게이트(X-NOR)

X-NOR 게이트는 X-OR 게이트의 반전값으로 서로 같은 입력이 들어오면 출력이 1이 나오고 서로 다른 입력이 들어오면 출력값이 0이 나오는 회로이다. 그러므로 $F = x \odot y = (x \oplus y)' = x'y' + xy$ 이고 등가(Equivalence)라고 한다. 74 Family에서 보면 74266이 대표적이다.

입력		출력
x	y	F
0	0	1
0	1	0
1	0	0
1	1	1

(a) 진리표

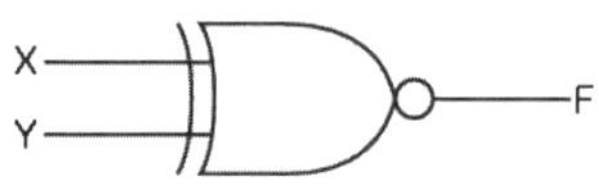

$F = (x \oplus y)'$

$= x \odot y$ (등가, equivalence)

$= x'y' + xy$

(b) 기호

그림 3.8 X-NOR 게이트(배타적 NOR 게이트)

3.1.8 버퍼(Buffer)

버퍼는 입출력이 동일한 값으로 입출력의 완충역할을 하며 전파지연(Propagation delay)을 하는 역할을 한다. CPU에서의 빠른 처리(ns)와 출력장치(ms)에서의 느린 속도 사이에서 완충기로서 작용한다.

입력	출력
x	F
0	0
1	1

(a) 진리표

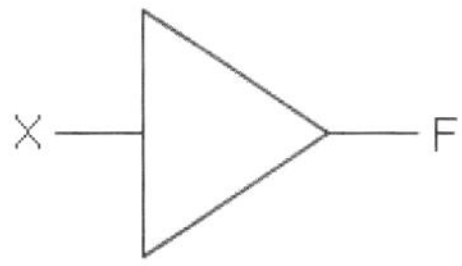

(b) 기호

F = x

그림 3.9 버퍼(Buffer)

이상의 게이트들을 정리하면 그림 3.10과 같다.

AND

x	y	F
0	0	0
0	1	0
1	0	0
1	1	1

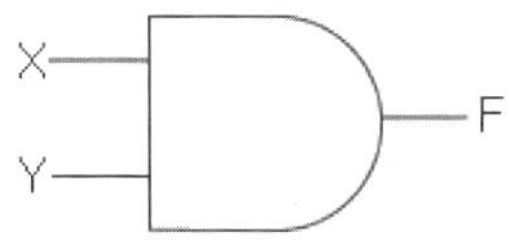

$F = x \cdot y$

OR

x	y	F
0	0	0
0	1	1
1	0	1
1	1	1

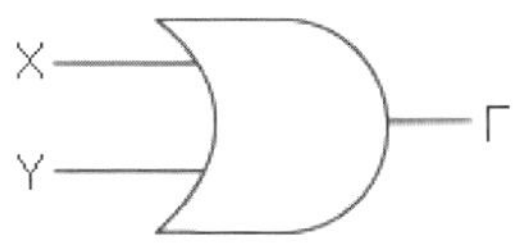

$F = x + y$

NOT

x	F
0	1
1	0

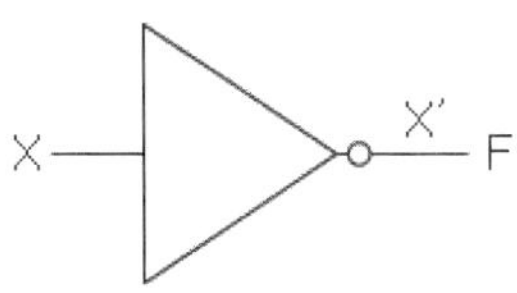

$F = x'$

NAND

x	y	F
0	0	1
0	1	1
1	0	1
1	1	0

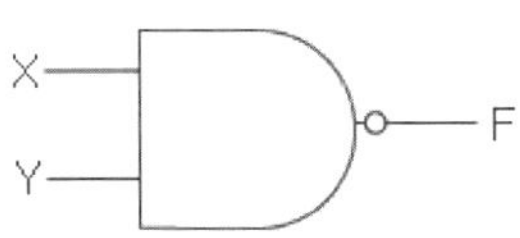

$F = (x \cdot y)'$
$= x' + y'$

NOR

x	y	F
0	0	1
0	1	0
1	0	0
1	1	0

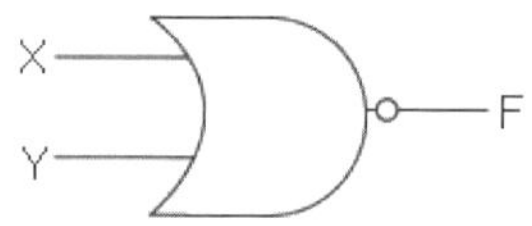

$$F = (x+y)'$$
$$= x' \cdot y'$$

X-OR

x	y	F
0	0	0
0	1	1
1	0	1
1	1	0

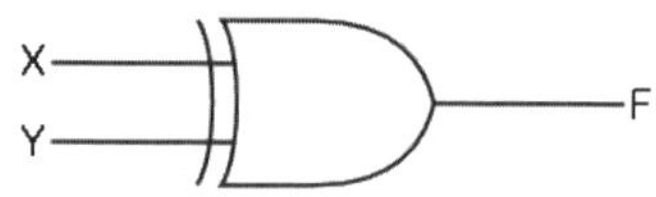

$$F = x'y + xy'$$
$$= x \oplus y$$

X-NOR

x	y	F
0	0	1
0	1	0
1	0	0
1	1	1

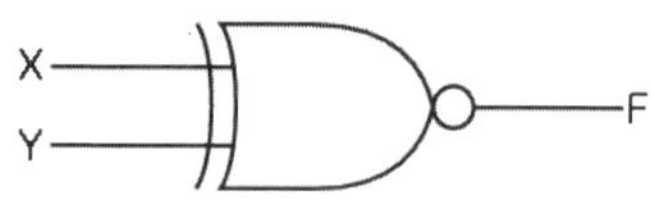

$$F = (x \oplus y)'$$
$$= x'y' + xy$$
$$= x \odot y$$

Buffer

x	F
0	0
1	1

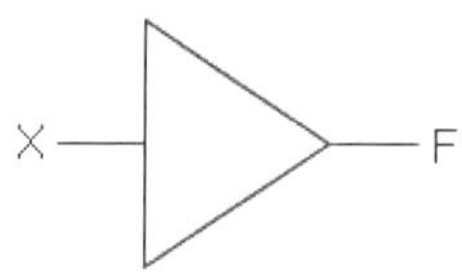

$$F = x$$

그림 3.10 각종 디지털 게이트

3.2 여러 가지 논리게이트들

논리게이트는 전자회로소자(Device)들을 이용하여 구현되며 이들은 트랜지스터(Transistor), 다이오드(Diode, Di+Electrode), 저항 등을 일컬으며 이것들이 적절히 조합되어 논리연산을 수행하는 게이트회로이며 IC 칩으로 만들어져 있다. 스위칭 동작(0과 1)과 증폭작용을 하는 트랜지스터는 제조공정에 따라서 전력소모량과 속도 등이 서로 다르다.

종류는 RTL(Resistor - Transistor Logic)

DTL(Diode - Transistor Logic)

TTL(Transistor - Transistor Logic)

ECL(Emitter - Coupled Logic)

MOSFET(Metal-Oxide Semiconductor Field Effect Transistor)

CMOS(Complementary Metal-Oxide Semiconductor)

등이며 TTL이 가장 일반적이며 ECL은 속도가 빠르고 MOSFET는 MOS 전계효과 트랜지스터라고 부르며 증가형과 감소형이 있다. CMOS는 정전기에 쉽게 파괴되는 단점을 가지고 있으나 소비전력이 매우 작으며 fanout이 크다. 예를 들어 74 Family에서 아무것도 안 쓰여있는 7400(NAND)게이트는 표준형이라고 부르고 74LS00이라면 저전력 쇼트키(Schottky) NAND 게이트이고 74L00이라면 저전력 NAND 게이트이다. 이 게이트들이 IC칩으로 만들어지며 하나의 IC칩에 여러 개의 트랜지스터들을 집적시킨다. 74 Family에서 가장 많이사용되고 있는 것은 7400(NAND)게이트, 7402(NOR) 게이트, 7408(AND)게이트, 7432(OR)게이트, 7404(Inverter)게이트들이 있으며 그 외에도 7486(X-OR)게이트, 74266(X-NOR)게이트들이 있다.

아래의 그림 3.11은 IC칩 안에 있는 논리게이트들의 내부 구조와 핀 번호들이다.

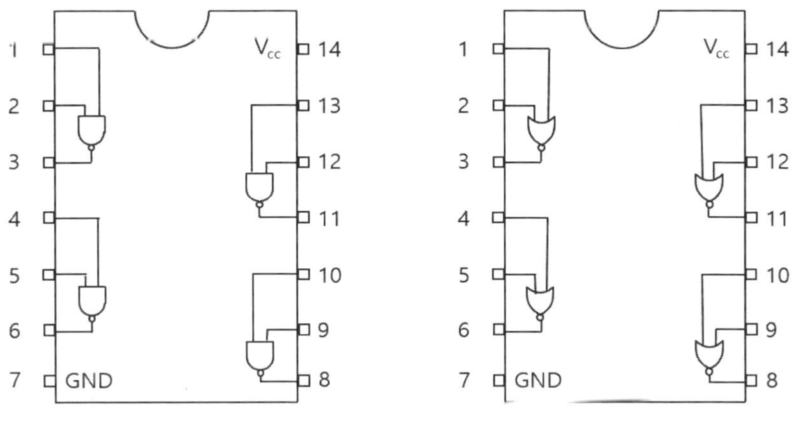

(a) NAND게이트(7400)　　(b) NOR게이트(7402)

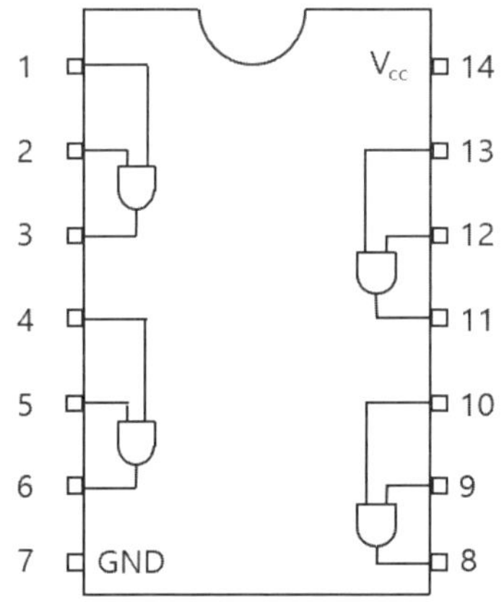

(c) AND게이트(7408)

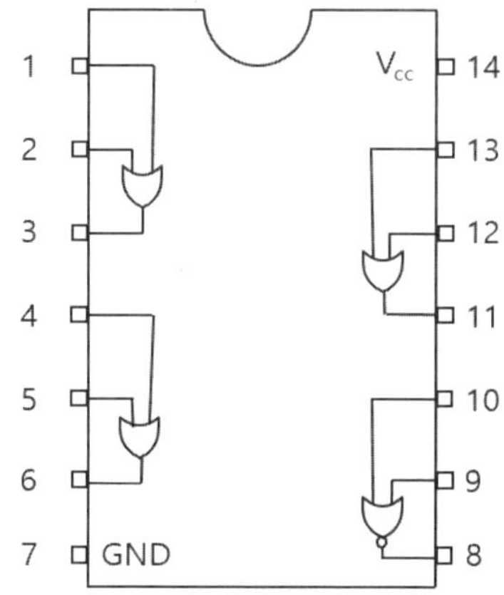

(d) OR게이트(7432)

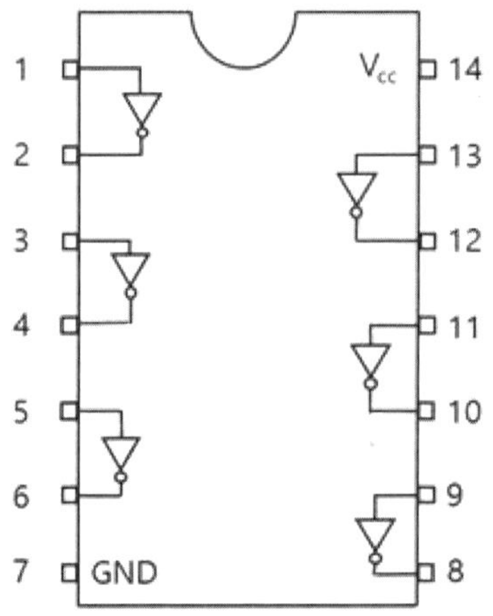

(e) NOT인버터반전기(7404)

그림 3.11 널리 사용되는 IC칩의 내부 구조와 핀번호들

위의 IC들은 가장 많이 사용되는 칩들로서 모두 14핀(pin)으로 구성되어 있으며 모두가 7번핀에 GND(Ground:접지), 14번핀에 Vcc(+5V)를 연결하면 IC가 활성화된다. NAND게이트(7400), NOR게이트(7402), AND게이트(7408), OR게이트(7432)는 2입력 1출력(2 input, 1 output)이 모두 4개의 게이트들로 이루어졌으며 NOT(Inverter:반전기:7404)는 6개의 인버어터로 이루어져 있다.

이들은 간단히 필요한 칩의 핀번호들을 리드(Lead)선으로 연결하기만 하면 논리 회로를 구현할 수 있다.

이 게이트들을 거치면 전파지연시간(Propagation delay time)이라는 것이 발생한다. 논리 회로가 동작하는 시간을 제한하는데 입력으로 들어온 신호가 출력으로 나오는데까지 걸리는 평균 시간을 말하며 게이트의 동작시간이 되는 것이다. 소비전력은 실제 논리게이트가 동작되는데 필요한 전력이다. 팬아웃(Fan out)은 제한된 범위내에서 출력을 유지할 수 있는 유사 게이트들의 최대수를 뜻한다.

TTL이 가장 보편적이나 요즈음 CMOS는 낮은 소비전력 때문에 이동 디바이스나 디지털 카메라, 캠코더 등에 많이 쓰이며 ECL은 고속 연산 등에 많이 쓰인다. 표 3.1은 각종IC 종류들의 속성을 나타내고 있다.

표 3.1 각종 IC 종류들의 속성

논리 IC들	Fan out	소비전력	전파지연시간(ns)
표준 TTL	10	10	10
저전력 쇼트키 TTL	20	2	10
ECL	25	25	2
CMOS	50	0.1	3

연습문제

3.1 다음 약자의 원어를 써라.

① TTL

② ECL

③ DTL

④ RTL

3.2 OR 게이트에 다음과 같은 파형이 들어왔을 때 출력파형을 그려라.

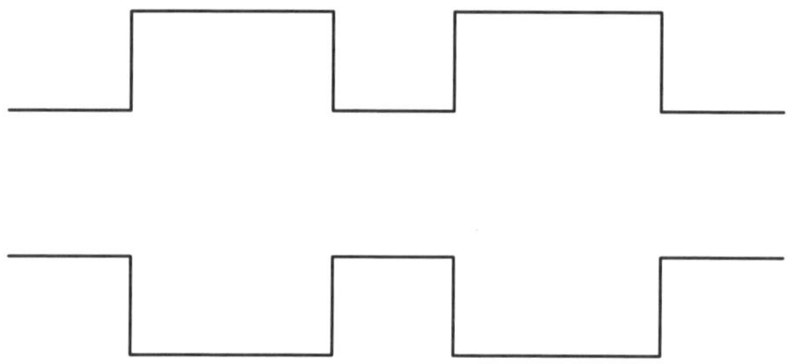

3.3 NOT(inverter인버터)게이트에 다음과 같은 파형이 들어왔을 때 출력파형을 그려라.

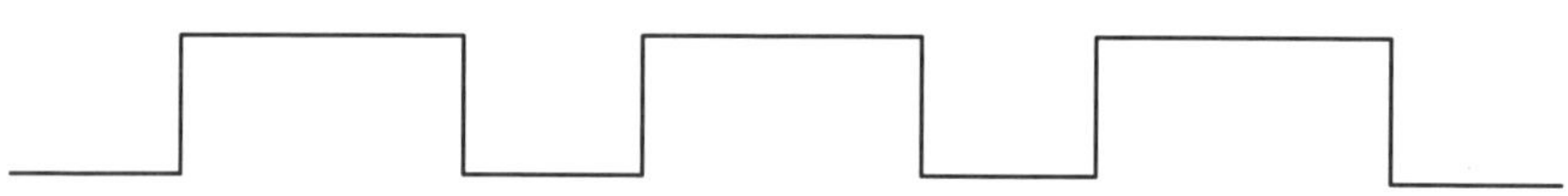

연습문제

3.4 AND게이트에 다음과 같은 파형이 들어왔을 때 출력파형을 그려라.

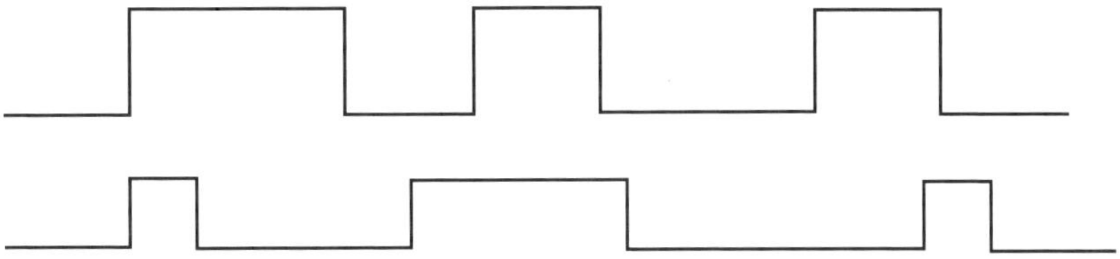

3.5 X-OR 게이트에 다음과 같은 파형이 들어왔을 때 출력파형을 그려라.

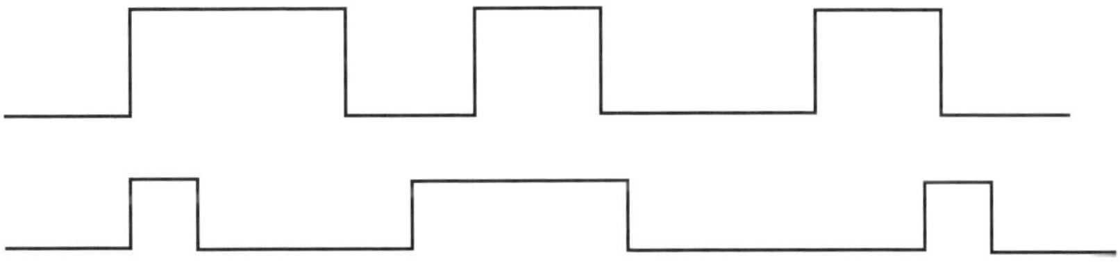

3.6 정논리(positive logic) AND게이트와 부논리(negative logic) OR게이트가 같음을 증명하라.

연습문제

3.7 정논리(positive logic) NAND게이트와 부논리(negative logic) NOR게이트가 같음을 증명하라.

3.8 NOR게이트의 출력이 늘 0이 되기 위한 기본조건은 무엇인가?

3.9 NAND게이트의 출력이 늘 0이 되기 위한 기본 조건은 무엇인가?

3.10 소비전력이 가장 낮은 IC군은 무엇인가?

연습문제

3.11 IC중에서 NAND게이트를 많이 쓰는 이유는 무엇인가?

3.12 NAND게이트에 다음과 같은 파형이 들어왔을 때 출력파형을 그려라.

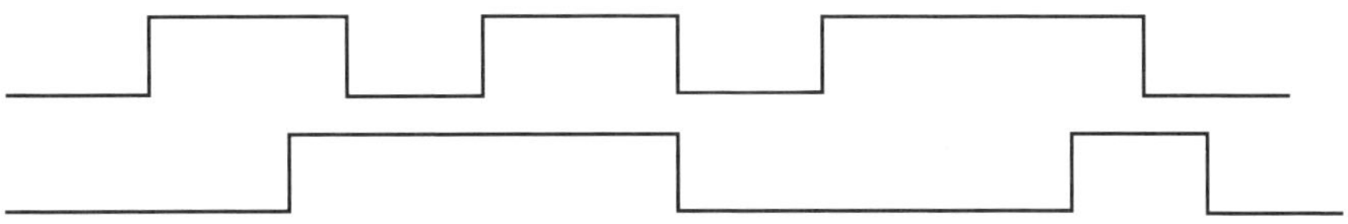

3.13 NOR게이트에 3.12 문제와 같은 파형이 들어왔을 때 출력파형을 그려라.

3.14 다음회로의 출력 F을 구하라.

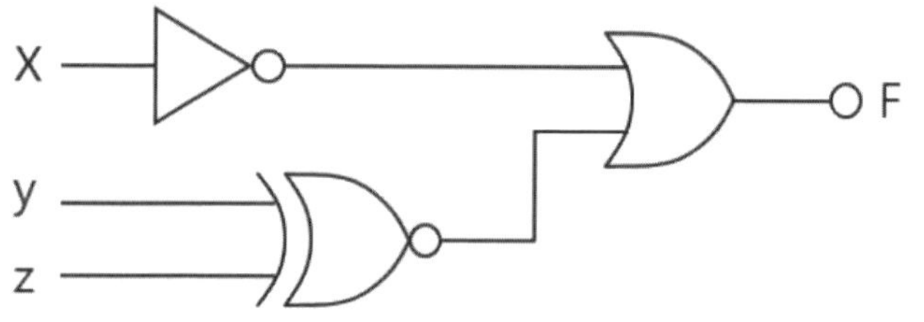

3.15 서로 다른 두 입력이 들어와야만 출력이 1이 나오는 게이트는 무엇인가?

3.16 서로 같은 두 입력이 들어와야만 출력이 1이 나오는 게이트는 무엇인가?

제 4 장

부울대수(Boolean Algebra)

제4장

부울대수(Boolean Algebra)

4.1 부울대수(Boolean Algebra)

영국인 수학자인 부울(George Boole)이 개발한 부울대수(Boolean Algebra)는 논리회로(Logicial circuit)의 분석 및 설계에 있어서 이론적 근거가 되는 수학이다. 이 부울대수중에 헌팅턴(E.V. Huntington)의 가설이 대표적이다. 부울대수는 2개의 논리회로를 수학적으로 표현하며 이를 이용하여 회로의 구현 및 분석에 이용한다. 요즈음 부품을 최소화하여 가장 간단한 제품을 만들어 원가절감을 통한 경쟁력확보에 필수적인 것이 함수의 최소화이다. 다시 말해 최소한의 부품을 사용하여 똑같은 기능을 구현하려면 논리회로 설계 시 부울 함수를 간략화 시켜야만 한다. 그러려면 여러 가지 규칙들을 사용해야 하고 부울대수에 사용하는 여러 개의 법칙(Law)들을 알아야 한다. 부울대수는 2진연산자(Binary operator)인 곱(AND ·)과 합(OR +)으로 이루어져 있으며 0과 1로 이루어진 대수체계이며 다음과 같은 법칙들이 있다.

4.1.1 부울대수의 법칙

(1) 교환 법칙(Commutative law)

덧셈과 곱셈시 처리순서가 바뀌어도 무관하게 같은 결과를 얻는 법칙이다.

즉 $a+b=b+a$, $a \cdot b=b \cdot a$

〈증명〉

a	b	a+b	b+a	a·b	b·a
0	0	0	0	0	0
0	1	1	1	0	0
1	0	1	1	0	0
1	1	1	1	1	1

(2) 결합 법칙(Associative law)

결합은 우선 처리하여야할 값들을 괄호()와 연산자를 이용하여 묶어서 먼저 처리하도록 해주는 것이다. 즉 $(a+b)+c=a+(b+c)$, $(a \cdot b) \cdot c=a \cdot (b \cdot c)$

〈증명〉

a	b	c	a+b	b+c	a · b	b · c	(a+b)+c	a+(b+c)	(a · b) · c	a · (b · c)
0	0	0	0	0	0	0	0	0	0	0
0	0	1	0	1	0	0	1	1	0	0
0	1	0	1	1	0	0	1	1	0	0
0	1	1	1	0	0	1	0	0	0	0
1	0	0	1	0	0	0	1	1	0	0
1	0	1	1	1	0	0	0	0	0	0
1	1	0	0	1	1	0	0	0	0	0
1	1	1	0	0	1	1	1	1	1	1

(3) 분배법칙(Distributive law)

(1) 분배법칙은 좌측의 a가 괄호 안의 변수들과 AND 후에 OR 연산을 수행하면 된다.

$a \cdot (b+c)=(a \cdot b)+(a \cdot c)$

(2) 또 하나는 아주 많이 사용하는 분배법칙으로 우측의 괄호안의 변수들과 OR후에 그 결과 값들을 AND 하면 좌측의 부울함수와 같다.

즉 $a+b \cdot c=(a+b)(a+c)$

a	b	c	b · c	a+bc	a+b	a+c	(a+b)(a+c)
0	0	0	0	0	0	0	0
0	0	1	0	0	0	1	0
0	1	0	0	0	1	0	0
0	1	1	1	1	1	1	1
1	0	0	0	1	1	1	1
1	0	1	0	1	1	1	1
1	1	0	0	1	1	1	1
1	1	1	1	1	1	1	1

이것은 선형대수(Linear algebra)식에서 공통변수로 묶는 factoring 방법으로 위의 (1) 방법을 역으로 적용하는 것과 마찬가지이다.

부울대수는 일반 상용대수와는 많은 차이점이 있다.

첫째, OR(+)와 AND(·)는 부울대수에서만 성립한다.

둘째, 부울대수는 가산이나 승산에 대한 역(Inverse)이 없으므로 감산이나 제산이 없다.

셋째, 부울대수에서만 보수(Complement) 연산이 있다.

넷째, 부울대수는 0과 1의 두 개의 원소(Element)만의 집합으로 정의되며 상용대수에서와 같이 무한 원소의 집합으로 구성되어 있지 않다.

4.2 부울대수의 규칙

부울함수를 변형시키거나 간단화시키는데 유용한 규칙들로 부울대수에서 변수와 그 변수들이 가지는 (0,1)간의 논리적 연산 관계를 규정해준다. 이들은 게이트들의 특성으로부터 직접 얻거나 이미 언급된 법칙이나 아래의 규칙들을 이용하여 사용되기도 한다.

4.2.1 부울대수의 기본규칙

[규칙1] $x+0=x, x\cdot 1=x$

$x=0$일 때 $0+0=0, 0\cdot 0=0$이므로 만족

$x=1$일 때 $1+1=1, 1\cdot 1=1$이므로 반족

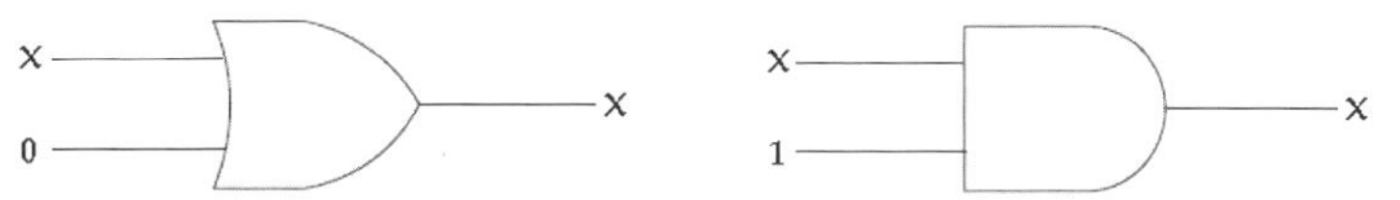

규칙1에 대한 증명

[규칙2] $x+x'=1, x\cdot x'=0$

$x=0$일 때 $0+1=1, 0\cdot 0'=0$이므로 만족

$x=1$일 때 $1+0=1, 1\cdot 0'=1$이므로 만족

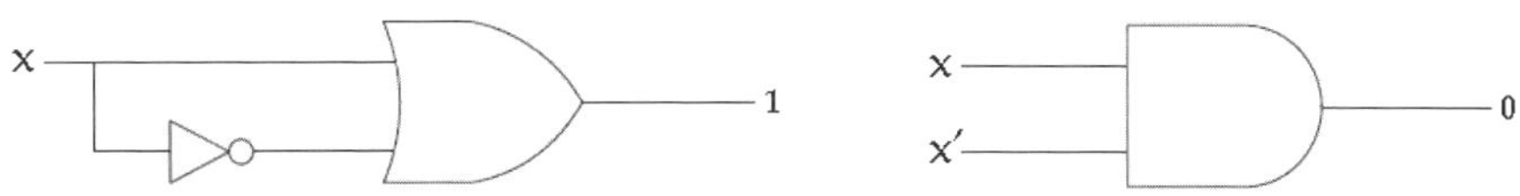

[규칙 3] $x+x=x, x \cdot x=x$ (멱등법칙)

두 입력이 동일하므로 논리적으로 OR와 AND값이므로 x의 값에 따라 결과가 결정된다.

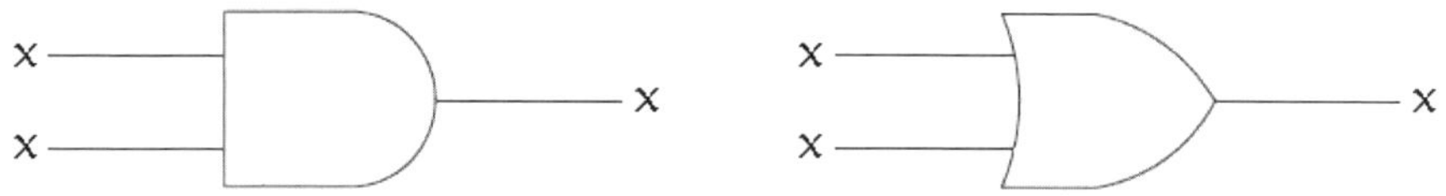

[규칙 4] $x+1=1, x \cdot 0=0$

좌측은 x는 0 또는 1이므로 $x=0$이면 $0+1=1$이 되고 $x=1$이면 $1+1=1$이 되므로 x값에 무관하게 항상 1이 되며 우측은 늘 0이 된다.

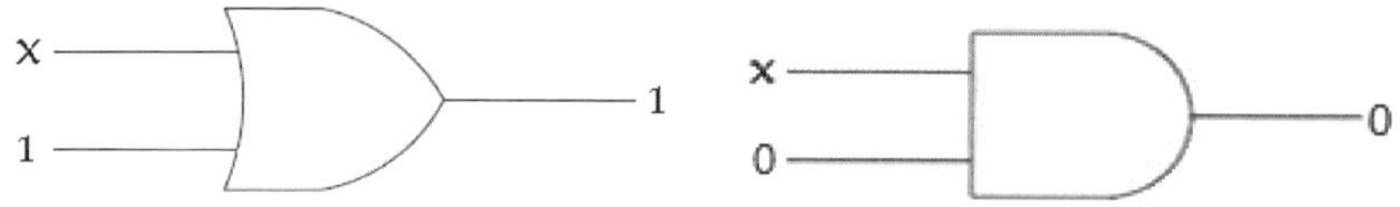

[규칙 5] $(x')'=x$

어떤 변수 값이 두 번의 보수를 취하면 원래의 값이 된다.

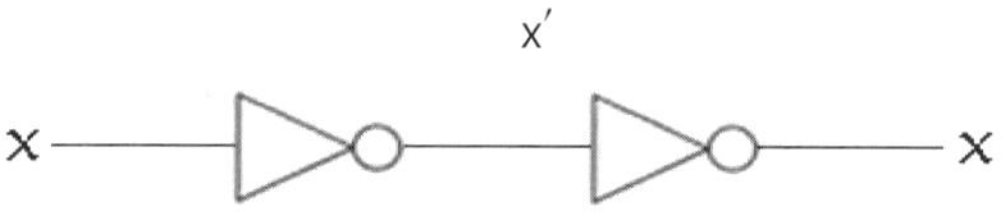

[규칙 6] $x+y=y+x, x \cdot y=y \cdot x$ (교환법칙)

두 개의 입력 변수에 대한 부울대수의 덧셈(OR)에서 두 변수의 위치를 바꾸어도 결과는 동일하며, 다수의 변수의 경우에도 결과는 같다.

[규칙 7] $x+(y+z)=(x+y)+z, x(yz)=(xy)z$ (결합법칙)

3변수에 대한 부울대수의 OR에서 이들 변수들의 OR 결합은 어떤 변수끼리 결합해도 결과는 동일하며, 여러 개의 변수인 경우에도 결과는 같다. 3변수에 대한 부울대수의 AND에서 이들 변수들의 AND결합은 어떤 변수끼리 결합해도 결과는 동일하며, 여러 개여 변수인 경우에도 결과는 같다.

[규칙 8] $x(y+z) = xy+xz, x+yz = (x+y)(x+z)$ (분배법칙)

좌측은 두 개의 변수를 더한 후 그 결과에 단일 변수를 곱하면 두 변수를 각각 단일 변수와 곱한 후 그 결과들을 더한 것과 같다.

우측은 두 개의 변수를 곱한후(AND) 단일 변수를 더하는 것은(OR) 2개의 변수를 각각 단일 변수들과 더한 후에 곱하는 것과 같다. 그 증명은 다음과 같다.

$x+yz = (x+y)(x+z)$의 증명

x	y	z	y · z	x+yz	x+y	x+z	(x+y)(x+z)
0	0	0	0	0	0	0	0
0	0	1	0	0	0	1	0
0	1	0	0	0	1	0	0
0	1	1	1	1	1	1	1
1	0	0	0	1	1	1	1
1	0	1	0	1	1	1	1
1	1	0	0	1	1	1	1
1	1	1	1	1	1	1	1

그러므로 $x+yz=(x+y)(x+z)$가 된다.

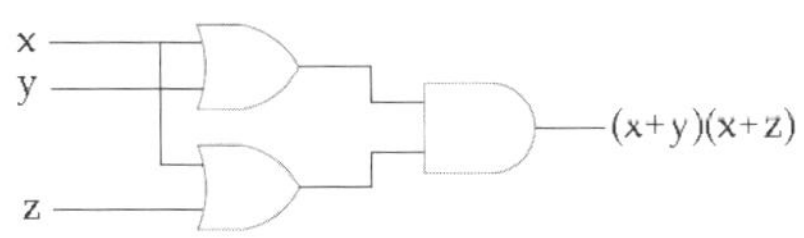

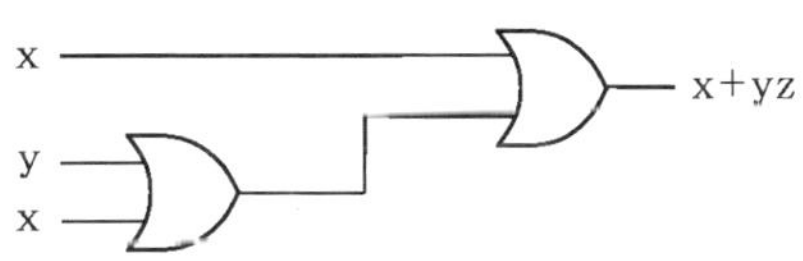

[규칙 9] 드모르간의 법칙(DeMorgan's Law)

두 수의 합의 Prime은 각각의 Prime의 곱 과 같고 두 수의 곱의 Prime은 각각의 Prime의 합과 같다.

$(x+y)' = x'y'$　　　　$(xy)' = x'+y'$

여기서 프라임(Prime)은 바(bar)와 같고 보수를 지칭하며 인버터 역할과 같다.

x	y	x'	y'	x+y	(x+y)'	x' · y'	xy	(xy)'	x'+y'
0	0	1	1	0	1	1	0	1	1
0	1	1	0	1	0	0	0	1	1
1	0	0	1	1	0	0	0	1	1
1	1	0	0	1	0	0	1	0	0

드모르간의 법칙은 2개 이상의 여러 변수에도 마찬가지로 성립한다.

$$(a+b+c+d+e+f+g)' = a'b'c'd'e'f'g'$$

$$(a \cdot b \cdot c \cdot d \cdot e \cdot f \cdot g)' = a' + b' + c' + d' + e' + f' + g'$$

[규칙 10]

$$x + xy = x, \qquad x(x+y) = x$$

$$\begin{aligned} x + xy &= x(1+y) \\ &= x \cdot 1 \\ &= x \end{aligned} \qquad \begin{aligned} x(x+y) &= x \cdot x + xy \\ &= x + xy \\ &= x(1+y) \\ &= x \cdot 1 \\ &= x \end{aligned}$$

[규칙 11] 쌍대의 원리(Principle of duality)

쌍대(Dual)란 부울대수에서 AND는 OR로 바꾸고 OR는 AND로 바꾸는 것이다. 즉 0은 1로, 1은 0으로 각각 바꾸면 좌측의 값이 우측의 값과 같게 된다. 이런 경우에 대응되는 규칙들을 쌍대 관계에 있다고 말한다. 이와 같이 연산자와 2진값을 바꾸어 대응되는 규칙이 성립하는 것을 바로 쌍대의 원리(Principle of duality)라고 하며 우리가 앞으로 다루는 간단화 및 논리회로 설계에서 매우 유용하게 사용된다.

Boole의 쌍대 관계

OR 연산	AND 연산
$A \cdot 0 = 0$	$A + 0 = A$
$A \cdot 1 = A$	$A + 1 = 1$
$A \cdot A = A$	$A + A = A$
$A \cdot A' = 0$	$A + A' = 1$

Dual

$$(x \cdot y) + z = (x+z) \cdot (y+z)$$

$$\updownarrow$$

$$(x+y) \cdot z = (x \cdot z) + (y \cdot z)$$

Dual

$$x + \overline{x} = 1$$

$$x \cdot \overline{x} = 0$$

4.2.2 연산자의 우선순위(Operator's Priority)

부울계산을 할 때의 우선순위는 ① 괄호안의 식을 먼저 계산하고 ② NOT을 계산하고 ③ AND를 계산한 후 ④ OR연산을 수행한다.

4.3 부울함수(Boolean Function)

부울대수(Boolean algebra)는 논리연산과 2진변수를 다루는 대수이다. 부울함수(Boolean Function)는 논리연산기호, 2진변수, 0과 1로 구성되어 있다. 또한 2진변수에 대한 함수는 1 또는 0이다.
부울함수 식의 예를 보자.

$$F_1 = x'y'z$$

함수 $F_1=1$이 되기 위한 조건은 $x'=1$, $y'=1$, $z=1$이어야만 된다.
그러므로 $x=0$, $y=0$, $z=1$일 때만이 1이 된다.

$$F_2 = x'yz + xy'$$

함수 $F_2=1$이 되기 위한 조건은 $x'yz=1$이거나 $xy'=1$일 때 이므로 $x'=1$, $y=1$, $z=1$일 때 즉 $x=0$, $y=1$, $z=1$이거나 $x=1$, $y'=1$즉 $x=1$, $y=0$일 때 1이 되므로 두 조건 중에 하나만 만족하면 1이 된다. z는 0이거나 1이거나 무관하다.
각 부울함수에 대한 진리표는 표 4.1과 같다.

표 4.1 F_1, F_2에 대한 진리표

x	y	z	F_1	F_2
0	0	0	0	0
0	0	1	1	0
0	1	0	0	0
0	1	1	0	1
1	0	0	0	1
1	0	1	0	1
1	1	0	0	0
1	1	1	0	0

위의 함수의 표현은 게이트들을 연결하여 논리회로를 구현할 수 있다.

부울대수에 의해 간단화(Simplification)과정을 거친 부울함수를 게이트로 연결하면 결과적으로 게이트와 입력의 수를 최소화(Minimization)하여 결국은 IC를 적게 사용하게 되어 빠른 연산결과와 생산비용을 최소화 할 수 있다. 결과적으로 경, 박, 소, 단(가볍고, 얇고, 작고, 짧은)인 제품을 만들 수 있게 된다.

위의 함수 F_1과 F_2의 논리회로는 그림 4.1과 같다.

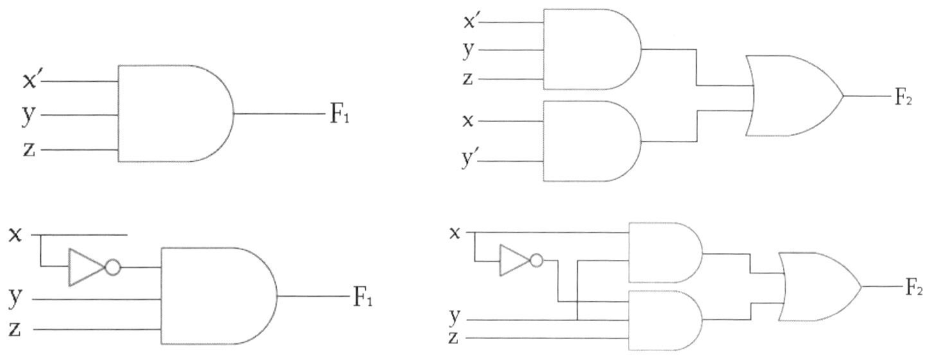

그림 4.1 함수F_1과 F_2의 게이트 구현

4.3.1 부울함수의 간단화

논리회로를 간단화 한다는 것은 부울함수의 변수들을 간단화 한다는 뜻이다. 부울함수의 변수들은 게이트들의 입력이 된다. 이 절에서는 부울함수를 간단화하기 위하여 부울대수의 규칙들을 사용하여 간단화한 후 디지털 논리회로로 구현하면 된다.

문자(Literal)는 보수 표현으로 되어있지 않거나 보수 표현으로 되어있는 변수이며 논리회로로 구현시 게이트 입력으로 사용한다. 항(Term)은 문자들이 연산자로 연결되어 있으며 게이트의 출력으로 나타난다. 그러므로 문자와 항의 수가 가장 간단화 된 표현을 사용하여야만 한다.

예를 들어

$$\begin{aligned} xy' + xy &= x(y' + y) \\ &= x \cdot 1 \\ &= x \end{aligned}$$

$$\begin{aligned} yz + y &= y(z + 1) \\ &= y \cdot 1 \\ &= y \end{aligned}$$

$$
\begin{aligned}
x+xy' &= (x+x)(x+y') \\
&= x(x+y') \\
&= xx+xy' \\
&= x+xy' \\
&= x(1+y') \\
&= x
\end{aligned}
$$

즉 항을 결합하거나, 제거하거나 또는 문자를 제거하여 간단화 할 수 있으나 또한 약간의 대수적 조작(Manipulation)을 통하여 함수의 의미가 변하지 않고 동일한 결과를 얻을 수 있다. 즉 값이 동일한 적절한 항들을 함수에 집어넣으면 된다. 즉 0이면 xx', yy', zz'이나 1이면 $x+x', y+y', z+z'$을 함수에 적절하게 넣어 사용하면 된다.

예제 4.1 $(x+y)(x+z')$을 간단화 하라.

$$
\begin{aligned}
(x+y)(x+z') &= x \cdot x + x \cdot z' + xy + yz' \\
&= x + xz' + xy + yz' \\
&= x(1+z'+y) + yz' \\
&= x \cdot 1 + yz' \\
&= x + yz'
\end{aligned}
$$

4.3.2 함수의 보수

함수 F의 보수는 F'이며 변수 x의 보수는 x'이며 0은 1, 1은 0으로 바꾸면 된다. 함수의 보수는 드모르간의 법칙이나 쌍대의 원리를 이용하여두 구할 수 있다. 드모르간의 법칙을 이용시에는 AND는 OR로, OR는 AND로 각각 바꾼 후에 각 변수 값을 0은 1로, 1은 0으로 간단히 바꾸어 주기만 하면 된다.

쌍대를 이용하여 보수를 구할 때는 연산자들의 쌍대를 구한 다음 각각 변수값에 보수를 취하면 된다. 즉 AND는 OR로, OR는 AND로 바꾼 후 0은 1로, 1은 0으로 바꾸어 주기만 하면 된다.

예제 4.2 $(x+y)(x'+z)(y+z)$를 간단화 하라.

$(x+y)(x'+z)(y+z)$의 쌍대를 취한후 각각을 보수화 하면 $x'y'+x''z'+y'z'$ 이므로 각각의 보수를 취한다.

$$
\begin{aligned}
x'y'+xz'+y'z'(x'+x) &= x'y'+xz'+x'y'z'+xy'z' \\
&= x'y'(1+z')+xz'(1+y')
\end{aligned}
$$

$= x'y' + xz'$이 된다.

다시 원위치 시키면 $x'y' + xz' = (x+y)(x'+z)$가 된다.

예제 4.3 드로므간의 법칙을 이용하여 부울함수 $F = xyz' + x'yz + xz'$의 보수를 구하라.

$F = (xyz' + x'yz + xz')'$

$= (x'+y'+z)(x+y'+z')(x'+z)$

예제 4.4 쌍대의 원리를 이용하여 부울함수 $F = xyz' + x'yz + xz'$의 보수를 구하라.

F의 쌍대는 $F = (x+y+z')(x'+y+z)(x+z')$이고 각각을 보수화 하면

$F' = (x'+y'+z)(x+y'+z')(x'+z)$가 된다.

4.4 민텀(Minterm : 최소항)과 맥스텀(Maxterm : 최대항)

부울대수로 이루어진 부울함수를 이용하여 논리회로를 설계하려면 다음과 같은 절차를 따른다.

첫째, 입출력에 대한 진리표를 작성하고

둘째, 진리표에 따른 부울 함수를 구한 다음

셋째, 이 부울함수를 간단화 하고

넷째, 게이트들을 사용하여 회로를 구현하면 된다.

4.4.1 민텀과 맥스텀

진리표로부터 부울함수를 구할 때 2변수들을 논리곱으로 표현한 것을 민텀(Minterm : 최소항)이라고 하며 AND게이트를 사용하며 표준곱(Standard product)라고도 한다. 예를 들어 2변수에서 x와 y가 각각 1과 0의 값을 가진다면, 최소항은 xy'이 된다. 즉 민텀이란 두 입력값에 대한 AND결과가 1이 나오게 항을 표현하는 것이다. 또한 논리합으로 표현한 것은 맥스텀(Maxterm : 최대항)이라고 하며 OR 게이트를 사용하며 표준합(Standard sum)이라고도 한다.

AND연산을 한 민텀들을 OR연산으로 결합한 것을 곱의 합형(Sum of Products: SOP)이라고 하며OR연산을 한 맥스텀들을 AND연산으로 결합한 것을 합의 곱형(Product of Sums: POS)이라고 한다.

표 4.2는 3변수 시스템의 민텀과 맥스텀을 나타낸다.

표 4.2 3변수 시스템의 민텀과 맥스텀

변수			민텀		맥스텀	
X	Y	Z	항	표시	항	표시
0	0	0	x′y′z′	m_0	x+y+z	M_0
0	0	1	x′y′z	m_1	x+y+z′	M_1
0	1	0	x′yz′	m_2	x+y′+z	M_2
0	1	1	x′yz	m_3	x+y′+z′	M_3
1	0	0	xy′z′	m_4	x′+y+z	M_4
1	0	1	xy′z	m_5	x′+y+z′	M_5
1	1	0	xyz′	m_6	x′+y′+z	M_6
1	1	1	xyz	m_7	x′+y′+z′	M_7

4.4.2 민텀을 이용한 부울함수

논리회로 설계시 민텀을 이용하여 진리표로부터 부울함수를 구하는 방법을 알아보자. 우선 표 4.3에서 출력 F_1이 1이 나오는 모든 것들을 조합시켜야 한다. 즉 입력값들의 조합이 그 가운데 어느하나 또는 그 이상이 되는 경우에 F_1의 값이 1이 되는 것이다. 표 4.3에서 $F_1=1$인 것을 보면 xyz가 000, 010, 101, 111인 경우이다. 민텀은 $x'y'z', x'yz', xy'z, xyz$가 되며 $F_1 = x'y'z' + x'yz' + xy'z + xyz$이며 민텀으로 표현하면 $F_1 = m_0 + m_2 + m_5 + m_7$으로 표현하며 간단히 $F_1 = \Sigma(0,2,5,7)$로 표현한다.

F_2인 경우도 마찬가지로 xyz가 $x'y'z + xy'z + xyz'$가 되어 $F_2 = x'y'z + xy'z + xyz'$이 되고 민텀으로 표현하면 $F_2 = m_1 + m_5 + m_6$로 표현하며 간단히 $F_2 = \Sigma(1,5,6)$로 표현한다. 이 부울함수들을 민텀의 합(Sum of minterms)이라고 한다.

표 4.3 3변수 입력과 출력이 F_1, F_2인 경우 진리표

x	y	z	F_1	F_2
0	0	0	1	0
0	0	1	0	1
0	1	0	1	0
0	1	1	0	0
1	0	0	0	0
1	0	1	1	1
1	1	0	0	1
1	1	1	1	0

위의 것들을 정리하여 부울함수를 논리회로로 구현하면 그림 4.2와 같다.

$$F_1 = x'y'z' + x'yz' + xy'z + xyz$$
$$= m_0 + m_2 + m_5 + m_7$$
$$= \Sigma(0, 2, 5, 7)$$
$$F_2 = x'y'z + xy'z + xyz'$$
$$= m_1 + m_5 + m_6$$
$$= \Sigma(1, 5, 6)$$

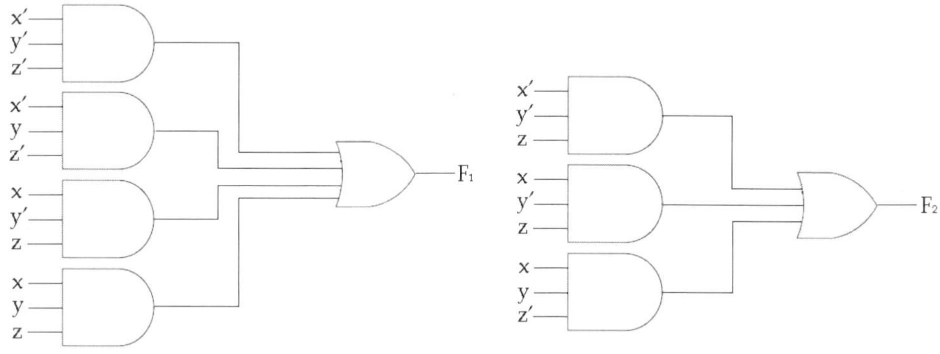

(1) 함수 F_1의 논리회로　　(2) 함수 F_2의 논리회로

그림 4.2 민텀의 합으로 표현된 논리 게이트 구현

이와 같이 민텀은 AND게이트로 구현하고 민텀의 합은 OR게이트로 구현한다.

예제 4.5 다음의 부울 함수를 민텀의 합으로 표현하라.

$F(x,y,z) = xy' + x'yz + xyz' + y'z$

$F(x,y,z) = xy'(z'+z) + x'yz + xyz' + (x'+x)y'z$

$= xy'z' + xy'z + x'yz + xyz' + x'y'z + xy'z$

$= m_4 + m_5 + m_3 + m_6 + m_1 + m_5$

$= m_1 + m_3 + m_4 + m_5 + m_6$

$= \sum(1, 3, 4, 5, 6)$

4.4.3 맥스텀을 이용한 부울함수

맥스텀으로 이루어진 부울함수는 진리표로부터 얻을 수 있다. 표4.3의 진리표에서 출력 F_1에 대한 맥스텀들을 구해보자. 우선 $F_1 = 0$이 되는 001, 011, 100, 110 으로부터 $(x+y+z'), (x+y'+z'), (x'+y+z), (x'+y'+z)$ 를 구한다. 3변수 x, y, z값은 그 조합들 중 어느 하나라도 만족하면 $F_1 = 0$이 되야 되므로 이 맥스텀들을 AND연산해준다.
그러므로 $F_1 = (x+y+z') \cdot (x+y'+z') \cdot (x'+y+z) \cdot (x'+y'+z)$ 가 된다.
이런 부울함수를 맥스텀들의 곱(Product of maxterms)이라고 부른다.
이것을 다시 표현하면 다음과 같다.

$$F_1 = M_1 \cdot M_3 \cdot M_4 \cdot M_6$$
$$= \prod(1, 3, 4, 6)$$

$\prod$ 파이(Pi)는 AND로 묶는다는 뜻이며 괄호안은 맥스텀들을 가리킨다.

맥스텀들의 곱으로 표현되는 부울함수를 민텀을 이용하여 구할 수도 있다.
표 5.3에서 출력 $F_1 = 0$이 되는 것들을 구하여 OR한 다음, 보수 취해진 함수 F_1'으로 표현하면 다음과 같다.

$F_1' = x'y'z + x'yz + xy'z' + xyz'$이 다음 F_1'의 보수를 취하면 F_1에 대한 부울함수를 구할 수 있다. 이때에는 간단하게 드모르간의 법칙을 사용한다.

$$
\begin{aligned}
F_1 = (F_1')' &= (x'y'z + x'yz + xy'z' + xyz')' \\
&= (x'y'z)'(x'yz)'(xy'z')'(xyz')' \\
&= (x+y+z')(x+y'+z')(x'+y+z)(x'+y'+z) \\
&= M_1M_3M_4M_6 \\
&= \prod(1,3,4,6)
\end{aligned}
$$

F_2에 대한 부울함수도 맥스텀을 이용하여 구할 수 있다. 즉 표 4.3에서 $F_2=0$이 되는 맥스텀들을 구한 다음, 이들을 AND로 연산하면 다음과 같은 부울함수를 구할 수 있다.

$$
\begin{aligned}
F_2 &= (x+y+z)(x+y'+z)(x+y'+z')(x'+y+z)(x'+y'+z') \\
&= M_0M_2M_3M_4M_7 \\
&= \prod(0,2,3,4,7)
\end{aligned}
$$

그리고 F_2도 민텀을 이용하면 다음과 같이 구할 수 있다.

$$
\begin{aligned}
F_2' &= x'y'z' + x'yz' + x'yz + xy'z' + xyz \\
F_2 = (F_2')' &= (x'y'z' + x'yz' + x'yz + xy'z' + xyz)' \\
&= (x'y'z')'(x'yz')'(x'yz)'(xy'z')'(xyz)' \\
&= (x+y+z)(x+y'+z)(x+y'+z')(x'+y+z)(x'+y'+z') \\
&= M_0M_2M_3M_4M_7 \\
&= \prod(0,2,3,4,7)
\end{aligned}
$$

또한 맥스텀의 곱으로 표현된 부울함수의 논리게이트 표현은 그림 4.3과 같다.

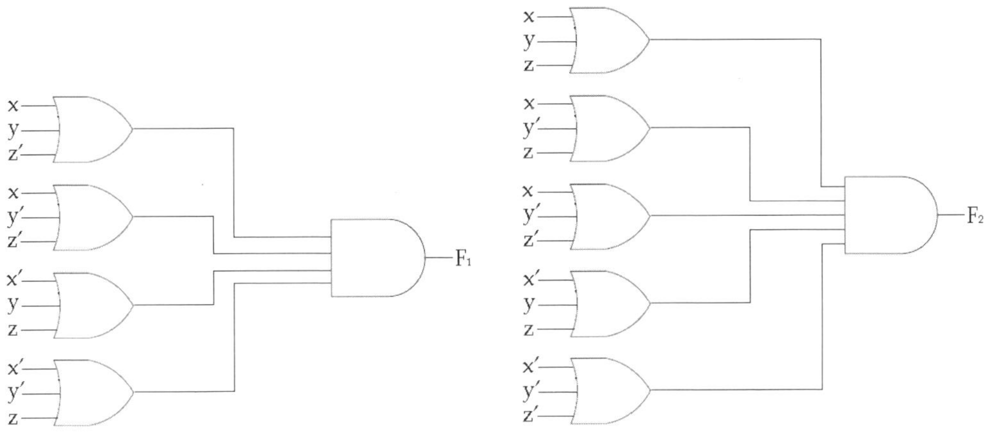

(1) 함수 F_1의 논리회로　　　　(2) 함수 F_2의 논리회로

그림 4.3 맥스텀의 곱으로 표현된 논리게이트 구현

민텀과 맥스텀의 정의로부터 아래와 같은 관계가 성립함을 알 수 있다.

$m_j' = M_j$(j의 맥스텀은 같은 첨자를 가진 민텀의 보수임)

진리표로부터 얻은 민텀의 합 또는 맥스텀의 곱들로 표현된 부울함수들의 형태를 카노니칼형(Carnonical form)이라고 한다. 즉 각 민텀들이 모든 변수를 포함하고 있는 것을 카노니칼형 부울함수라 한다. 이를 하드웨어로 구현시에는 회로가 복잡해지므로 더욱 간단한 회로를 구현하여 시스템의 속도도 최소화하고 IC도 최소화하여 결국은 원가절감 및 소형화에 이바지하기 위해 부울함수의 간단화가 절실하다.

민텀의 합으로 표시된 함수를 두번 보수화하면 맥스텀의 곱형이 되므로, 민텀의 합형인 부울함수와 같은 맥스텀의 곱형인 부울함수는 동일한 부울함수가 된다.

4.5 부울함수의 간단화

부울함수는 진리표로부터 입출력조건이 동일한 경우 간단하게 논리회로를 구현할 수 있다. 부울함수의 변수는 게이트의 입력을 나타내며 시스템 속도 향상과 소비 전력의 감소로 인한 고장 발생의 감소 등 매우 바람직한 결과를 가져온다.

논리회로를 간단화하는 방법은 부울함수를 간단화하는 방법과 논리회로 자체를 간단화하는 방법 등이 있으며 부울함수를 간단화하려면 부울대수를 이용하거나 카르노맵(Karnaugh map)을 사용하는 방법이나 도표(Tabulation) 방법 등이 있다.

4.5.1 카르노맵(Karnaugh map)

카르노맵 방법은 입력변수의 수에 따라 사각형의 기본형태가 각각 다르다.
간소화된 부울함수를 민텀의 합형으로 표시하는 경우에는

첫째, 논리회로를 부울함수로 표현하고

둘째, 입력 변수에 따라 맵을 그린다.

셋째, 진리표에서 함수 값을 해당되는 맵의 사각형(Square)안에 표시한다.

넷째, 민텀의 합형이므로 맵에서 함수 값이 1인 사각형만을 선택한다.

다섯째, 선정된 사각형은 인접한 사각형과 가장 큰 것부터 묶는다. (16, 8, 4, 2 등)

여섯째, 묶음에서 간소화된 부울함수를 민텀의 합형으로 표시한다.

일곱째, 부울함수를 논리회로로 구현한다.

간소화된 부울함수를 맥스텀의 곱형으로 표시하는 경우에는

첫째, 첫째부터 셋째까지는 민텀의 합형과 동일하다.

둘째, 맥스텀의 곱형이므로 맵에서 함수 값이 0인 사각형만을 선택한다.

셋째, 선정된 사각형은 인접한 사각형과 가장 큰 것부터 묶는다. (16, 8, 4, 2 등)

넷째, 묶음에서 간소화된 부울함수를 맥스텀의 곱형으로 표시한다.

다섯째, 부울함수를 논리회로로 구현한다.

(1) 2변수 카르노맵

x, y 2변수인 경우의 카르노맵은 $2^2=4$이므로 4개의 민텀이 있으며 그림 4.4와 같다.

x \ y	0	1
0	$x'y'$	$x'y$
1	xy'	xy

x \ y	0	1
0	m_0	m_1
1	m_2	m_3

그림 4.4 2변수 카르노맵

예제 1 부울함수 $F = x'y + xy' + xy$를 간단화하라.

x \ y	0	1
0		1
1	1	1

$F = x + y$

이와 같이 인접(Adjacent)한 사각형을 2개씩 묶는 것을 쌍(Pair)이라고 한다.

(2) 3변수 카르노맵

x,y,z 3변수인 경우의 카르노맵은 $2^3 = 8$이므로 8개의 민텀이 있으며 그림 4.5와 같다.

x \ yz	00	01	11	10
0	$x'y'z'$	$x'y'z$	$x'yz$	$x'yz'$
1	$xy'z'$	$xy'z$	xyz	xyz'

x \ yz	00	01	11	10
0	m_0	m_1	m_3	m_2
1	m_4	m_5	m_7	m_6

그림 4.5 3변수 카르노맵

예제 1 부울함수 $F = x'yz' + x'yz + xy'z' + xyz'$을 간단화하라.

x \ yz	00	01	11	10
0			1	1
1	1			1

$F = x'y + xz'$ 여기서 $xy'z'$과 xyz'은 yz의 01과 11 사이를 접으면(Fold) 만나므로 이웃한 것이 되어 쌍(Pair)으로 묶으면 된다.

예제 2 부울함수 $F = x'y'z' + x'y'z + xyz + xyz'$ 을 간단화하라.

x \ yz	00	01	11	10
0	1	1		
1			1	1

$F = x'y' + xy$

$= (x \oplus y)'$

$= x \odot y$

예제 3 부울함수 $F = x'y'z' + x'y'z + x'yz' + xy'z' + xyz'$ 을 간단화하라.

x \ yz	00	01	11	10
0	1	1		1
1	1			1

$F = z' + x'y'$ 여기서 좌측의 1 두 개와 우측의 1 두 개는 접으면 4개의 1을 하나로 묶을 수 있다.(Quad)

예제 4 부울함수 $F = x'y'z' + x'y'z + x'yz + xy'z + xyz$ 를 간단화하라.

x \ yz	00	01	11	10
0	1	1	1	
1		1	1	

$F = z + x'y'$

예제 5 부울함수 $F(x, y, z) = \Sigma(1, 4, 5, 6)$ 을 간단화하라.

x \ yz	00	01	11	10
0		1		
1	1	1		1

$F = y'z + xz'$

(3) 4변수 카르노맵

w, x, y, z 4변수인 경우의 카르노맵은 $2^4 = 16$이므로 16개의 민텀이 있으며 그림 4.6과 같다.

wx \ yz	00	01	11	10
00	w'x'y'z'	w'x'y'z	w'x'yz	w'x'yz'
01	w'xy'z'	w'xy'z	w'xyz	w'xyz'
11	wxy'z'	wxy'z	wxyz	wxyz'
10	wx'y'z'	wx'y'z	wx'yz	wx'yz'

wx \ yz	00	01	11	10
00	m_0	m_1	m_3	m_2
01	m_4	m_5	m_7	m_6
11	m_{12}	m_{13}	m_{15}	m_{14}
10	m_8	m_9	m_{11}	m_{10}

그림 4.6 4변수 카르노맵

한 개의 사각형(Square)은 하나의 민텀을 나타내며 4문자의 민텀을 갖는다. 두 개의 인접한 사각형은 두 개의 민텀을 나타내며 3문자의 민텀을 갖는다.
네 개의 인접한 사각형은 네 개의 민텀을 나타내며 2문자의 민텀을 갖는다.
여덟 개의 인접한 사각형은 여덟 개의 민텀을 나타내며 1문자의 민텀을 갖는다.

예제 1 부울함수 $F(w, x, y, z) = \Sigma(0, 1, 4, 5, 6, 8, 9, 10, 12, 13, 14)$을 간단화하라.

wx \ yz	00	01	11	10
00	1	1		
01	1	1		1
11	1	1		1
10	1	1		1

$F(w, x, y, z) = y' + xz' + wz'$

예제 2 부울함수 $F(w,x,y,z)=\Sigma(0,1,2,4,8,9,10)$을 간단화하라.

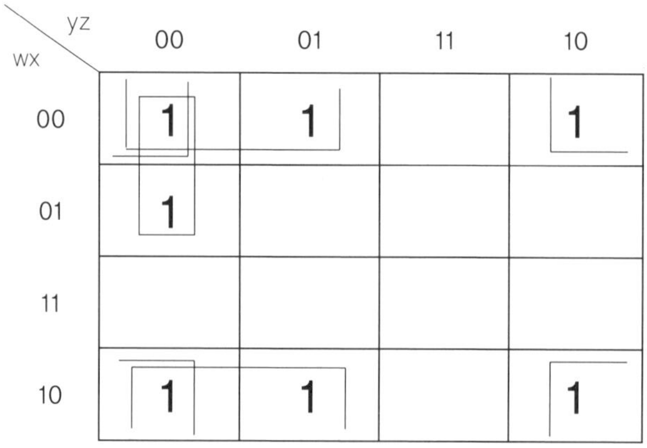

$F(w,x,y,z)=x'z'+x'y'+w'y'z'$

예제 3 부울함수 $F(w,x,y,z)=\Sigma(0,1,2,5,7,8,9,10,11,13,15)$을 간단화하라.

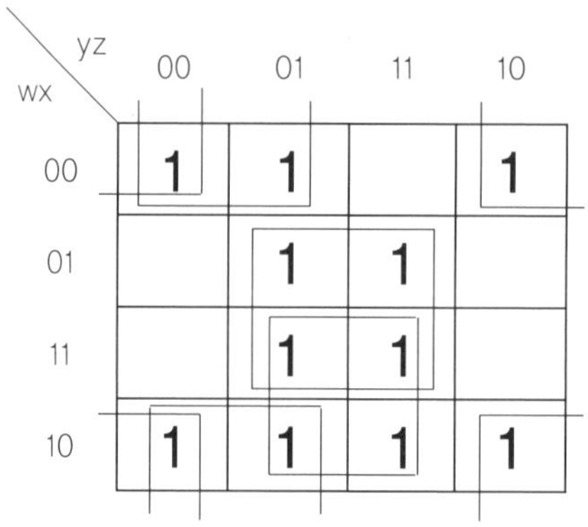

$F(w,x,y,z)=x'z'+x'y'+xz+wz$

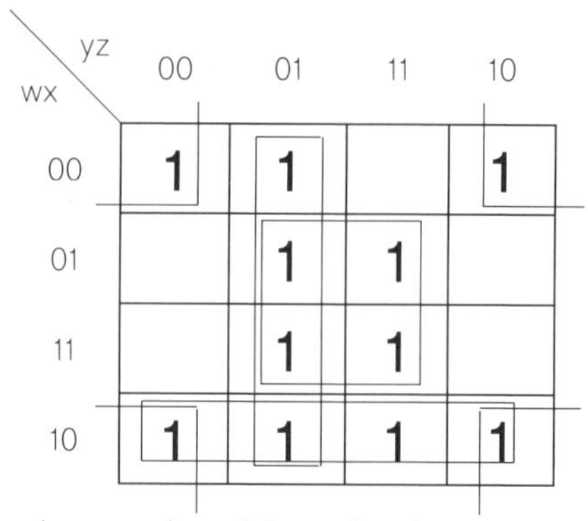

$F(w,x,y,z)=x'z'+wx'+y'z+xz$

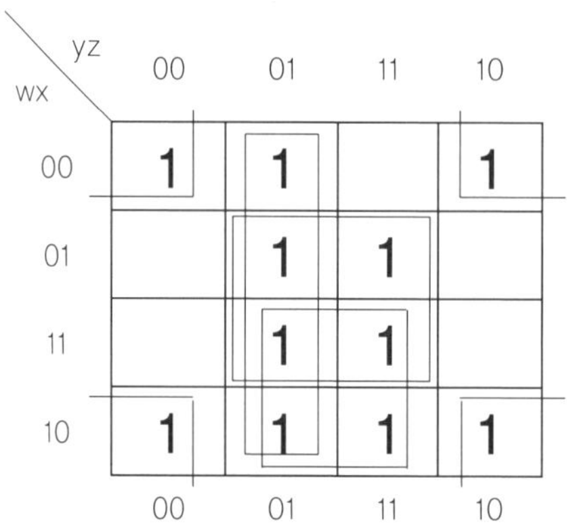

$F(w,x,y,z)=x'z'+y'z+xz+wz$

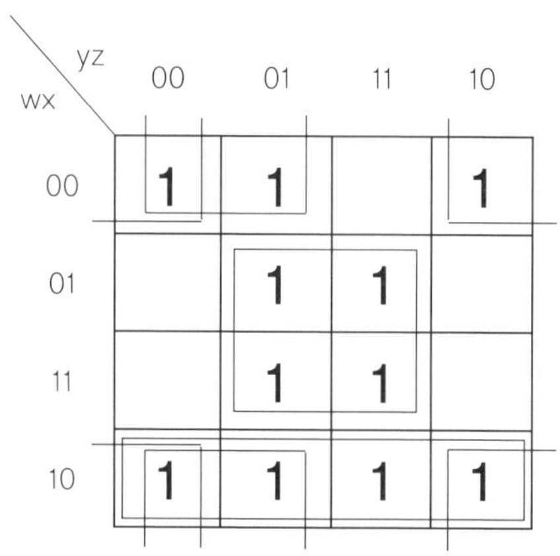

$F(w,x,y,z)=x'z'+wx'+x'y'+xz$

위의 예에서는 네 가지의 묶는 경우의 수를 보여준다. 함수는 비록 다르지만 동일한 동작을 얻을 수 있다. 여러 가지로 동일한 간단화된 부울함수를 구하는 방법을 볼 수 있다.

예제 4 부울함수 $F(w, x, y, z) = \Sigma(0, 2, 4, 5, 6, 8, 10, 12, 13, 14)$를 간단화하라.

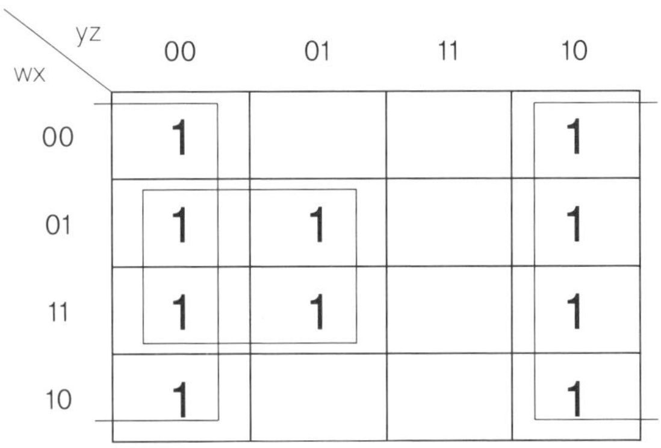

$F(w, x, y, z) = z' + xy'$

여기서는 여덟 개의 민텀을 하나로 묶을 수 있다.(octet) 즉 yz의 01과 11 사이를 접으면(Fold) 여덟 개의 민텀이 하나의 이웃하는 항이 되므로 z'을 쉽게 얻을 수 있다.

(4) 5변수와 6변수 카르노맵

5변수와 6변수의 카르노맵은 어려운 편이다. 사각형(Square) 하나는 민텀 하나를 늣하며 이 사각형들의 수는 민텀의 수와 일치한다. 즉 5변수 맵에는 $2^5 = 32$개의 사각형이 있고 6변수 맵에는 $2^6 = 64$개의 사각형이 있다. 각 행과 열은 교번코드(Reflected Code) 또는 그레이코드 순서로 쓰여 있다. 즉 4행(10) 3열(011)의 사각형의 숫자는 10011이 되어 10진수로는 19가 된다. 그러므로 이 사각형의 민텀은 m_{19}이다. 또한 각 변수의 문자들은 교번코드들의 값이 1인곳에 표시된다. 5변수 맵에서 AB는 가장 좌측 최상위 비트 쪽이며 CDE는 최하위 비트쪽이 된다. AB는 4변수맵과 동일하고 CDE에서 좌평면의 CD는 4변수맵과 동일하며 우평면의 CD는 010과 110 사이를 접었을 때(Folding) 서로 맞닿는 두 사각형의 값과 같다. 그러므로 좌평면쪽 CD가 00→01→11→10일 때, 우평면은 맨 우측부터 00→01→11→10로 되어 접었을 때 동일함을 알 수 있다. 또한 CDE에서 좌평면의 C는 D이고 우평면의 C는 1로 세트하면 된다. 6변수도 비슷하다. 6변수는 $2^6 = 64$개의 사각형(Square)으로 이루어져 있으며 하나하나의 사각형이 민텀이 된다. 즉 두 줄이 있는 곳을 가로나 세로로 접었을 때 서로 맞닿는 두 사각형의 부분들이 서로 인접한 사각형(Adjacent square)이 된다. 즉 한 민텀(사각형)의 인접사각형들은 바로 주위의 네 개의 사각형과도 인접사각형이 되고, 두 줄을 접을 때 맞닿는 반대편의 사각형들도 인접사각형이 된다. 예를 들어 5변수 맵에서 민텀 15 (m_{15})의 인접 사각형들은 14, 7, 13, 31과 맞은편 11이다. 6변수 맵에서는 위의 사각형들 외에 47도 있다.

특히 6변수맵은 가로로 접었을 때에도 5변수 맵과 같은 방법을 적용하면 된다. 가로로 접었을 때 BC가 00→01→11→10를 접었을 때 맞닿는 사각형에 같은 값을 쓰면 된다. 그러면 하단부는 10→11→01→00의 순서로 되고 윗쪽 ABC의 A는 0으로, 아래쪽 ABC는 A는 1로 세트하면 끝난다.

그림 4.7과 4.8은 각각 5변수 카르노맵과 6변수 카르노맵을 나타낸다.

AB \ CDE	000	001	011	010	110	111	101	100
00	m_0	m_1	m_3	m_2	m_6	m_7	m_5	m_4
01	m_8	m_9	m_{11}	m_{10}	m_{14}	m_{15}	m_{13}	m_{12}
11	m_{24}	m_{25}	m_{27}	m_{26}	m_{30}	m_{31}	m_{29}	m_{28}
10	m_{16}	m_{17}	m_{19}	m_{18}	m_{22}	m_{23}	m_{21}	m_{20}

그림 4.7 5변수 카르노맵

ABC \ DEF	000	001	011	010	110	111	101	100
000	m_0	m_1	m_3	m_2	m_6	m_7	m_5	m_4
001	m_8	m_9	m_{11}	m_{10}	m_{14}	m_{15}	m_{13}	m_{12}
011	m_{24}	m_{25}	m_{27}	m_{26}	m_{30}	m_{31}	m_{29}	m_{28}
010	m_{16}	m_{17}	m_{19}	m_{18}	m_{22}	m_{23}	m_{21}	m_{20}
110	m_{48}	m_{49}	m_{51}	m_{50}	m_{54}	m_{55}	m_{53}	m_{52}
111	m_{56}	m_{57}	m_{59}	m_{58}	m_{62}	m_{63}	m_{61}	m_{60}
101	m_{40}	m_{41}	m_{43}	m_{42}	m_{46}	m_{47}	m_{45}	m_{44}
100	m_{32}	m_{33}	m_{35}	m_{34}	m_{38}	m_{39}	m_{37}	m_{36}

그림 4.8 6변수 카르노맵

예제 1 부울함수 $F = \Sigma(1, 5, 9, 11, 13, 15, 16, 18, 20, 22, 25, 27, 29, 31)$를 간단화하라. 각 민텀들은 2진수로 변환되어 해당 사각형에 1로 표시되어 있다. 가능한 한 최대 개수의 인접 사각형을 묶어서 간소화한다. 좌평면 가운데 4개의인접 사각형과 우평면 가운데 4개의 인접 사각형이 Fold되면 이웃하게 되므로 8개의 사각형을 이루어 BE가 된다. 가장 위쪽에 있는 1도 바로 아래의 사각형과 합쳐져 A′D′E가 된다. 가장 아래 항의 4개의 1도 묶어서 AB′E′이 된다. 즉 간단화된 함수는 다음과 같다.

AB \ CDE	000	001	011	010	110	111	101	100
00		1					1	
01		1	1			1	1	
11		1	1			1	1	
10	1			1	1			1

$F(A, B, C, D, E) = BE + A'D'E + AB'E'$

4.6 무관조건(Don't care conditions)

논리회로의 진리표에서는 입력값에 따라 함수의 출력이 0또는 1을 가지며 1이 나오는 민텀들이 부울함수의 출력이다.

입력 변수들의 조합에 따라 출력이 발생하지 않는 논리회로도 있다. 이때는 입력변수들의 값이 출력에 영향을 미치지 않는 경우이다. 즉 4변수 시스템의 경우 $2^4 = 16$가지의 입력 조합이 있으나 이들 중 몇 가지는 입력으로 들어오지 않고, 만일 입력이 된다해도 출력이 정지되거나 예측할 수 없는 출력이 생길 수도 있다.

예를 들면 BCD코드는 10진수에서 0~9까지 즉 0000~1001까지 사용하는데 4비트로 표현할 수 있는 조합은 $2^4 = 16$가지이다. 그러므로 10~15까지의 표현인 1010, 1011, 1100, 1101, 1110, 1111은 사용하지 않는다. BCD코드를 입력으로 해서 다른 코드(그레이코드 또는 교번코드)로 변환하는 회로를 구성하였을 경우, 만일 그 회로로 위의 여섯 가지 표현들 중의 어느 하나가 입력된다면 입력 에러로 처리해야만 한다.

BCD코드 변환기로는 이러한 입력 조합들이 들어오지 않기 때문에 그 조합들에 대해서는 회로가 0이나 1중에서 어떤 값을 출력하든지 무관하게 회로를 설계할 수가 있다. 이러한 입력 조합들에 대한 출력 값은 어떤 값이든 상관없다는 뜻으로 무관조건(Don't care condition)이라고 하며, X로 표시한다. 카르노맵 사용시 곱의 합형(Sum of Products)을 간단화할 때 묶음을 가능한 크게 하는 것이 좋으므로 도움이 될 때에는 X를 "1"로 사용하고, 묶음에 포함이 안되는 경우에는 "0"으로 취급한다.

예를 들어 그림 4.9(a)에서 BCD코드를 입력으로 받아서 출력 F를 발생시키는 회로를 설계해보자.

진리표에는 0~9까지에 대한 BCD코드와 출력만 있고 10부터 15까지의 2진수 표현들은 입력에 없다. 카르노맵을 사용하여 간단화하면 그림 4.9(b)와 같다. 즉 10이 넘어가는 6개의 2진수들에는 모두 "X"를 사용하여 Don't care를 나타낸다.

BCD코드 / 출력

w	x	y	z	F
0	0	0	0	0
0	0	0	1	0
0	0	1	0	0
0	0	1	1	1
0	1	0	0	0
0	1	0	1	0
0	1	1	0	0
0	1	1	1	1
1	0	0	0	1
1	0	0	1	1

(a) 진리표

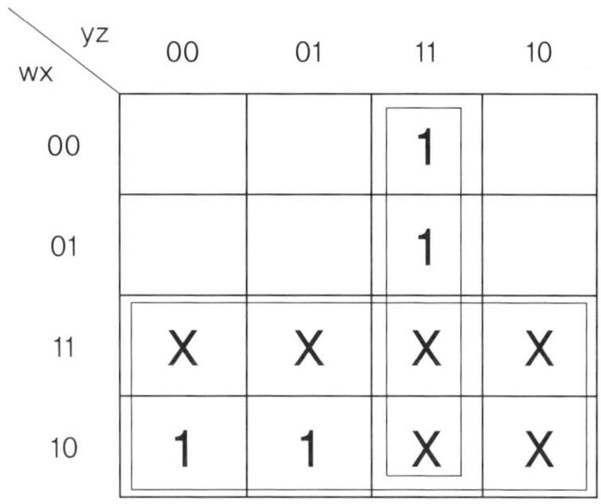

(b) 카르노맵

그림 4.9 Don't care 조건이 있는 경우의 예

결과적으로 $F = w + yz$가 된다. 만일 X가 포함되지 않는 경우에는 그 X는 "0"으로 취급하여 무시하면 된다.

예제 1 카르노맵을 사용하여 다음의 SOP(Sum of Products)함수를 간단화하라.

이때 d(w,x,y,z)는 Don't care condition에 해당하는 입력들의 조합이다.

$F(w, x, y, z) = \sum(4, 5, 7, 8, 9)$

$d(w, x, y, z) = \sum(10, 11, 12, 13, 14, 15)$

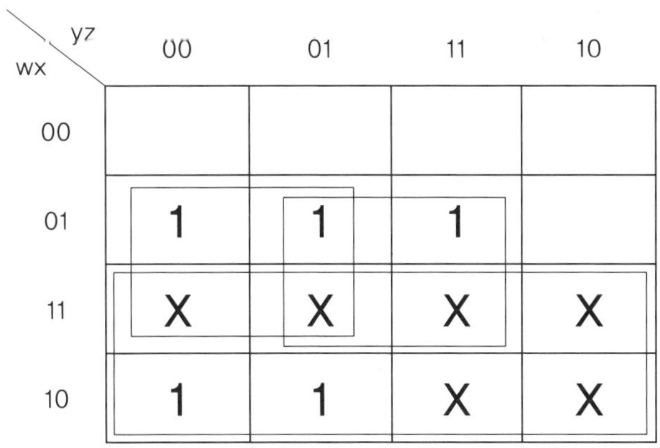

모든 X를 1로 보면 $F(w, x, y, z) = w + xy' + xz$가 되는 부울함수를 구할 수 있다.

또한 POS(Product of Sums)인 경우에서는 사각형들을 1대신 0으로 세팅을 하여(즉 보수를 구해서) 간단화하며 Pair나 Quad 등을 만들 수 있을 때는 Don't care X를 "0"으로 간주하고 Pair나 Quad가 되지 않을 경우에는 "1"로 간주해서 무시한다.

예제 2 다음의 POS(Product of Sums) 표현으로 된 것에 대한 부울함수를 구하라. 이때 d(w,x,y,z)는 don't care condition에 해당하는 입력들의 조합이다.

$F(w,x,y,z) = \prod(1,4,5,6,7,12,13,14)$

$d(w,x,y,z) = \prod(8,9,10,11,15)$

wx \ yz	00	01	11	10
00		0		
01	0	0	0	0
11	0	0	X	0
10	X	X	X	X

함수를 0으로 묶고(보수를 취함) 나머지 Don't care인 "X"는 무시한다. 그러면 $F'(w,x,y,z) = x + y'z$가 된다. 여기서 보수를 한 번 더 취하면

$F''(w,x,y,z) = F(w,x,y,z) = (x + y'z)' = x'(y+z')$ 즉

$F(w,x,y,z) = x'(y+z')$이 된다.

예제 3 카르노맵을 사용하여 SOP(Sum of Products)와 POS(Product of Sums) 형태로 다음의 함수를 간단화하라. 이때 d(w,x,y,z)는 Don't care condition에 해당하는 입력들의 조합이다.

$F(w,x,y,z) = \sum(0,1,2,8,9,12)$

$d(w,x,y,z) = \sum(10,11,13,14,15)$

wx \ yz	00	01	11	10
00	1	1		1
01				
11	1	X	X	X
10	1	1	X	X

(a) SOP를 사용한 경우

$F(w, x, y, z) = w + x'z' + x'y'$

wx \ yz	00	01	11	10
00	1	1	0	1
01	0	0	0	0
11	1	X	X	X
10	1	1	X	X

(b) POS를 사용한 경우

$F'(w, x, y, z) = w'x + yz$

$F''(w,x,y,z) = (w'x + yz)'$

$= (w + x')(y' + z')$

그러므로 $F(w, x, y, z) = (w + x')(y' + z')$

4.7 배타적 OR(X-OR)게이트와 배타적 NOR(X-NOR)게이트

X-OR게이트는 서로 다른 입력이 들어오면 출력이 1이 되고 같은 입력이 들어오면 출력이 0이 되는 게이트이다. X-NOR게이트는 그 반대로서 입력이 서로 다른 입력이 들어오면 출력이 0이 나오고 같은 입력이 들어오면 출력이 1이 나오는 게이트이다. 연산자는 ⊕를 사용한다. 그림 4.10은 X-OR게이트와 X-NOR게이트의 진리표이다.

입력		출력
x	y	z
0	0	0
0	1	1
1	0	1
1	1	0

(a) X-OR게이트의 진리표

$z = x'y + xy'$

$= x \oplus y$

입력		출력
x	y	z
0	0	1
0	1	0
1	0	0
1	1	1

(b) X-NOR게이트의 진리표

$z = x'y' + xy$

$= (x \oplus y)'$

$= x \odot y$ (equivalence=등가)

그림 4.10 X-OR게이트와 X-NOR게이트의 진리표

X-OR와 X-NOR연산에는 교환법칙과 결합법칙도 사용 가능하며 3변수 이상도 마찬가지로 확장 가능하다.

즉 $(x \oplus y) \oplus z = x \oplus (y \oplus z) = x \oplus y \oplus z$

$(x \odot y) \odot z = x \odot (y \odot z) = x \odot y \odot z$가 성립한다.

예제 1 카르노맵을 이용하여 다음의 부울함수를 구하라.

$F(x, y, z) = \sum(1, 2, 4, 7)$

x \ yz	00	01	11	10
0		1		1
1	1		1	

1st method) $F(x, y, z) = x'y'z + x'yz' + xy'z' + xyz$

$= x'(y'z + yz') + x(y'z' + yz)$

$= x'(y \oplus z) + x(y \odot z)$

$= x'(y \oplus z) + x(y \oplus z)'$

[$x = A, y \oplus z = B$로 set하면]

$= A'B + AB'$

$= A \oplus B$

$= x \oplus (y \oplus z)$

$= x \oplus y \oplus z$

2nd method) $F(x, y, z) = (x'y' + xy)z + (x'y + xy')z'$

$= (x \odot y)z + (x \oplus y)z'$

$= (x \oplus y)'z + (x \oplus y)z'$

[$x \oplus y = A, z = B$로 set하면]

$= A'B + AB'$

$= A \oplus B$

$= (x \oplus y) \oplus z$

$= x \oplus y \oplus z$

이상에서 X-OR게이트와 X-NOR게이트는 상호 보수 관계이다.

$(x \oplus y)' = x \odot y$

$(x \odot y)' = x \oplus y$

4.8 패리티 발생기(Parity generator)와 패리티 검사기(Parity checker)

오류 발견(Error detection)과 수정코드(Correction code)를 사용하는 시스템에는 바로 전 4.7에서 배운 X-OR게이트와 그 함수를 매우 적절하게 사용할 수 있다. 패리티 비트는 1의 개수를 홀수(Odd number)혹은 짝수(Even number)로 만들면 되는 여분비트이다. 메시지 전송의 마지막 단계에서 발생하는 패리티 비트는 메시지가 전송된 다음, 수신측에서 에러를 체크한다. 에러는 체크된 패리티가 전송되지 않을 때 발견된다. 전송시 패리티 비트를 생성하는 회로를 패리티 생성기(Parity generator)라 하며 이를 체크(검사)하는 회로를 패리티 검사기(Parity checker)라고 한다.

검사된 패리티와 전송된 패리티가 일치하면 무관하지만 일치하지 않으면 오류가 발생한다. 예를 들어 디지털 전송 시스템에서 홀수(Odd)패리티를 사용한다고 했을 때에 패리티 발생기는 전송할 데이터에서 값이 1인 비트의 수를 세어서 그 수가 홀수(Odd)개이면 0을 발생하고 짝수(Evon)개이면 1을 발생한다.

패리티 검사기는 전송받은 데이터의 값에서 1의 개수를 확인하여, 만일 그 수가 짝수 게이면 에러를 일리기 위해 1을 발생(출력)시킨다.

패리티 발생기를 구현하는 회로를 위하여 페리티 비트를 생성하는 부울함수를 구하면 된다.

만일 짝수(Even)패리티를 사용한다고 했을 때에는 홀수(Odd)패리티와는 보수관계로 다루면 된다.

표 4.4는 패리티 비트 발생기의 진리표이다.

표 4.4 패리티 비트 발생기 진리표

3비트 정보			홀수(Odd) 패리티	짝수(Even) 패리티
X	Y	Z	Podd	Peven
0	0	0	1	0
0	0	1	0	1
0	1	0	0	1
0	1	1	1	0
1	0	0	0	1
1	0	1	1	0
1	1	0	1	0
1	1	1	0	1

4.8.1 짝수(even)패리티 발생기

Peven에서 카르노맵을 보면 다음과 같다.

x \ yz	00	01	11	10
0		1		1
1	1		1	

$$\begin{aligned} Peven &= x'y'z + x'yz' + xy'z' + xyz \\ &= (x'y' + xy)z + (x'y + xy')z' \\ &= (x \odot y)z + (x \oplus y)z' \\ &= (x \oplus y)'z + (x \oplus y)z' \\ &= (x \oplus y) \oplus z \\ &= x \oplus y \oplus z \end{aligned}$$

이며 $(x \odot y)z + (x \oplus y)z' = (x \odot y)z + (x \odot y)'z'$

$$\begin{aligned} &= (x \odot y) \odot z \\ &= x \odot y \odot z \end{aligned}$$

가 된다. 이 부울함수를 회로로 나타내면 다음 그림 4.11과 같다.

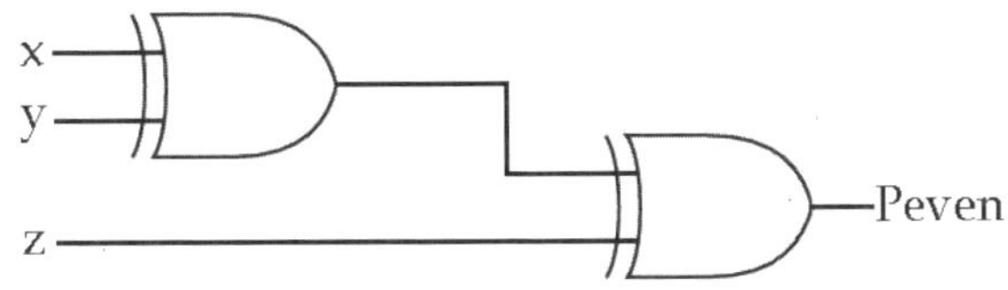

그림 4.11 짝수(Even)패리티 발생 회로

4.8.2 홀수(Odd)패리티 발생기

Podd에서 카르노맵을 보면 다음과 같다.

x \ yz	00	01	11	10
0	1		1	
1		1		1

$$Podd = x'y'z' + x'yz + xy'z + xyz'$$

$$= (x'y' + xy)z' + (x'y + xy')z$$

$$= (x \odot y)z' + (x \oplus y)z$$

$$= (x \oplus y)'z' + (x \oplus y)z$$

$$= (x \oplus y) \odot z$$

이며 $(x \odot y)z' + (x \odot y)'z = (x \odot y) \oplus z$

가 되어 결국 $Podd = (x \odot y) \oplus z$

$= (x \oplus y) \odot z$가 된다.

위의 부울함수에 따라 홀수(Odd)패리티 발생 회로는 그림 4.12와 같다.

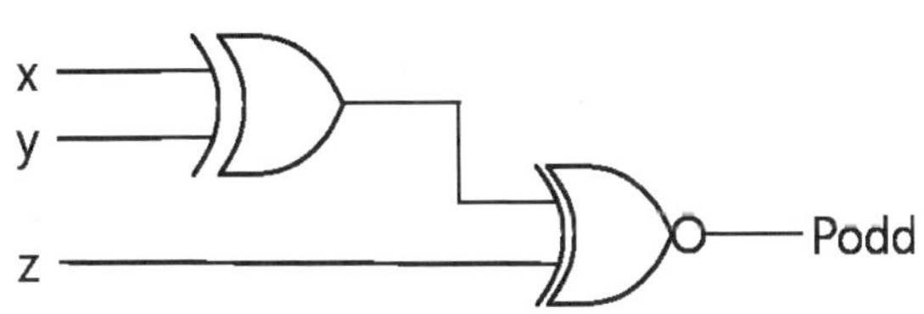

그림 4.12 홀수(Odd) 패리티 발생 회로

4.8.3 패리티 검사기(Parity checker)

메시지가 전송되는 마지막 단계에 패리티 비트가 발생되어 메시지와 패리티 비트가 같이 전송되는데 만일 3비트 메시지일 경우 패리티 비트와 함께 4비트가 전송되므로, 전송된 정보를 수신 후 에러 발견을 위해 패리티 검사(Parity check)를 한다.

패리티 체크는 홀수(Odd)패리티 검사와 짝수(Even)패리티 검사가 있으며 검사된 패리티와 전송된 패리티가 불일치할 경우에는 에러가 발생한다. 최종 함수 값이 진리표에서 1이 나오면 에러가 발생한 것이다. 패리티 검사기는 3개의 메시지 x,y,z와 출력의 마지막 단계에서 발생한 패리티비트 P, 즉 x,y,z,p인 4개의 입력 정보 비트를 갖는다. 이때도 마찬가지로 홀수(Odd)패리티는 Podd, 짝수(Even)패리티는 Peven이다.

표 4.5는 패리티 검사기의 진리표이다.

표 4.5 패리티 검사기 진리표

4비트 정보				홀수(Odd)패리티	짝수(Even)패리티
x	y	z	p	Podd	Peven
0	0	0	0	1	0
0	0	0	1	0	1
0	0	1	0	0	1
0	0	1	1	1	0
0	1	0	0	0	1
0	1	0	1	1	0
0	1	1	0	1	0
0	1	1	1	0	1
1	0	0	0	0	1
1	0	0	1	1	0
1	0	1	0	1	0
1	0	1	1	0	1
1	1	0	0	1	0
1	1	0	1	0	1
1	1	1	0	0	1
1	1	1	1	1	0

(1) 짝수(Even)패리티 검사기

짝수(Even)패리티의 에러체크 Peven의 부울함수를 진리표에서 찾으면 다음과 같다.

$$Peven = x'y'z'p + x'y'zp' + x'yz'p' + x'yzp + xy'z'p' + xy'zp + xyz'p + xyzp'$$

$$= x'y'(z'p + zp') + x'y(z'p' + zp) + xy'(z'p' + zp) + xy(z'p + zp')$$

$$= (x'y' + xy)(z'p + zp') + (x'y + xy')(z'p' + zp)$$

$$= (x \odot y)(z \oplus p) + (x \oplus y)(z \odot p)$$

$$= (x \oplus y)'(z \oplus p) + (x \oplus y)(z \oplus p)'$$

[$x \oplus y = A, z \oplus p = B$로 set]

$$= A'B + AB' = A \oplus B$$

$$= x \oplus y \oplus z \oplus p_{(even)}$$

그림 4.13은 짝수(Even)패리티 검사기의 회로이다.

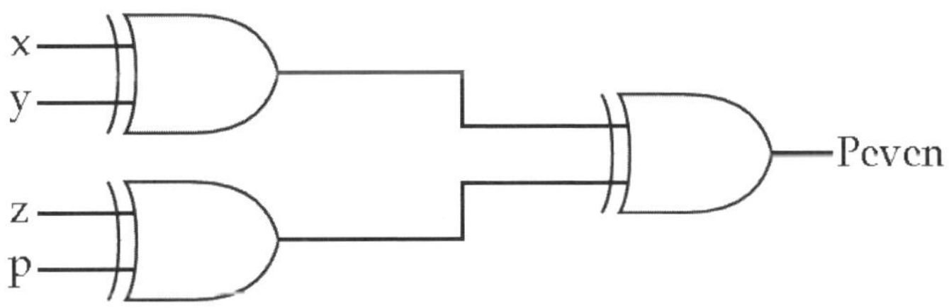

그림 4.13 짝수(ovcn)패리티 검사기 회로

(2) 홀수(Odd)패리티 검사기

홀수(Odd)패리티의 에러체크 Podd의 부울함수를 진리표에서 찾으면 다음과 같다.

$$Peven = x'y'z'p' + x'y'zp + x'yz'p + x'yzp' + xy'z'p + xy'zp' + xyz'p' + xyzp$$

$$= x'y'(z'p' + zp) + x'y(z'p + zp') + xy'(z'p + zp') + xy(z'p' + zp)$$

$$= (x'y' + xy)(z'p' + zp) + (x'y + xy')(z'p + zp')$$

$$= (x \odot y)(z \odot p) + (x \oplus y)(z \oplus p)$$

$$= (x \oplus y)'(z \oplus p)' + (x \oplus y)(z \oplus p)$$

[$x \oplus y = A, z \oplus p = B$ 로 set하면]

$$= A'B' + AB = A \odot B$$

$$= (x \oplus y) \odot (z \oplus p)$$

$$= x \odot y \odot z \odot p_{(add)}$$

그림 4.14의 홀수(Odd)패리티 검사기의 회로이다.

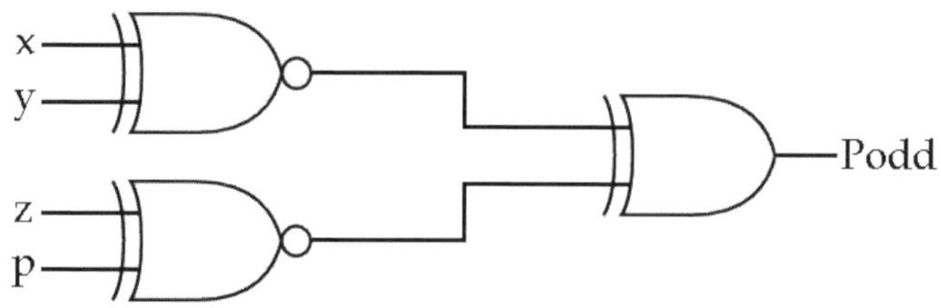

그림 4.14 홀수(Odd)패리티 검사기 회로

연습문제

4.1 $x + yz = (x + y)(x + z)$가 성립함을 진리표를 작성하여 증명하라.

4.2 다음을 간단화하라.

① $(x+y)'(x+y)$

② $(x+y)'(x'+y')$

③ $AB+CD+ABE$

④ $(AB+D+E)D$

4.3 드모르간 법칙을 이용하여 다음의 부울함수를 간단화하라.

① $F=(A+B+C)'$

② $F=(ABCD)'$

③ $F=A+(BCD)'$

④ $F=(ABC')'$

4.4 다음을 간단화하라.

① $ABC+A'B+ABC'$

② $(AB'+C'D)(AB'+CD')$

③ $AB'CD+C'D'$

④ $AB'+AB'CD+ABC'D'$

4.5 다음 부울함수의 진리표를 작성하라.

① $F = z(x+y)$

② $F = xy + yz$

③ $F = (x'+y)(y+z)$

④ $F = xy + xy' + yz'$

4.6 다음의 회로에서 출력 F를 구하라

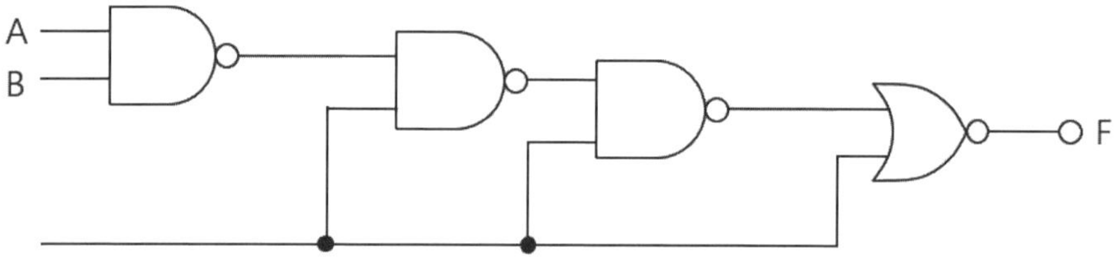

4.7 최소의 리터럴(literal)을 써서 다음의 부울함수를 간단화하라.

① $(x'+y)(x+y)$

② $x'y + xy' + x'y' + xy$

③ $x'yz + xz$

④ $(y+z)'(y+z')$

4.8 다음 부울함수의 보수를 구하라.

① $F = z(x+y)$

② $F = xy + yz$

③ $F = (x'+y)(y+z)$

④ $F = xy + xy' + yz'$

연습문제

4.9 함수의 진리표를 구하고 곱의 합형(Sum of Products : SOPs)과 합의 곱형(Product of Sums)으로 표현하라.

① $(y+xz)(xy+z)$

② $(x'+y)(y+z)$

③ $x'z+w'z+wz$

④ $(xy+z)(xz+y)$

4.10 X-OR의 쌍대(duality)는 보수임을 증명하라.

4.11 다음의 부울함수를 합의 곱형(SOPs)과 곱의 합형(POSs)로 표현하라.

① $F=(wx+y)(x+yz')$

② $F=A'+A(A+B')(B+C')$

4.12 다음 부울함수의 보수를 합의 곱형으로 표현하라.

① $F(w,x,y,z)=\Sigma(2,6,11,13,14)$

② $F(x,y,z)=\Sigma(0,3,4,6,7)$

연습문제

4.13 다음의 부울함수를 간단화 하라.

$F = (x'y \oplus z) + (y \odot xz')$

4.14 $F_1(x', y, z) = \Sigma(0, 4)$이고 $F_2(x, y, z) = \Sigma(2, 3, 6, 7)$일 때 $F_1 + F_2$를 구하라.

4.15 $F = wx + yz$를 NAND게이트로만 구현하라

4.16 다음의 부울함수를 합의 곱형은 곱의 합형으로, 곱의 합형은 합의 곱형으로 변환하라.

① $F(x, y, z) = \Sigma(0, 2, 4, 5, 6)$

② $F(x, y, z) = \Sigma(1, 2, 4, 5)$

연 습 문 제

4.17 다음의 부울함수를 간단화하라.

① $w'z + xz + xy' + wx'z'$

② $w'x' + xy + w'xy'$

③ $w'xy' + wy'z' + yz + xy + wx'$

4.18 다음 논리회로에 대한 부울식을 구하라.

①

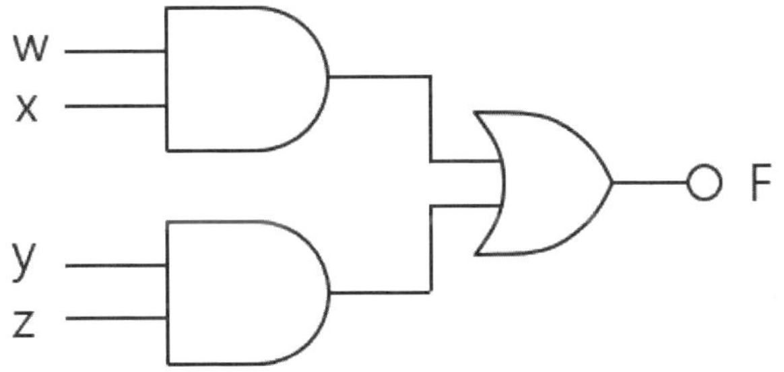

②

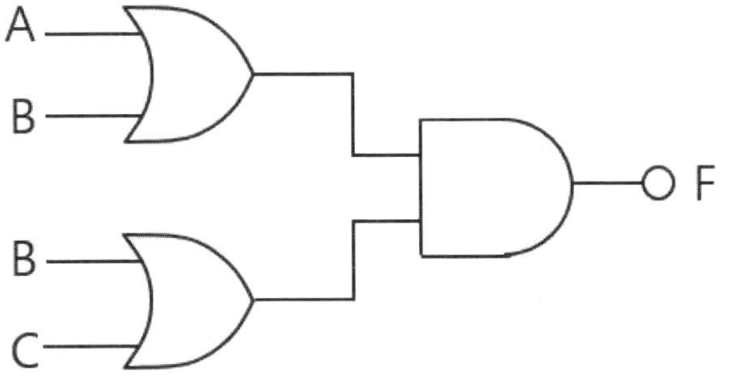

4.19 다음의 부울함수를 NOR게이트로만 구현하라.

$$F = (wx + w'x')(xy' + x'y)$$

4.20 다음의 4변수 부울함수를 맵을 이용하여 간단화 하라.

$$F = (w, x, y, z) = \sum(0, 1, 4, 5, 6, 7, 9, 13, 14, 15)$$

4.21 다음의 무관조건(don't care condition x)을 갖는 부울함수를 간단화하라.

$$F = (w, x, y, z) = \sum(0, 1, 4, 5, 12, 13, 15)$$

$$d = (w, x, y, z) = \sum(3, 8, 9, 14)$$

제 5 장

조합논리회로
(Combinational Logic Circuits)

제5장

조합논리회로(Combinational Logic Circuits)

5.1 조합논리회로

디지털시스템에는 조합 논리 회로(Combinational logic circuits)와 순차 논리 회로(Sequential logic circuits)로 구성되어 있으며 앞에서 언급한 여러 논리 게이트들로 이루어져 있다. 조합논리회로는 그 출력이 전적으로 입력 값에 의존(input dependant)하는 논리게이트들로 이루어져 있는 회로이다. 이에 반해 순차 논리회로는 현재의 입력과 과거의 입력 또는 메모리요소(Memory element)소자를 귀환(feedback)시켜 조합회로와 결합하여 구성된다. 순차 논리회로는 7장에서 다루기로 한다. 그림 5.1은 조합논리회로의 블록다이어그램을 나타낸다.

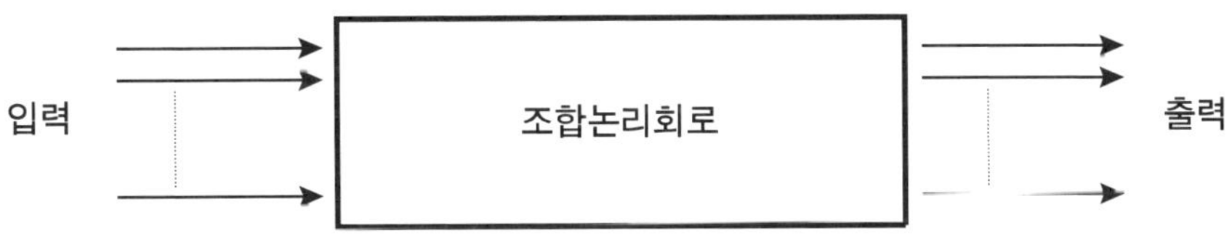

그림 5.1 조합논리회로 블록 다이어그램

즉 다수개의 입력 신호들을 받아 회로의 특성에 따라 한 개 또는 그 이상의 출력신호를 발생하는 논리게이트이다. 조합논리회로는 부울함수의 값들을 논리게이트들을 사용하여 하드웨어로 구현하는 것이다.

이미 구현되어 있는 조합논리회로가 어떤 기능을 수행하는지를 알아보는 것을 조합논리회로의 분석(Circuit analysis)이라고 한다. 일반적으로 논리회로로부터 부울함수와 그 진리표를 구하고 논리회로를 분석하게 된다. 이 분석 과정은 다음과 같다.

1. 입출력에 대한 변수늘의 수와 변수 명을 결정한다.
2. n개의 입력에 대해 2^n개의 입력변수에 대한 진리표를 구한다.
3. 입력에 대한 각 게이트들의 출력 부울함수를 구한다.

4. 출력 부울함수의 진리표를 구한다.

5. 진리표를 보고 부울함수를 간단화한다.

6. 출력부울함수와 진리표를 보고 논리회로의 동작을 분석한다.

예를 들어 그림 5.2의 논리회로로부터 부울함수를 구하여 간단화하는 과정을 보기로 한다.

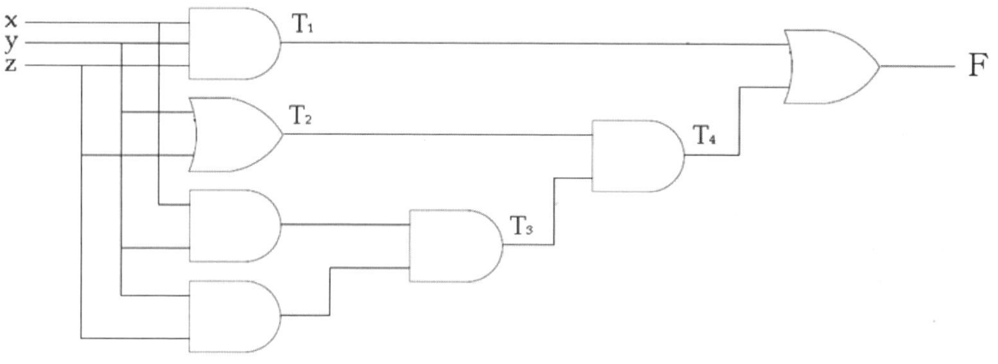

그림 5.2 조합논리회로의 예

우선 입력변수로서 x, y, z와 출력변수 F를 결정한 후 입력에 대한 진리표를 구한 후 각 게이트들의 출력 부울함수를 구한다. 그 다음 진리표에서 부울함수를 구하고 마지막으로 부울함수를 간단화하면 된다.

여기서

$T_1 = xyz$

$T_2 = y + z$

$T_3 = xy + yz = y(x + z)$

$T_4 = T_2 \cdot T_3$

$= (y + z)(xy + yz)$

$= (x \cdot y + xyz + yz + yz)$

$= xy(1 + z) + yz$

$= xy + yz$

$= y(x + z)$

$F = T_1 + T_4$

$= xyz + xy + yz$

$= y(xz + x + z)$

$= y(x + z + x)(x + z + z)$

$= y(x + z)(x + z)$

$= y(x + z)$

T_1, T_2, T_3, T_4와 출력함수 F를 구했으므로 이를 토대로 진리표를 작성한다. 표 5.1은 조합논리회로의 예에 대한 진리표이다.

표 5.1 조합논리회로의 예에 대한 진리표

입력			출력				
x	y	z	T_1	T_2	T_3	T_4	F
0	0	0	0	0	0	0	0
0	0	1	0	1	0	0	0
0	1	0	0	1	0	0	0
0	1	1	0	1	1	1	1
1	0	0	0	0	0	0	0
1	0	1	0	1	0	0	0
1	1	0	0	1	1	1	1
1	1	1	1	1	1	1	1

위에서 작성한 진리표로부터 부울함수를 간단화한다.

x \ yz	00	01	11	10
0			1	
1			1	1

$F(x, y, z) = yz + xy$

$= y(x + z)$

이상으로 그림 5.2 조합논리회로의 예에 대한 부울함수는 $F(x, y, z) = y(x + z)$이다.

5.2 무관조건(Don't care condition)을 갖는 회로의 분석

논리회로를 사용하는 디지털시스템에서 입력의 일부분이 사용되지 않을 수가 있다. 4변수 시스템에서 $2^4 = 16$가지의 입력이 있지만 몇몇이 입력으로 안 들어오고, 만일 입력 시에는 예측 불가능한 출력이 나타나는 수가 있다.

예를 들면 BCD코드는 0~9까지만 사용하므로 10~15는 이 코드에서 사용되지 않는다. 예를 들어 0부터 9까지의 BCD코드를 입력으로 받아 그레이코드로 변환하는 변환기(Converter)를 설계할 때에 만일 10부터 15까지(1010~1111)중 어떤 것이라도 입력으로 들어오면 오류처리를 한다. BCD코드 변환기(BCD Code Converter)는 이 입력들이 들어오지 않기 때문에, 출력으로 0과 1중에서 어떤 값을 발생해도 상관없이 회로 설계가 가능하다. 이와 같이 들어오지 않는 입력들이 있는 시스템의 회로설계 시에 이에 대한 출력을 간단화하는 중에 유리하도록 표시함으로써 회로를 간단화 시킬 수 있다.

이런 입력에 대해 출력이 어떤 값이든지 상관없다는 뜻으로 무관조건(Don't care condition)이라 하며 카르노맵에서 X로 표시한다. 이 맵과정을 이용하여 간단화 할 때에서 X로 묶을 때(예로 Pair, Quad, Octet 등)는 묶음의 크기가 가장 큰 것부터 묶으면 도움이 된다. 예로 곱의 합형(Sum of Products)표현을 간단화 시킬 때에, 묶음의 크기가 크게 만들 수 있으면 X를 1로 다루고, 묶음에 포함되지 않을 때에는 0으로 다루면 된다.

예를 들어 그림 5.3(a)의 진리표에서 BCD코드를 입력으로 받아 출력 F를 구하는 회로를 설계해보자. 0부터 9까지의 입력 BCD코드와 각각에 대한 출력 값들을 보여준다. 진리표에는 BCD코드에 사용할 수 없는 값 즉 10~15(1010부터 1111까지)까지는 모두 무관조건(Don't care condition)을 사용하여 X를 입력하여서 필요하면 묶고 필요하지 않으면 묶지 않으면 된다.

입력				출력
BCD코드				F
w	x	y	z	
0	0	0	0	0
0	0	0	1	0
0	0	1	0	0
0	0	1	1	1
0	1	0	0	1
0	1	0	1	1
0	1	1	0	0
0	1	1	1	1
1	0	0	0	0
1	0	0	1	0

(a) 진리표

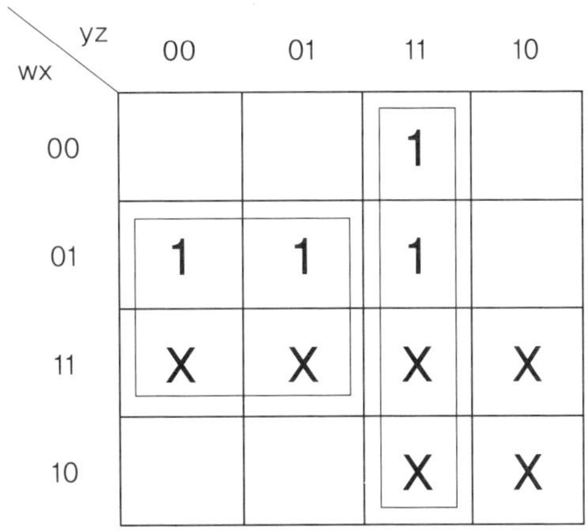

(b) 카르노맵

그림 5.3 (a) 진리표, (b) 카르노맵

그림 5.3의 (b)카르노맵에 포함되지 않는 무관조건 X들은 무시하면 된다. 그러면 간략화된 부울함수 $F(w,x,y,z) = xy' + yz$를 구하게 된다.

예제 5.1 곱의 합형(SOP)에 대한 아래의 부울함수를 간단화 하라.
여기서 d는 무관조건(Don't care condition)에 대한 입력이다.

$F(w,x,y,z) = \Sigma(4,6,8,9)$

$d(w,x,y,z) = \Sigma(10,11,12,13,14,15)$

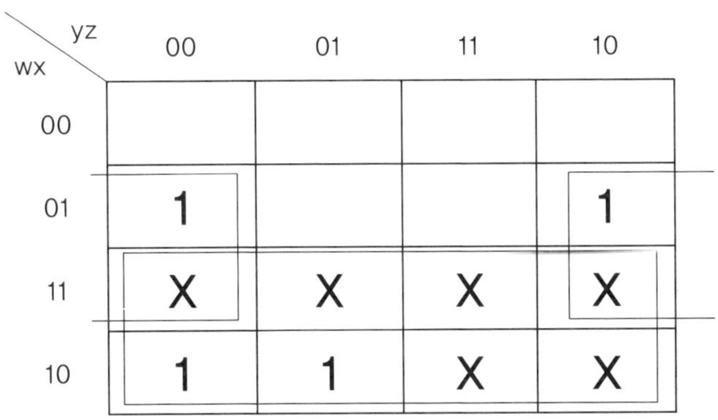

여기서는 모든 무관조건 X를 사용하여 가장 큰 것 8개를 묶어 w와 그 다음 4개를 묶어 xz'을 얻어 결과적으로 곱의 합형(SOP)에 대한 부울함수의 간단화는 $F(w,x,y,z) = w + xz'$가 된다.

이와 유사하게 합의 곱형(POS)의 경우는 보수를 취해서 간략화 시켜서 한번 더 보수를 취하면 된다. 즉 0으로 된 묶음을 구해서 간단화시킨 후 다시 보수를 취한다. 이 때에 무관 조건이 필요 시에는 0으로 묶고 그렇지 않고 포함이 되지 않으면 무시하면 된다. 예 5.2는 합의 곱형(POS)인 경우의 예이다.

예제 5.2 합의 곱형(POS)에 대한 아래의 부울함수를 간단화하라. 여기서 d는 무관조건(Don't care condition)에 대한 입력이다.

$F(w,x,y,z) = \Sigma(0,4,5,6,7,12,13)$

$d(w,x,y,z) = \Sigma(8,10,14,15)$

wx \ yz	00	01	11	10
00	1			
01	1	1	1	1
11	1	1	X	X
10	X			X

wx \ yz	00	01	11	10
00		0	0	0
01				
11			X	X
10	X	0	0	X

위 문제의 카르노맵은 위와 같다. 4개로 묶어지는 무관조건 X들은 0으로 묶으면 된다. 묶여지지 않는 것은 그냥 무시하면 된다. 이 결과 위의 부울함수를 간단화하면 $F'(w,x,y,z) = x'y + x'z = x'(y+z)$이다. 그러므로 $F(w,x,y,z) = [x'(y+z)]' = x + y'z'$가 된다.

5.3 가산기(Adder)

덧셈과 뺄셈 연산을 수행하는 가장 기본적인 연산장치는 가산기와 감산기이다. 곱셈 나눗셈들도 가산기와 감산기를 기초로 수행되며 감산기는 가산기의 기초하에 수행된다. 컴퓨터연산에는 덧셈만 하므로 가산기만 알아도 된다.

가산기에는 반가산기(Half Adder)와 전가산기(Full Adder)가 있다.

반가산기는 두 개의 1비트들을 더하여 합(Sum)과 자리 올림 수(Carry)를 출력하는 회로장치이다. 전가산기는 데이터비트와 이전단계의 캐리까지 더하는 회로이다. 세 개의 입력비트들 중의 두 개는 같은 자리수의 비트들이고 나머지 한 비트는 이전단계에서 올라오는 캐리다.

5.3.1 반가산기(Half Adder)

반가산기의 덧셈에는 다음과 같은 것들이 있다.

$$\begin{array}{r} 0 \\ +\ 0 \\ \hline 0 \end{array} \qquad \begin{array}{r} 0 \\ +\ 1 \\ \hline 1 \end{array}$$

$$\begin{array}{r} 1 \\ +\ 0 \\ \hline 1 \end{array} \qquad \begin{array}{r} 1 \\ +\ 1 \\ \hline 1\ 0 \end{array}$$

(1 ← 자리 올림 수(Carry: 캐리))

반가산기는 1비트인 2개의 2진수를 더하는 논리회로로서 합(Sum)을 나타내는 비트(S)와 자리 올림 수(Carry)를 나타내는 비트(C)가 있다. 그림 5.4는 반가산기를 나타내는 논리적 기호이며 두 개의 입력과 두 개의 출력을 가지고 있다.

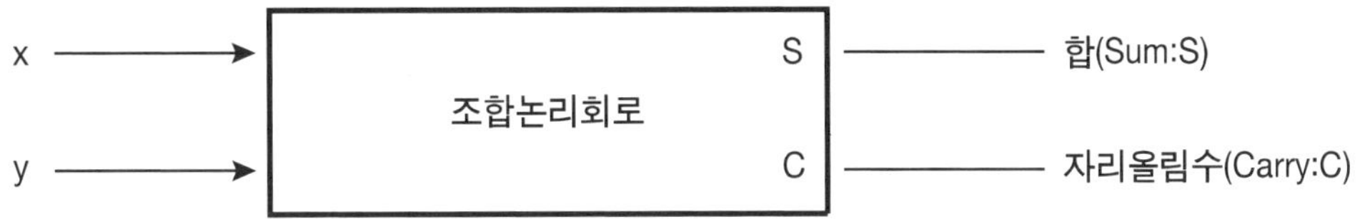

그림 5.4 반가산기의 논리적 기호

그림 5.5(a)는 반가산기의 진리표이며 5.5(b)는 반가산기의 내부 회로이다.

x	y	S	C
0	0	0	0
0	1	1	0
1	0	1	0
1	1	0	1

(a) 반가산기의 진리표

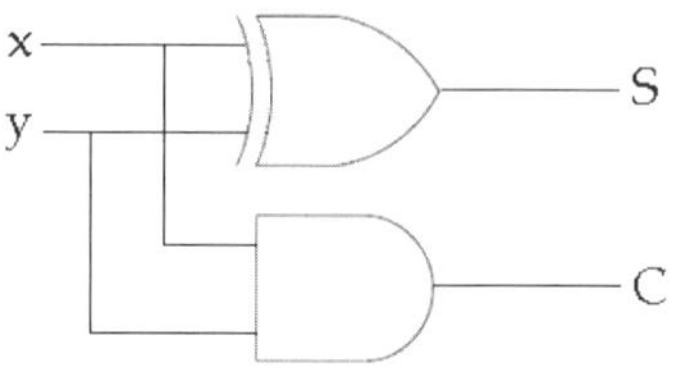

(b) 회로도

그림 5.5 반가산기의 진리표와 회로도

5.5(a)의 진리표에서 $S = x'y + xy'$

$= x \oplus y$

$C = x \cdot y$ 이다.

위의 부울함수는 완전히 간단화되어 있어서 합(S)는 XOR연산, 캐리(C)는 AND연산을 수행한다. 반가산기의 내부회로는 이 두 연산을 수행하는 게이트들을 이용하여 나온 결과이다.

5.3.2 반감산기(Half Subtractor)

반감산기는 2개의 2진수를 감산하여 출력하는 논리회로장치이다.
감산에는 네 가지의 연산이 있다.

$$\begin{array}{r} 0 \\ -\ 0 \\ \hline 0 \end{array} \qquad \begin{array}{r} 0 \\ -\ 1 \\ \hline 1 \end{array}$$ (자리 빌림 수: Borrow: B)

$$\begin{array}{r} 1 \\ -\ 0 \\ \hline 1 \end{array} \qquad \begin{array}{r} 1 \\ -\ 1 \\ \hline 0 \end{array}$$

출력은 D(Difference)와 자리 빌림 수 B(Borrow)로 나타낸다.
입력 x,y에 대한 감산 x−y에 대한 출력을 진리표로 나타내면 그림 5.6과 같다.

x	y	B	D
0	0	0	0
0	1	1	1
1	0	0	1
1	1	0	0

그림 5.6 반감산기의 진리표

여기서 B의 출력은 $x=0, y=1$일 때 이므로 x의 반전과 y의 AND 출력이고, D는 서로 다른 입력이 들어올 때 출력이 1이므로 배타적 논리합(X-OR)이다. 그러므로 D의 부울함수는 $D=x \oplus y, B=x'y$이며 논리다이어그램은 그림 5.7과 같다.

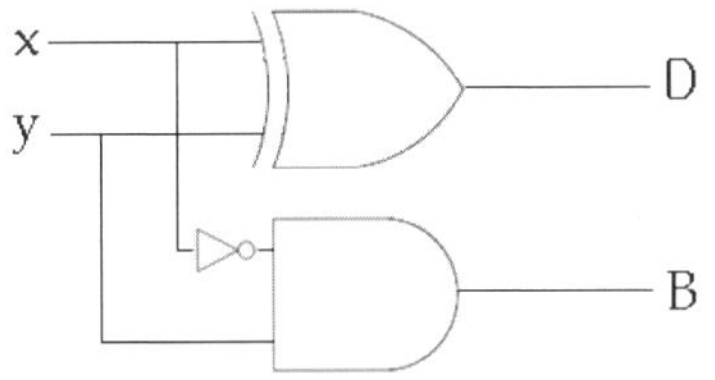

그림 5.7 반감산기의 회로도

이상에서 합(S)와 차(D)는 X-OR게이트로 서로 같고 자리 올림 수 C(Carry)와 자리 빌림 수 B(Borrow)는 AND게이트 입력에 NOT이 있고 없고의 차이이다. 즉 입력을 그대로 AND게이트에 연결한 것이 반가산기이고 반전(Inverting)후 AND게이트에 연결하면 반감산기가 된다. 전감산기도 비슷하나 컴퓨터에서는 오직 가산만 사용하므로 이 책에서는 전감산기는 다루지 않기로 한다.

5.3.3 전가산기(Full Adder)

전가산기는 반가산기 2개로 이루어져 있다.

전가산기는 해당 자리수의 비트들을 덧셈할 뿐만 아니라 하위 비트들간의 덧셈에서 발생한 자리 올림 수 비트도 함께 더해주어야 한다. 그러므로 세 개의 비트들을 입력으로 받아서 합(Sum)과 자리 올림 수(Carry)를 발생한다. 전가산기의 논리기호는 그림 5.8과 같으며 그림 5.9의 (a)는 전가산기의 진리표를 그림 5.9(b)는 전가산기의 진리표와 내부회로이다.

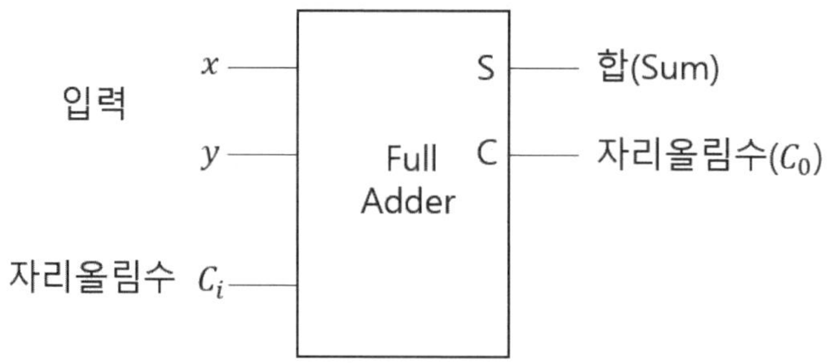

그림 5.8 전가산기의 논리기호

x	y	z	S	C_0
0	0	0	0	0
0	0	1	1	0
0	1	0	1	0
0	1	1	0	1
1	0	0	1	0
1	0	1	0	1
1	1	0	0	1
1	1	1	1	1

(a) 전가산기의 진리표

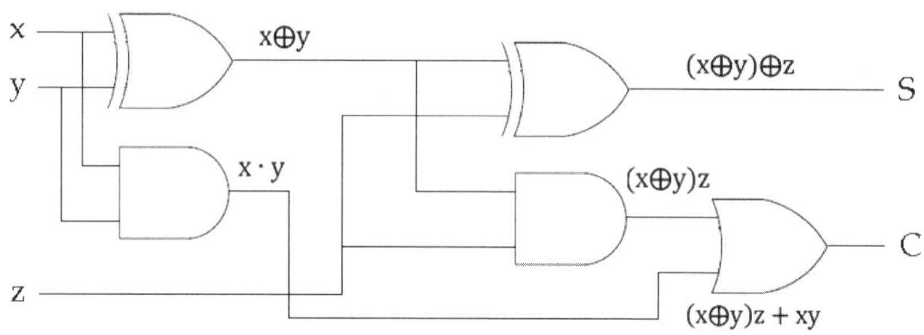

(b) 전가산기의 회로도

그림 5.9 전가산기의 진리표와 내부회로

진리표에서 부울함수를 구하면 다음과 같다.

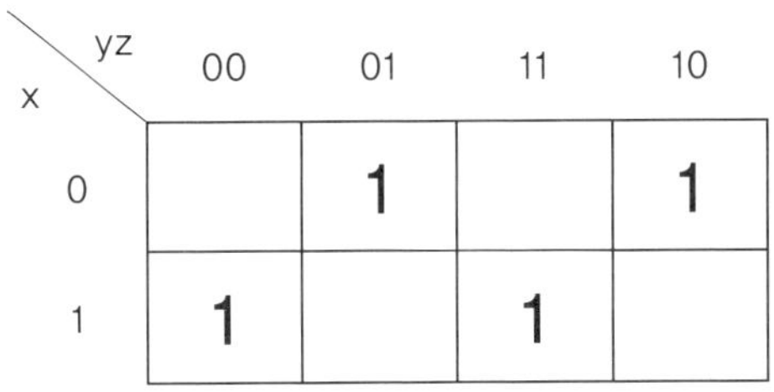

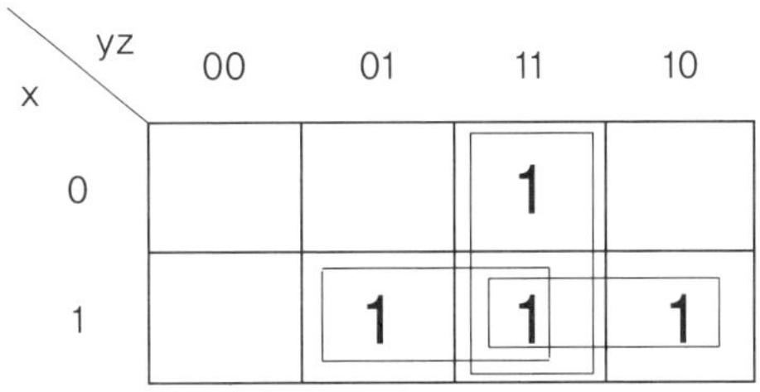

$S = x'y'z + x'yz' + xy'z' + xyz$

$= x'(y'z + yz') + x(y'z' + yz)$

$= x'(y \oplus z) + x(y \odot z)$

$= x'(y \oplus z) + x(y \oplus z)'$

[$x = A$, $y + z = B$로 set하면]

$= A'B + AB'$

$= A \oplus B$

$= x \oplus (y \oplus z)$

$= (x \oplus y) \oplus z$

$= x \oplus y \oplus z$

$C_0 = xz + xy + yz$ 이다. 또는

$C_0 = x'yz + xy'z + xyz' + xyz$

$= (x'y + xy')z + xy(z' + z)$

$= z(x \oplus y) + xy$

또는 카르노맵을 아래와 같이 묶어도 같은 결과를 $y \oplus z = B$ 로 놓으면 얻을 수 있다.

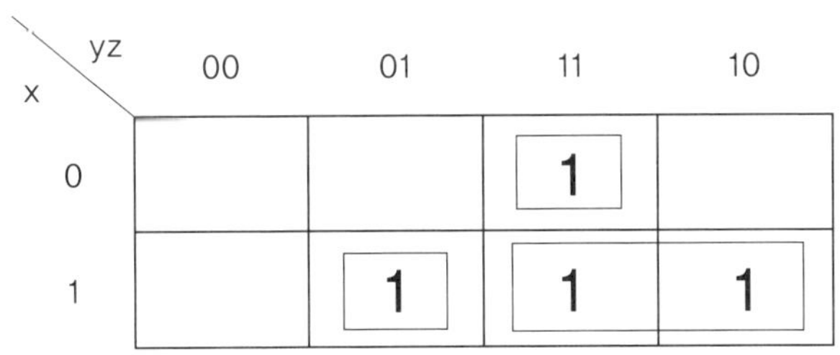

$C_0 = xy + xy'z + x'yz$

$= xy + z(xy' + x'y)$

$= (x \oplus y)z + xy$

즉, 간략화된 부울함수를 구하였다. S(합)에 대한 카르노맵은 1들이 인접(Adjacent)한 것들이 없기 때문에 더 이상 간단화되지 않았으나 전가산기는 덧셈 수행을 하는 하드웨어 시스템이므로 회로에서 공통되는 부분을 추출하여 회로를 간단화하여 IC의 수와 비용과 시스템의 동작시간과 전체 크기를 모두 줄일 수 있다. 그리고 자리 올림 수 C도 2가지로 표현 가능하지만 두 번째 자리 올림 수 C를 사용하여 부울함수를 완전히 간단화하지 않은 형태로 다시 변형한 이유는 S(합)에 있는 부울함수 식에 $x \oplus y$항을 C에서도 가지도록 하기 위함이다.

그러면 입력 x와 y가 배타적 논리합(X-OR)게이트를 거치는 회로부분을 공통으로 사용할 수 있게 된다. 궁극적으로 합(S)과 자리올림수인 캐리(C)를 하나의 조합논리회로로 통합하여 구현된 전가산기회로를 그림 5.9에서처럼 볼 수 있다. 합(S)과 캐리(C)에 공통적으로 존재하는 $x \oplus y$를 구현하는 배타적 논리합(X-OR)의 첫 번째 출력은 합(S)를 발생하기 위한 두 번째 배타적 논리합(X-OR)게이트의 입력과 캐리(C)를 발생하기 위한 AND게이트의 입력으로 동시에 입력되고 있다. 위에서도 언급한 바와 같이 전가산기는 반가산기 두 개와 OR게이트 한 개로 구성되어 있다. 그렇지 않으면 그냥 AND-OR-NOT게이트들을 사용하여 전가산기의 논리 회로도를 그려야 한다.

> $S = x'y'z + x'yz' + xy'z' + xyz$와 $C = xz + xy + yz$
> 이며 AND-OR-NOT게이트들을 사용한 전가산기의 회로는 그림 5.10과 같다.

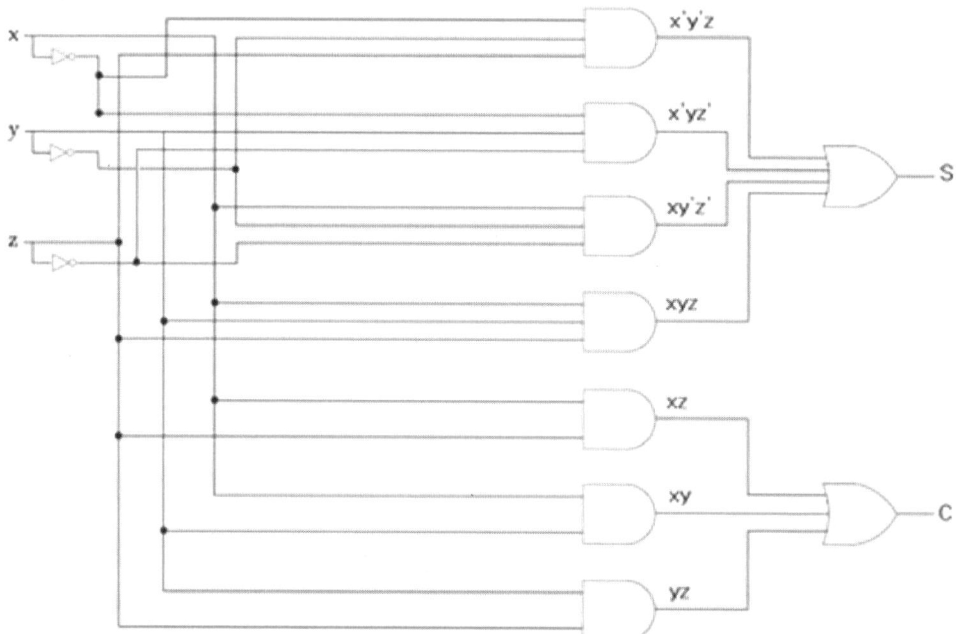

그림 5.10 AND-OR-NOT 게이트를 이용한 전가산기의 논리회로

5.3.4 병렬 가산기(Parallel Adder)

전가산기는 2개의 입력비트와 하위비트에서 발생한 자리 올림 수(캐리: Carry: C)를 더하는 논리회로 시스템이다. 가산에는 n비트로 된 2진수 x와 y를 직렬가산(Serial Addition)하는 방법과 병렬계산(Parallel Addition)하는 방법 등 2가지의 방법으로 수행한다.

여기서는 병렬가산기에 관하여 설명한다. 가산기는 여러 개의 비트들로 표현된 2진수들을 입력으로 받아서 이들을 더한 후 결과를 출력한다. 이런 가산기를 병렬(Parallel)가산기(Adder)라 한다.

우리가 표현하는 0~9(0000~1001)까지는 4비트면 표현 가능하고 문자로 A는 ASCII코드로 41(1000001)이므로 이 또한 4비트로 표현 가능하므로 이제부터는 4비트 전가산기를 사용한다.

그림 5.11은 4개의 4비트 전가산기로 구성된 병렬가산기(Parallel Adder)를 나타낸다.

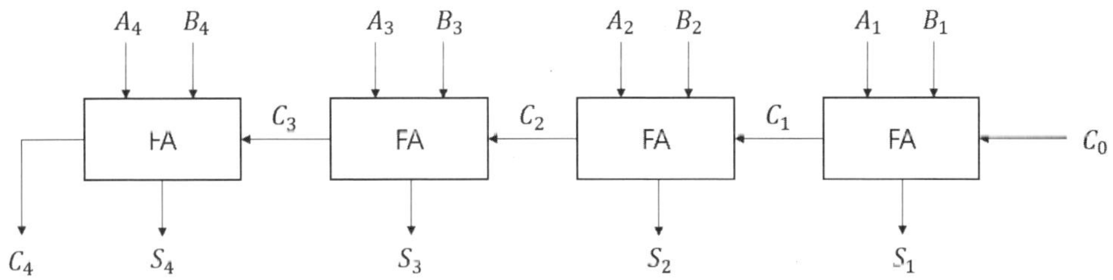

그림 5.11 4비트 병렬 가산기

4비트로 이루어진 두 개의 2진수 $A = A_4A_3A_2A_1 : B = B_4B_3B_2B_1$를 더한다고 생각하자.

병렬 가산기에 있는 4개의 전가산기(FA)에는 A, B와 하위 전가산기(FA)에서 오는 자리 올림 수 비트 등 세 개의 비트가 입력된다. 그림 5.11에서 최하위비트(LSB: Least Significant Bit)들을 더하는 맨 오른쪽의 전가산기(FA)로 들어오는 자리 올림 수(C_i)는 늘 0이다. 그러므로 맨 오른쪽의 전가산기(FA)는 반가산기(HA)로 바꾸어도 무방하다.

맨 우측의 전가산기가 최하위비트인 A_1과 B_1에 대한 가산을 수행하면 그 S출력은 전체 덧셈 결과값인 합(S)의 최하위비트인 S_1이 되며 자리 올림 수(Carry)출력 C_1은 두 번째 전가산기(FA)의 자리 올림 수(캐리)입력으로 들어간다. 그러면 전가산기는 세 입력비트들간의 가산을 수행하여 S_2가 출력되고 자리 올림 수 C_2를 좌측의 전가산기로 보낸다. 그 다음 좌측의 전가산기는 세 입력 비트들의 가산결과로 S_3하고 C_3를 발생한다.

가산기에서 최상위비트(MSB: Most Significant Bit)들을 더하는 제일 왼쪽의 전가산기는 세 입력 비트들간의 가산을 수행하여 합의 최상위 비트인 S_4와 최종 자리올림 수(캐리) 출력인 C_4를 발생한다. 병렬가산기는 최하위 전가산기에서 가산이 끝난 후 발생하는 자리올림수가 좌측의 전가산기로 이동하여 비트들의 가산이 수행되므로 가산에 걸리는 전체시간이 비트 수에 비례하여 증가한다. 예를 들어 그림 5.11의 전가산기가 각 게이트의 동작시간이 10ns이라면 전가산기가 합(S)과 자리 올림 수(C: 캐리)를 전부 출력하는 데에 30ns이 걸리고 4비트 가산을 수행하는 데에 $30ns \times 4 = 120ns$이 걸린다. 자세한 것은 자리올림수 미리 보기 가산기에서 또 설명한다. 4bit 2진 전가산기는 74 Family에서 IC 74283이다.

예제 십진수 가산 4+5를 병렬가산기(Parallel Adder)로 수행하라.

1	0	0		← 자리올림수(C)
0	1	0	0	
0	1	0	1	
1	0	0	1	← 합(S)

위와 같이 4비트 A=0100, B=0101의 과정은 그림 5.12과 같다. 두 수의 최하위비트의 가산 0+1을 수행하면 전체합의 최하위 비트값 S_1은 1이 출력된다. 자리올림수는 발생하지 않았으므로 C_1값은 0이 된다. 그 다음 좌측의 전가산기는 자리올림수 0과 두 비트들간의 덧셈 0+0을 수행하여 합 $S_2=0$를 출력하고, 자리올림수 $C_2=0$을 그 다음 좌측의 전가산기 입력으로 이동시킨다.

우측에서 세 번째 전가산기는 자리올림수 0과 두 비트 1+1을 모두 더하면 $S_3=0$과 $C_3=1$을 얻는다. 가장 좌측의 전가산기의 가산은 자리올림수 1과 최상위 두 비트 0과 0을 모두 더하면 1+0+0=1이므로 $S_4=1$이 되며 $C_4=0$이 된다. 결국 합(S)은 1001이 된다.

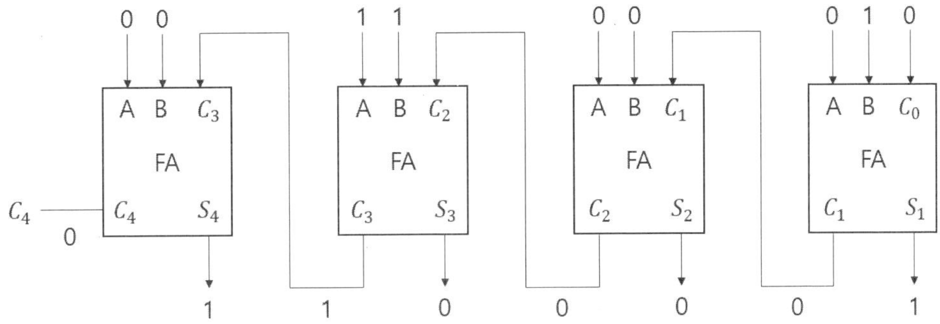

그림 5.12 4비트 병렬가산기의 가산 예

5.3.5 자리올림수 미리 보기 발생기(Carry look ahead generator)

5.3.4절에서 설명한 병렬가산기는 자리올림수들을 좌측의 전가산기로 하나씩 이동시키는 방식이어서 리플 자리올림수 가산기(ripple carry adder)라고 한다. 이러한 가산기는 자리올림수의 전달로 인한 전파지면(propagation delay) 때문에 전체의 연산시간이 길어진다. 전체 전파지연시간(total propagation delay time)은 각 게이트의 전파지연(propagation delay)에다가 그 회로의 게이트 단계(gate level)수의 곱으로 표시된다. 병렬가산기에서 가장 긴 전파지연은 자리올림수인 캐리를 전가산기로 전파하는데 걸리는 시간이다.

모든 다른 산술 연산들은 연속적인 덧셈에 의해 실현되므로 덧셈과정 동안 소비되는 시간은 매우 중요하며 이 연산시간을 단축시키는 방법을 자리올림수인 캐리의 전달시간을 최소화 시키는 것이다. 그 중 병렬가산기(parallel adder)에서 가장 많이 사용되는 것이 캐리 미리 보기(look ahead carry)방법이다.

캐리 미리 보기 방법에는 자리올림수 발생(carry generate)와 자리올림수 전파(carry propagate)의 자리올림수인 캐리 전송을 불포함 하는 전가산기를 분리한다,

그림 5.13은 그림 5.9(b)의 전가산기의 회로도이다.

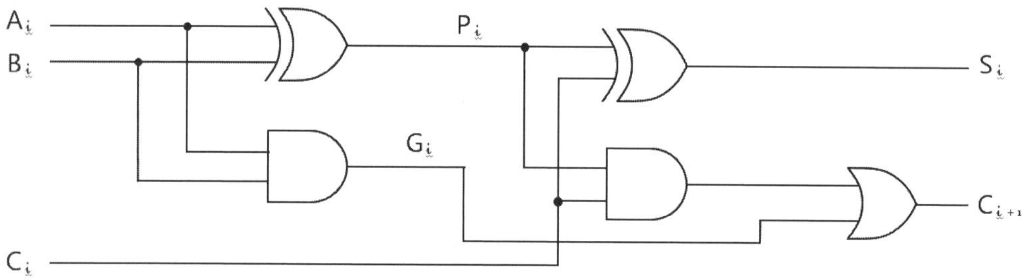

그림 5.13 전가산기의 회로도

여기서 $P_i = A_i \oplus B_i$(캐리전파, carry propagate)

$G_i = A_i B_i$(캐리발생, carry generate)

여기서 합 $S_i = P_i \oplus C_i$이고

캐리 $C_{i+1} = G_i + P_i C_i$ 이다.

여기서 $A_i = B_i = 1$이면 G_i는 출력캐리(C_i+1)를 1로 만든다.

P_i는 C_i로부터 C_i+1을 구할 수 있으므로 자리올림수인 캐리전파(carry Propagate)라 한다. 여기서 부울함수를 구할 수 있다

$C_2 = G_1 + P_1 C_1$

$C_3 = G_2 + P_2 C_2 = G_2 + P_2(G_1 + P_1 C_1) = G_2 + P_2 G_1 + P_2 P_1 C_1$

$C_4 = G_3 + P_3 C_3 = G_3 + P_3 G_2 + P_3 P_2 G_1 + P_3 P_2 P_1 C_1$

각 출력 캐리는 곱의 합형이므로 AND와 OR로 구현 할 수 있으며 C_2, C_3, C_4는 동시에 전달된다. 그러므로 C_4는 C_2나 C_3를 기다릴 필요가 없다. C_5도 같은 방법으로 구하면 되고 S_2, S_3, S_4도 같은 전파 지연을 갖는다.

캐리미리보기 발생기(carry look ahead generator)의 논리도는 5.14와 같다.

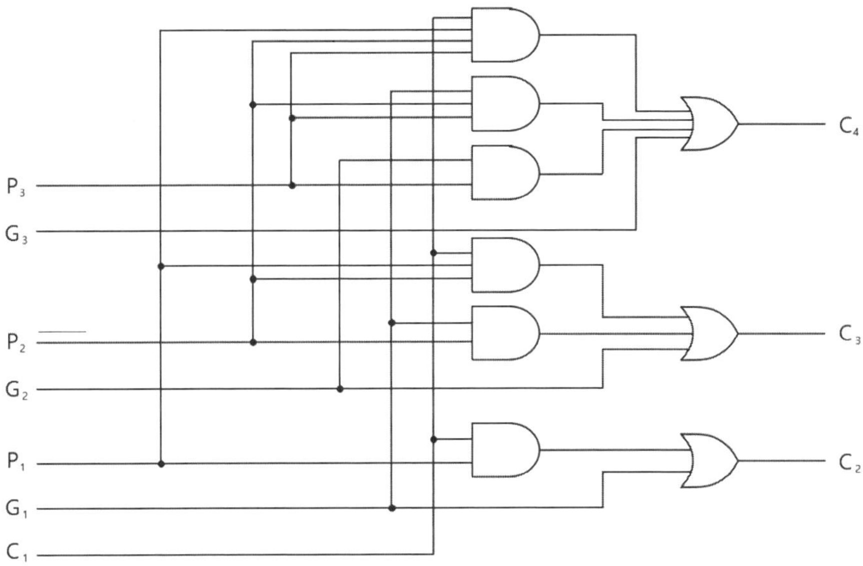

그림 5.14 캐리 미리보기발생기(carry look ahead generator)의 논리도

캐리미리보기발생기(Carry Look Ahead Generator)는 74 Family에서 IC 74182 이다.

5.3.6 BCD 가산기(BCD Adder)

디지털시스템에서는 10진수의 가산을 수행할 때 10진수가 입력이 되면 BCD코드로 바뀌어 연산을 수행한 후 그 결과를 다시 10진수로 표현한다.

각 입력은 9를 초과하지 못하므로 두수의 합은 9+9+1=19보다 크지 않다. 여기서 1은(자리 올림수 즉 입력캐리이다.)

4비트 2진가산기에 2개의 BCD수를 가산한다고 하였을 때, 가산기는 2진수로 표현된 합이 0부터 19까지의 결과를 생성할 것 이다.

표 6.2는 이 2진수들이며 k, Z_8, Z_4, Z_2, Z_1 으로 표시되어 있고 K는 캐리이다. 표의 첫 번째 열은 2진수로 표현된 합이고 4비트 2진가산기의 출력이다. BCD의 자리올림수는 C, BDC합은 S_8, S_4, S_2, S_1이다.

2개의 수의 가산에 의해 얻어지는 합은 출력으로서 BCD로 표현되어야 하기 때문에 변환되어야 할 것이다. 두 번째 열은 합이 BCD로 변환된 것이다.

2진수로 표현된 합이 10 보다 작거나 같으면 대응되는 BCD합은 2진수의 합과 같고 변환이 불필요하다. 만일 2진수로 표현된 합이 10이 넘어가면 2진수 형태로 표현된 합에 십진수로 $6(0110)_2$을 더해주어야만 한다. 이를 보정수라고도 한다. 예를 들어 $15)_{10}$를 2진수로 변환하면 $1111)_2$이고 9보다 큰 수가 되어 BCD값과는 상이하므로 여기에는 보정수 $6(0110)_2$을 더하면

```
          1111
          0110
       --------
0001      0101
 \_____/
  Carry
```

$00010101)_{BCD}$이 되어 BCD값과 2진수의 값이 동일하게 된다. 표5.2는 2진수와 BCD수의 비교이다.

표 5.2 2진수와 BCD수의 비교

2진수 0					BCD합					Decimal
K	Z_8	Z_4	Z_2	Z_1	C	S_8	S_4	S_2	S_1	
0	0	0	0	0	0	0	0	0	0	0
0	0	0	0	1	0	0	0	0	1	1
0	0	0	1	0	0	0	0	1	0	2
0	0	0	1	1	0	0	0	1	1	3
0	0	1	0	0	0	0	1	0	0	4
0	0	1	0	1	0	0	1	0	1	5
0	0	1	1	0	0	0	1	1	0	6
0	0	1	1	1	0	0	1	1	1	7
0	1	0	0	0	0	1	0	0	0	8
0	1	0	0	1	0	1	0	0	1	9
0	1	0	1	0	1	0	0	0	0	10
0	1	0	1	1	1	0	0	0	1	11
0	1	1	0	0	1	0	0	1	0	12
0	1	1	0	1	1	0	0	1	1	13
0	1	1	1	0	1	0	1	0	0	14
1	0	0	0	0	1	0	1	1	0	15
1	0	0	0	1	1	0	1	1	1	16
1	0	0	1	0	1	1	0	0	0	17
1	0	0	1	1	1	1	0	0	1	18

2진수의 합에 보정수 $6(0110)_2$을 더하는 경우는 두수의 합에 자리를 정수인 캐리 K=1이 있을 때와 1100~1111에서 $Z_8Z_2=1$일 때이다. 연산 시 10을 넘어가는 수 즉 10~15까지의 2진수의 합은 BCD로 바꾸는 보정조건을 부울함수로 표현하면 $C=K+Z_8Z_4+Z_8Z_2$이다.

여기서 C=1이면 보정수 6을 더해주고 다음 단계로 자리올림수 출력이 된다. BCD가산기는 병렬로 두수의 BCD를 더하여 합을 구하는 논리 회로로서 두수의 BCD를 더하기 위한 가산기와 2진수의 합의 결과에 따라 이를 수정하기 위한 가산기 등 2개의 가산기가 필요하다.

그림 5.15는 BCD 가산기의 논리회로이다.

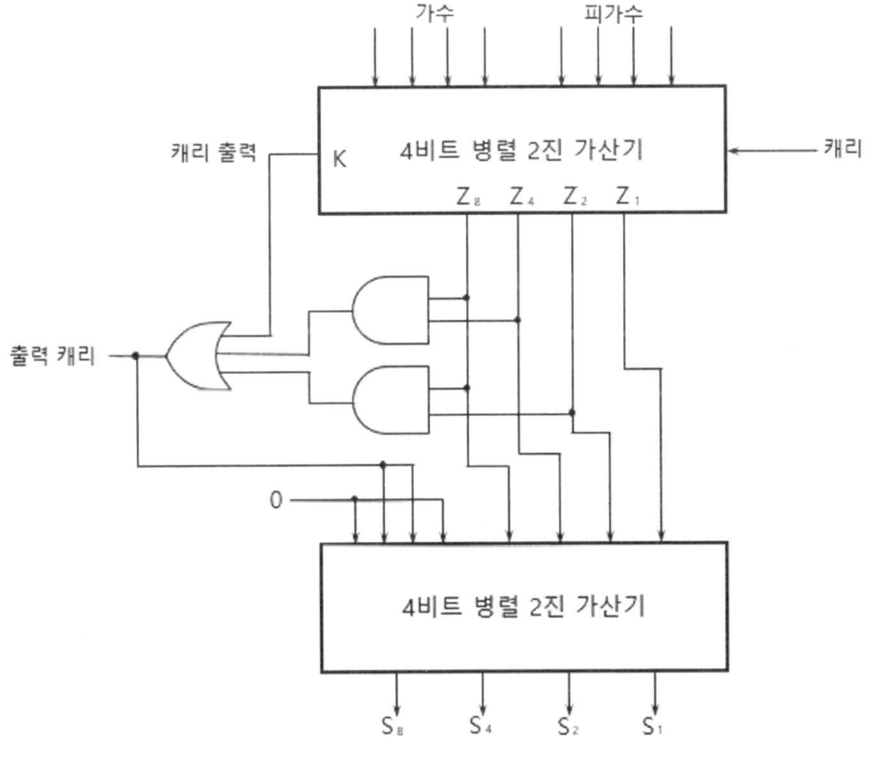

그림 5.15 BCD 가산기의 논리회로

IC8283은 4비트 병렬 2진 가산기(4bit parallel binary adder)이다. 자리올림수 입력과 BCD의 가수와 피가수인 2개의 10진수가 위의 4비트 병렬 2진 가산기에 더해져서 2진수 합이 구해진다. 10이 넘어가는 값이 없으면 보정수 6이 필요 없어서 자리올림수 캐리출력이 0이 되므로 2진수 합은 아래의 4비트 병렬 2진가산기로 입력되어 들어가 0000이 더해져서 BCD의 값이 그대로 출력된다. 그러나 10이 넘어가는 값이 나오면 보정수 $6)_{10}(=0110)_2$을 더해야 한다. 자리올림수 출력이 아래의 4비트 병렬 2진가산기에 입력되는 2진수의 합과 보정수 $6)_{10}(=0110)_2$이 더해져서 이미 자리올림수 출력 단자에 자리올림수가 출력 되었으므로 무시하면 된다. 3개의 10진수를 더하는 병렬 10진 가산기는 n개의 가산기가 필요하며, 하나의 BCD 가산기의 자리 올림수 출력은 다음 단계의 BCD 가산기의 자리 올림수 입력에 간단히 연결한다.

예를 들어 10진수 6769+8954의 가산을 수행한다고 하자.

	0110	0111	0110	1001
	1000	1001	0101	0100
	1110	0000	1011	1101
	0110	0110	0110	0110
	1	캐리 1	캐리 1	캐리
1	0101	0111	0010	0011
1	5	7	2	3

위와 같이 가산을 할 때 BCD 가산기는 가산 결과가 9까지는 괜찮은데 10을 넘어가면 보정수 $6)_{10}(=0110)_2$을 더하고 가산과정에서 자리 올림수가 발생하면 결과값에 보정수 $6)_{10}(=0110)_2$을 더해주면 된다.

5.4 크기 비교기(Magnitude comparator)

컴퓨터 시스템에서 비교기는 두 개의 2진수 X,Y를 비교하여 X > Y (greater than), X < Y(less than), X=Y(equal to) 인가를 검사하는 회로이다. 비교기 회로는 X-OR 게이트나 X-NOR 게이트를 이용하여 두수가 동일한가 아닌가를 결정하며 X-OR게이트는 두값이 다르면 1, 같으면 0을 출력한다, X-NOR 게이트는 두값이 다르면0, 같으면 1을 출력한다.

예를 들어 두 비트씩으로 이루어진 2진수들을 비교하는 회로를 X-NOR 게이트를 구성하면 그림 5.16과 같아진다.

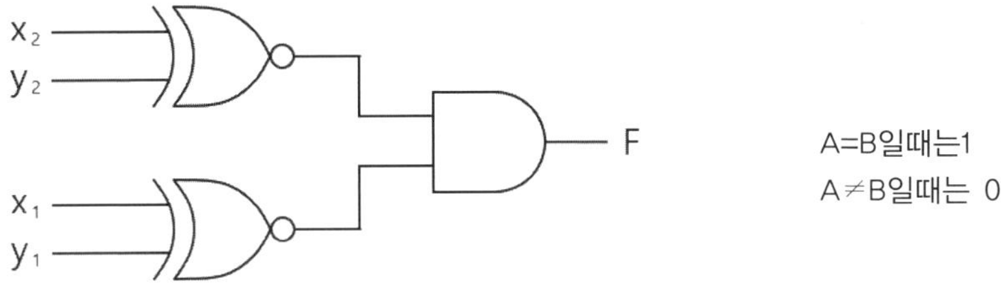

여기서 $X = x_2x_1, Y = y_2y_1$이다

그림 5.16 2비트 간단 비교기의 논리 회로

예제 아래 5.17그림과 같이 비교기에 ① X=10, Y=00 이 입력되고, ② X=01, Y=01 이 입력되었을 때 게이트들의 출력은 얼마인가?

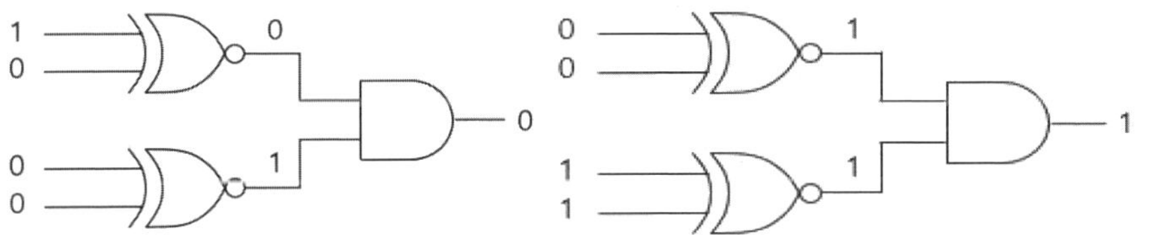

그림 5.17 2비트 비교기의 예

4비트 2진수 A와 B를 비교해보자.

$A = A_4A_3A_2A_1$

$B = B_4B_3B_2B_1$

위에 A,B에서 $A_4 = B_4, A_3 = B_3, A_2 = B_2, A_1 = B_1$이라면 두수의 크기는 같다 (A=B, egual to) 이것은 X-NOR 함수로 표현할 수 있다.

$P_i = (A_iB_i' + A_i'B_i)' = A_i'B_i' + A_iB_i$(단, i=0,1,2,3)

만일 둘이 모두 0이거나 1이라면 $P_i=1$이 되어 두수의 크기는 같다(A=B). 만일 4비트들 중에서 어느 한 비트라도 다를 경우에는 그 비트에 대응하는 P의 값은 0이 된다. 이러한 비교와 출력들은 가지고 두 수가 같은지 아닌 지를 알 수 있다. 동일한 값을 가지는 경우에만 P의 값들이 1이 되어 결과도 1이 된다.

$$(A=B)=P_4P_3P_2P_1$$

두수가 다른 경우에는 어느 것이 큰지를 비교하기 위해서 하나씩 최상위 비트부터 비교한다. 상위비트들이 같은 경우에만 하위 비트들을 비교한다. 즉 P_i값을 알아보면 된다.

이와 같이 순차적으로 비교하는 것을 함수로 표현하면 다음과 같다.

$$(A>B)=A_4B_4'+P_4A_3B_3'+P_4P_3A_2B_2'+P_4P_3P_2A_1B_1'$$
$$(A<B)=A_4'B_4+P_4A_3'B_3+P_4P_3A_2'B_2+P_4P_3P_2A_1'B_1$$

그림 5.18은 4비트 크기 비교기의 블록 다이아그램이다.

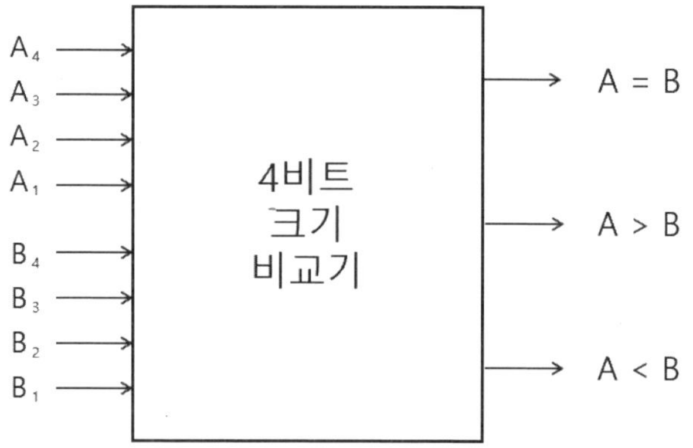

그림 5.18 4비트 크기비교의 블록다이아그램

또한 4비트 크기비교기의 논리 회로도는 그림 5.19와 같다.

4비트 크기비교기는 TTL 74 family로는 7485이다.

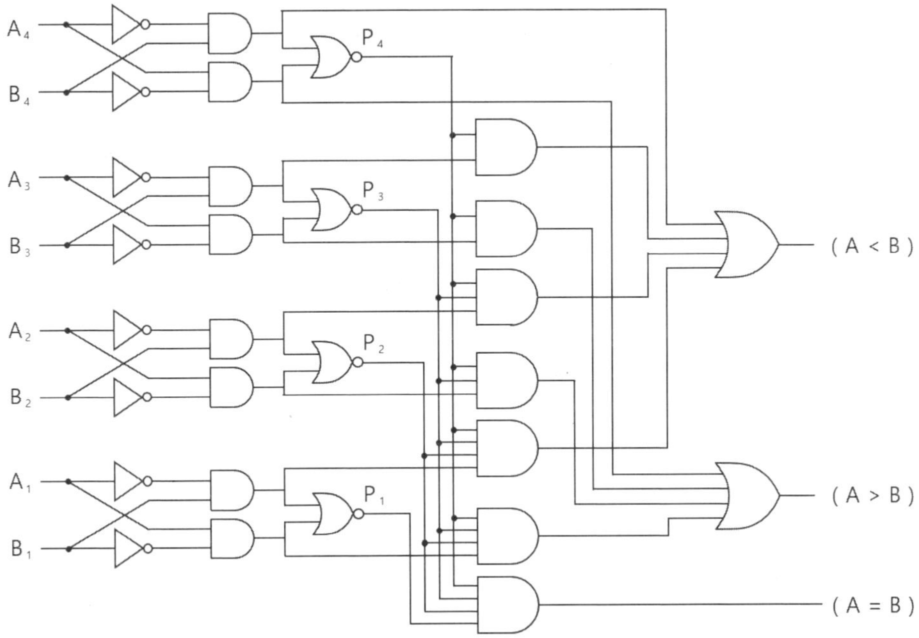

그림 5.19 4비트 크기 비교기의 논리회로도

5.5 디코더(Decoder)

흔히 해독기라고도 부르는 디코더는 n비트 2진수의 입력을 받아 2^n개의 출력으로 변화시키는 조합논리회로도로서 그 중 하나를 취하면 된다. 이 때 n비트의 정보중에서 사용되지 않거나 무관조건이 입력 될 때 이 디코더의 출력은 2^n개 보다 적다. 여기서 해독이란 입력되는 2진수에 대한 10진수를 가리키는 동작을 뜻한다. 디코딩(decoding)이란 여러 코드가 숫자나 문자로 표현되는데 그것을 결정하는 과정이다. 디코딩 기능을 수행하고 입력코드의 내용을 나타내는 출력을 만들어내는 논리 회로이다.

5.5.1 2X4 디코더(2-to-4 line decoder)

2개의 2진수 입력과 4개의 출력중에서 하나를 선택하는 조합논리회로이다.

그림 5.20은 2X4 디코더의 그래픽 심볼이며 표 5.3은 2X4 디코더의 진리표이다.

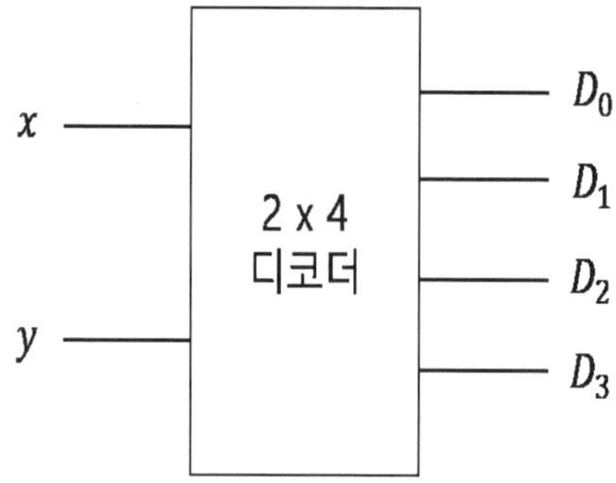

그림 5.20 2X4 디코더의 그래픽 심볼

표 5.3 2x4 디코더의 진리표

입력		출력			
x	y	D_0	D_1	D_2	D_3
0	0	1	0	0	0
0	1	0	1	0	0
1	0	0	0	1	0
1	1	0	0	0	1

위에서 본 바와 같이 2X4 디코더는 두 개의 입력선과 4개의 출력선으로 이루어져 있다. 입력선을 통해 어떤 2비트 2진수가 들어오면 이에 상응하는 10진수 (0,1,2,3)중 어느 한 개만 1로 되고 나머지 출력들은 모두 0이 되는 것이다. 각 출력에 대한 부울함수들은 다음과 같다.

$$D_0 = x'y'$$

$$D_1 = x'y$$

$$D_2 = xy'$$

$$D_3 = xy$$

이 부울함수를 가지고 논리 회로를 그리면 그림 5.21과 같다.

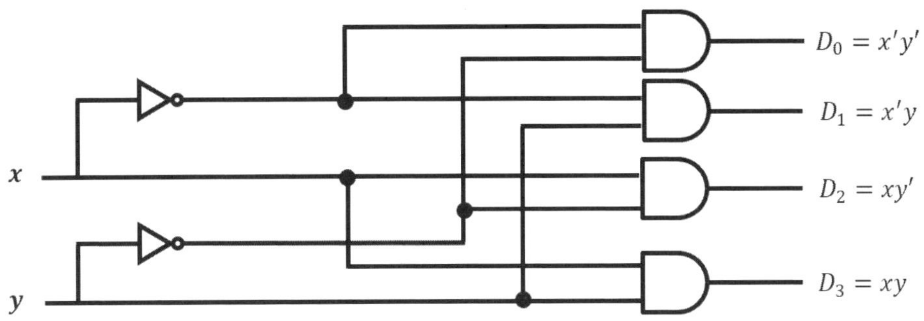

그림 5.21 2X4 디코더의 논리 회로

위의 회로를 IC화 할 때는 AND와 NOT보다는 NAND 게이트를 함으로써 전파지연을 최소화하고 회로설계 비용절감과 면적을 최소화시켜 더욱 더 가벼운 컴퓨터 시스템을 구현할 수 있다. 디코더의 민텀들은 회로 동작 제어를 위해 하나 또는 그 이상의 인에이블(enable) 입력을 가지고 있다.

그림 5.22 (a)는 인에이블을 갖는 진리표이고 (b)는 블록다이어그램이다.

E	x	y	D_0	D_1	D_2	D_3
0	0	0	0	1	1	1
0	0	1	1	0	1	1
0	1	0	1	1	0	1
0	1	1	1	1	1	0
1	X	X	1	1	1	1

(a) 진리표

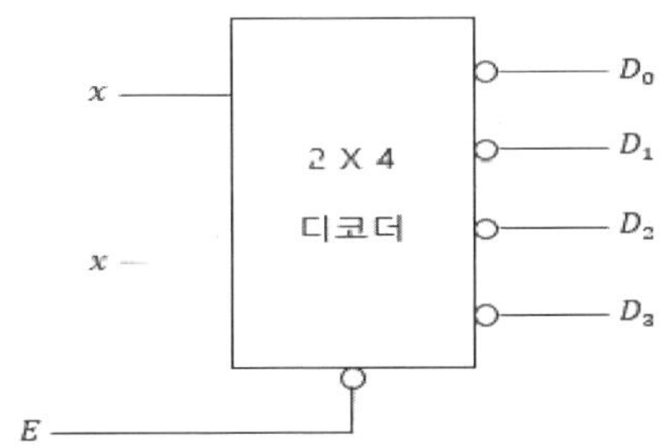

(b) 블록도

그림 5.22 (a) 진리표, (b) 블록도

프로세서가 생성한 주소 비트들을 디코더가 해독하여 메모리 칩을 위한 신호를 발생하여 데이터의 쓰기와 읽기가 가능하다. 하지만 컴퓨터에서 주소가 메모리가 아닌 입출력장치를 가리킬 때는 메모리에는 선택되지 않아야 한다. 이와 같이 동작되도록 하기 위해서 디코더에 인에이블(E)신호를 추가한다. 입출력 신호 외에 추가되는 신호로써 E=0 일 때 즉 active low라고 하며 이때가 활성화 되는 때이다. E=1이면 비활성화

된다. 그리고 그림 5.23은 인에이블 입력을 갖는 디코더이다.

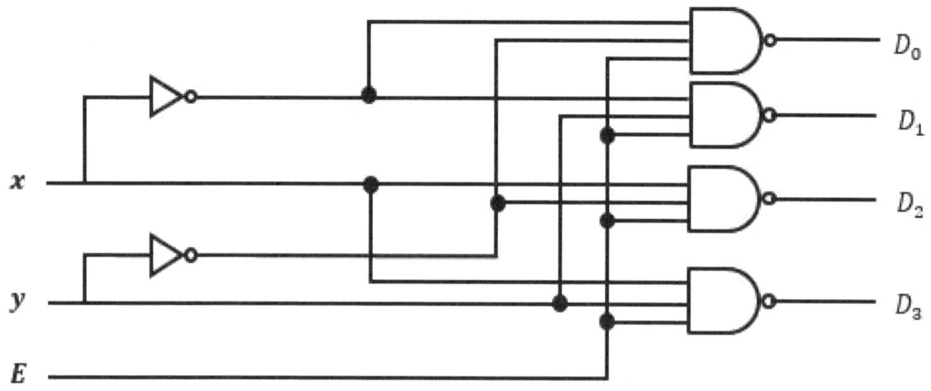

그림 5.23 인에이블 입력을 갖는 디코더

예제 2×4 디코더 2개를 이용해서 3×8 디코더를 설계하라.

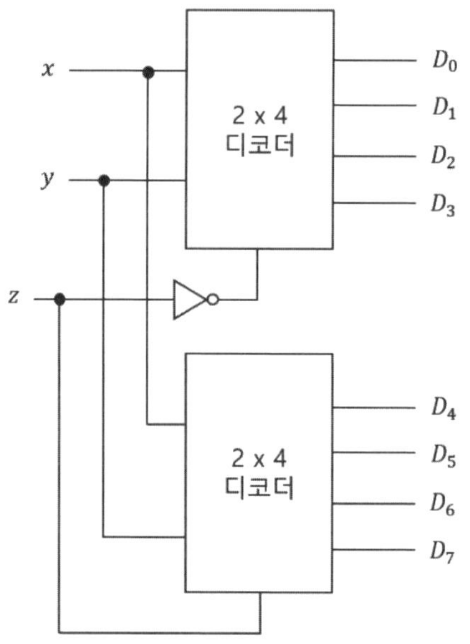

그림 5.24 2×4 디코더 2개를 이용한 3×8 디코더

여기서 enable 입력이 적용되면 $D_0 \sim D_3$까지의 것 들 중에 하나가 출력이 되고 $D_4 \sim D_7$ 은 출력이 안 된다. enable입력이 적용이 안 되면 $D_4 \sim D_7$까지의 것들 중 하나가 출력이 되고 $D_0 \sim D_3$ 는 출력이 안 된다.

5.5.2 3X8 디코더

3X8 디코더는 입력 3개와 출력 2^3=8인 회로이고 각 입력에 대응되는 출력만 1로 나오게 된다. 표 5.4는 3X8 디코더의 진리표이다.

표 5.4 3X8디코더의 진리표.

입력			출력							
x	y	z	D_0	D_1	D_2	D_3	D_4	D_5	D_6	D_7
0	0	0	1	0	0	0	0	0	0	0
0	0	1	0	1	0	0	0	0	0	0
0	1	0	0	0	1	0	0	0	0	0
0	1	1	0	0	0	1	0	0	0	0
1	0	0	0	0	0	0	1	0	0	0
1	0	1	0	0	0	0	0	1	0	0
1	1	0	0	0	0	0	0	0	1	0
1	1	1	0	0	0	0	0	0	0	1

여기서 단 한 개의 입력 조합에 대해서만 1이 출력이 되므로 출력부울함수는 다음과 같다.

$D_0 = x'y'z'$ $D_4 = xy'z'$

$D_1 = x'y'z$ $D_5 = xy'z$

$D_2 = x'yz'$ $D_6 = xyz'$

$D_3 = x'yz$ $D_7 = xyz$

위에 함수로부터 그림 5.25와 같은 논리 회로를 구현할 수 있다.

3X8 디코더는 TTL IC 74 family에서 74138이다.

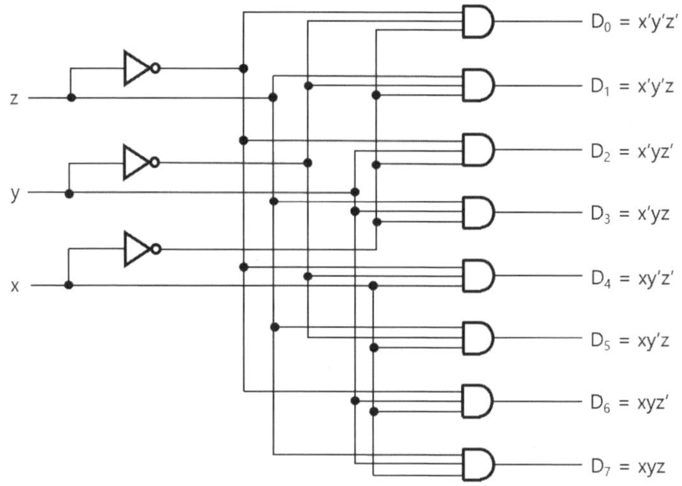

그림 5.25 3X8 디코더의 논리회로

5.5.3 4x16 디코더

4x16 디코더는 입력 4개와 출력 $2^4 = 16$인 회로이고 각 입력에 대응되는 출력만 1로 나오게 된다.

예제 인에이블(E)이 있는 3x8 디코더 두개를 가지고 4x16 디코더를 설계하라.

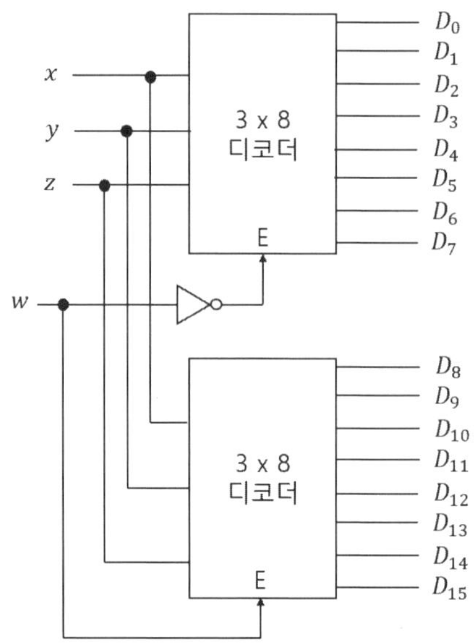

그림 5.26 3X8 디코더2개를 이용한 4X16 디코더

위와 같이 Enable을 사용하여 W=0일 때는 디코더가 인에이블이 되어 $D_0 \sim D_7$ 사이의 값들 중 하나가 출력으로 나오며 $D_8 \sim D_{15}$ 사이의 값들은 어떤 값도 출력으로 나오지 않는다.

W=1 일 때에는 반대로 $D_0 \sim D_7$ 사이의 값들은 어떤 것도 출력으로 나오지 않으며 $D_8 \sim D_{15}$ 사이의 값들 중 어떤 하나가 출력으로 나오게 된다.

5.5.4 5x32 디코더

5x32 디코더는 입력 5개와 출력 $2^5 = 32$인 회로이고 각 입력에 대응되는 출력만 1로 나오게 된다.

예제 인에이블(E)이 있는 3x8디코더 4개와 2x4디코더 한 개를 가지고 5x32 디코더를 설계하라.

입력 a, b를 갖고 출력 D_0, D_1, D_2, D_3을 갖는 2X4 디코더의 진리표는 다음과 같다.

표 5.5 2x4 디코더의 진리표

입력		출력			
a	b	D_0	D_1	D_2	D_3
0	0	1	0	0	0
0	1	0	1	0	0
1	0	0	0	1	0
1	1	0	0	0	1

인에이블 입력을 가진 3x8디코더의 진리표는 다음과 같다.

표 5.6 인에이블 입력을 갖는 3x8디코더의 진리표

E	W	X	Y	D_0	D_1	D_2	D_3	D_4	D_5	D_6	D_7
0	X	X	X	0	0	0	0	0	0	0	0
1	0	0	0	1	0	0	0	0	0	0	0
1	0	0	1	0	1	0	0	0	0	0	0
1	0	1	0	0	0	1	0	0	0	0	0
1	0	1	1	0	0	0	1	0	0	0	0
1	1	0	0	0	0	0	0	1	0	0	0
1	1	0	1	0	0	0	0	0	1	0	0
1	1	1	0	0	0	0	0	0	0	1	0
1	1	1	1	0	0	0	0	0	0	0	1

위에 진리표에 따른 논리회로는 다음과 같다.

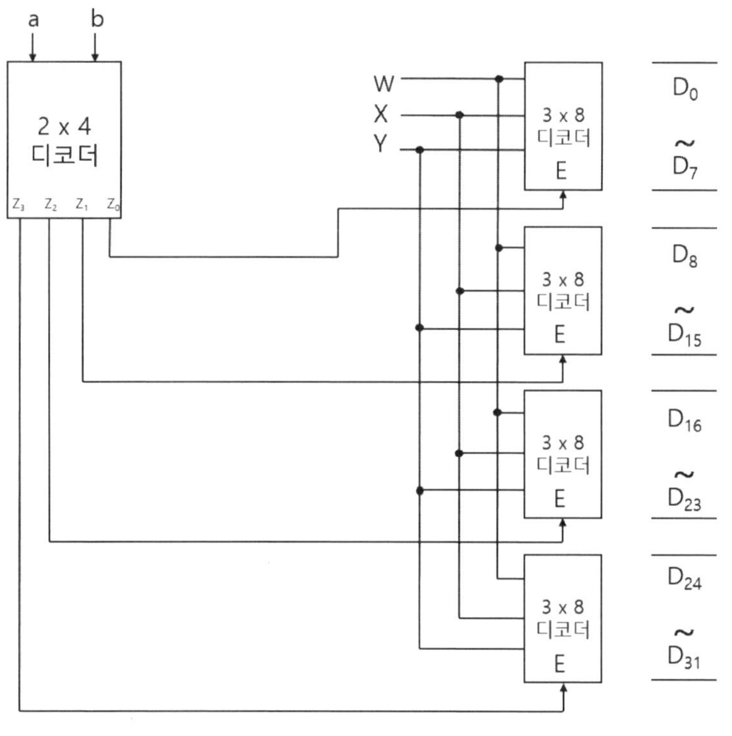

그림 5.27 3X8디코더 4개와 2X4디코더 1개를 사용한 5x32디코더

여기서 X는 무관조건(don't care)이며 민텀들의 범위를 2진수로 표현하면 다음과 같다.

D_0 : 00 000 ~ 00 111

D_1 : 01 000 ~ 01 111

D_2 : 10 000 ~ 10 111

D_3 : 11 000 ~ 11 111

여기서 하위 3비트는 각 디코더에서 모두 000~111로 같게 변하고 상위 두 비트만이 변하는 것을 알 수 있다. 그러므로 상위 2비트를 써서 디코더의 입력을 결정하고 $D_0 \sim D_3$ 까지 순서대로 각 민텀을 나타내도록 하면 되고 2x4디코더로 수행할 수 있다.

5.5.5 BCD 10십진 디코더

BCD와 10진 디코더는 0부터 9까지는 아무 문제가 없으나 10~15까지(1010~1111) 6개의 출력은 발생하지 않으나 만일 발생을 하면 그림 6.28의 논리회로를 분석해보면 알 수 있다. 또한 정상상태에서 다른 입력조합들이 나오면 출력들은 0이 되도록 설계하면 되고 이때에 10개의 4비트 입력이 AND게이트를 사용하면 된다. 표 5.7은 BCD-10진 디코더(BCD To Decimal Decoder)의 진리표이며 그림 5.28은 BCD-10진 디코더의 논리회로도이다.

표 5.7 BCD-10진 디코더의 진리표

입력				출력									
w	x	y	z	D_0	D_1	D_2	D_3	D_4	D_5	D_6	D_7	D_8	D_9
1	0	1	0	0	0	1	0	0	0	0	0	1	0
1	0	1	1	0	0	0	1	0	0	0	0	0	1
1	1	0	0	0	0	0	0	1	0	0	0	1	0
1	1	0	1	0	0	0	0	0	1	0	0	0	1
1	1	1	0	0	0	0	0	0	0	1	0	1	0
1	1	1	1	0	0	0	0	0	0	0	1	0	1

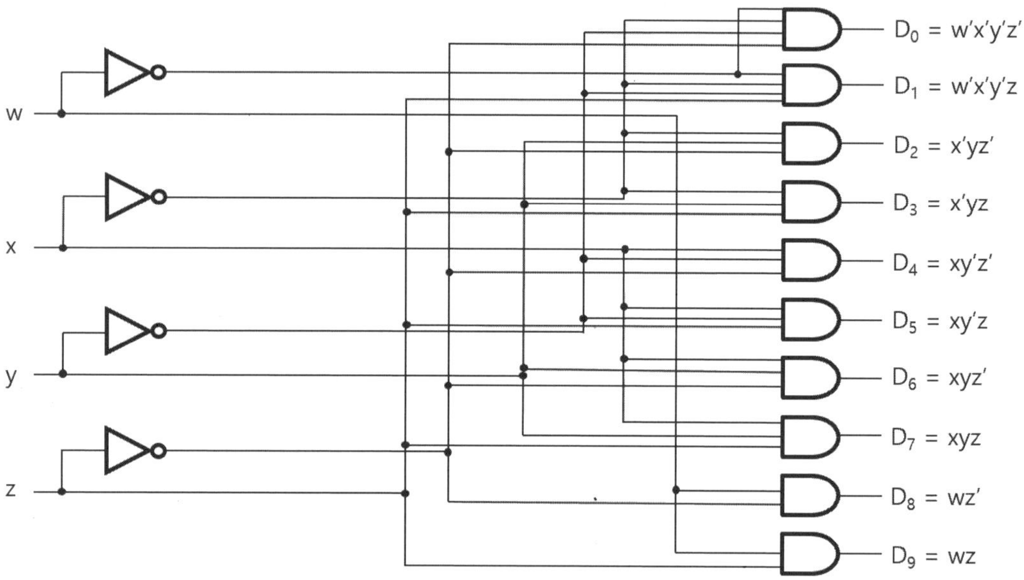

그림 5.28 BCD-10진 디코더

BCD-10진 디코더를 간단 화하려면 카르노맵을 사용하고 10~15까지 사용되지 않는 부분은 무관조건(X: don't care)로 처리하면 된다. 즉 그림 5.29는 간단화하는 카르노맵을 보여준다.

wx \ yz	00	01	11	10
00	D_0	D_1	D_3	D_2
01	D_4	D_5	D_7	D_6
11	X	X	X	X
10	D_8	D_9	X	X

그림 5.29 BCD-10진디코더를 간단화하는 카르노맵.

TTL IC 74 family에서 7442는 BCD-10진 디코더이다.

5.5.6 코드변환(Code Conversions)

컴퓨터의 디지털시스템은 같은 정보에 여러 가지의 서로 다른 코드를 사용한다. 이와 같은 경우에 시스템 간에 코드를 맞추기 위해 코드를 변환시키는 기능이 필요한데 이 기능을 수행하는 논리회로가 바로 코드 변환기(Code Converter)이며 이 과정을 코드변환(Code Conversion)이라고 한다. 두 시스템이 서로 다른 2진 코드를 사용하여도 코드 변환기는 서로 호환성을 가지도록 해준다.

(1) 2진-그레이 코드 변환기(Binary- Gray Code Converters)

그레이 코드(gray code)는 이웃한 수끼리 한 번에 단 한 비트씩만 변하기 때문에 결코 에러가 발생하지 않는 코드이다. 그러므로 하이퍼큐브(Hyper code)망 등에 사용된다.

예를 들어 4비트의 2진수와 그레이 코드 사이의 변환관계를 설계해 보자.

입력과 출력 변수가 각각 4개씩 필요하며 입력변수를 A, B, C, D라고 하고 출력변수를 W, X, Y, Z 라고 하면 4비트 2진수에 대응하는 그레이 코드의 변환기와 비교표는 그림 5.30과 표 5.8과 같다.

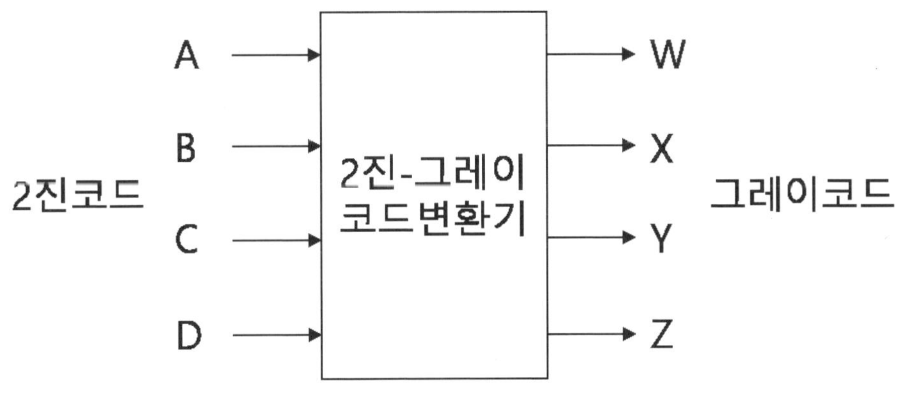

그림 5.30 2진-그레이 코드 변환기

표 5.8 2진-그레이 코드 변환기

입력					출력			
십진	2진 코드				그레이 코드			
	A	B	C	D	W	X	Y	Z
0	0	0	0	0	0	0	0	0
1	0	0	0	1	0	0	0	1
2	0	0	1	0	0	0	1	1
3	0	0	1	1	0	0	1	0
4	0	1	0	0	0	1	1	0
5	0	1	0	1	0	1	1	1
6	0	1	1	0	0	1	0	1
7	0	1	1	1	0	1	0	0
8	1	0	0	0	1	1	0	0
9	1	0	0	1	1	1	0	1
10	1	0	1	0	1	1	1	1
11	1	0	1	1	1	1	1	0
12	1	1	0	0	1	0	1	0
13	1	1	0	1	1	0	1	1
14	1	1	1	0	1	0	0	1
15	1	1	1	1	1	0	0	0

앞에서 설명한 바와 같이 2진 코드를 그레이 코드로 변환하는 방법은 다음과 같다.

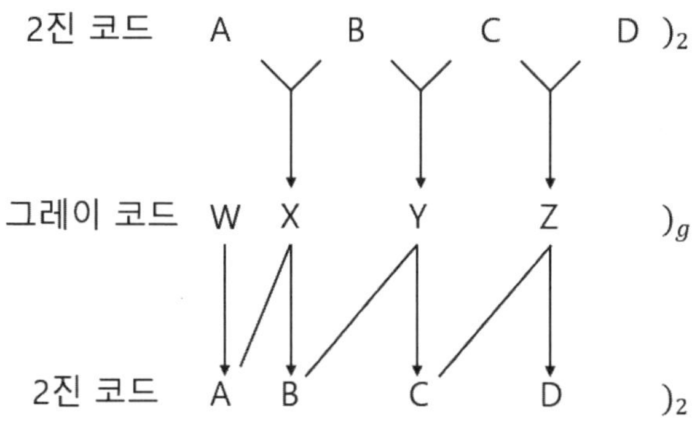

2진 코드의 최상위비트(MSB: Most Significant Bit) A는 그냥 내려서 그레이 코드의 최상위 비트인 W를 구한다. 그 다음 2진 코드의 최상위 비트인 A와 그 다음 상위 비트인 B를 2진가산하여 그 결과 값을 그레이 코드의 X값이 되게 한다. 그 다음 2진 코드의 B값과 그 우측의 값인 C값을 2진 가산하여 그 결과 값을 그레이 코드 Y값이 되게 한다. 마지막으로 2진 코드의 C값과 그 우측의 D값을 2진 가산하여 그 결과 값을 그레이 코드의 Z값이 되게 하면 된다.

이 때 만일 1+1=0이 되어 자리올림수(Carry)가 발생하면 그 캐리는 그냥 버리고 결과값 Sum(S)=0만 취하면 된다.

검산을 하기 위한 방법은 다음과 같다.

그레이 코드의 최상위 비트인 w는 그대로 내려서 2진코드의 최상위 비트A가 되게 한다.

그 다음 2진코드의 A값과 그레이 코드의 차상위 비트인 X값을 2진 가산한 후 그 결과값을 2진코드의 B가 되게 한다. 그 다음 2진 코드의 결과 값 B와 그레이 코드의 그 다음 차상위 비트인 Y값을 2진 가산한 후 그 결과 값을 2진 코드의 C값이 되게 한다. 그 다음 2진 코드의 C값과 그레이코드의 차상위 비트(여기서는 최하위비트 Z임)인 Z값을 2진 가산하여 그 결과값을 2진 코드 D값으로 취하여 비교해서 틀림이 없으면 검산은 완료 된다.

이상으로 2진코드의 최상위비트(MSB)는 그대로 그레이코드의 최상위비트가 되고, 다음 비트부터는 2진코드의 이웃한 비트들을 서로 더해서 그레이코드 비트가 된다.

다시 말해 A+B→X, B+C=Y, C+D=Z가 된다.

여기서 이웃한 두 비트를 더한 결과로 자리 올림수(캐리)는 그냥 버리므로, 두 비트가 0+0이나 1+1 이 되면 그레이코드 값은 0이 되고 두 비트값이 0+1 또는 1+0이면 1이 되므로 배타적 논리합(X-OR) 연산이 된다. 그러므로 2진(binary) 코드를 그레이(gray) 코드로 변환하는 코드 변환기는 그림과 같이 구현 할 수 있다.

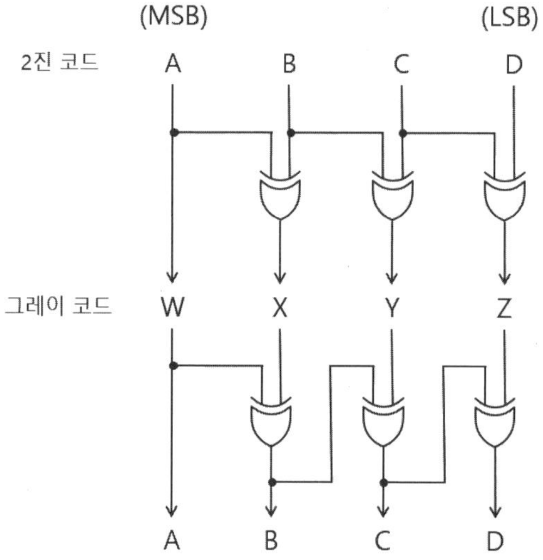

그림 5.31 2진-그레이-2진 코드 변환기(binary-gray-binary code converter)

예제 2진코드 1010(십진수 10)를 그레이 코드로 변환한 후 이를 검증하라.

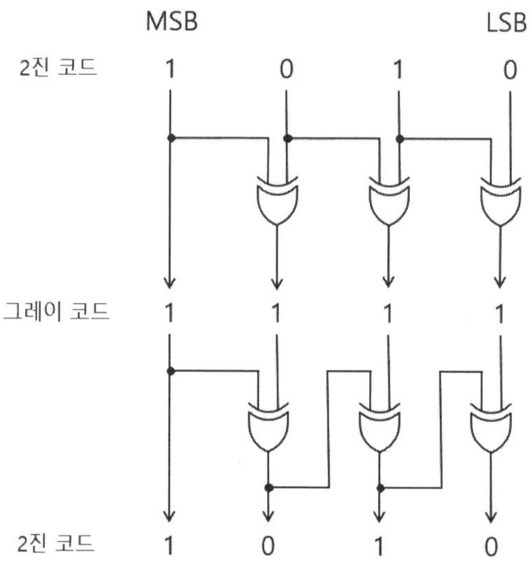

그림 5.32 2진-그레이-2진 코드간 변환의 예

(2) BCD to Excess-3 코드 변환기

BCD코드와 Excess-3 코드는 10진수를 표현하기 위해 4개의 비트를 사용하므로 입출력변수가 4개씩 필요하다. 입력을 A,B,C,D 로 하고 출력을 W,X,Y,Z 로 한다. 입출력 변수에 대한 진리표는 표 5.9에 있다.

표 5.9 입력 BCD와 출력 Excess-3 코드변환기의 진리표

10 진수	입력 BCD	출력 Excess-3
	A B C D	W X Y Z
0	0 0 0 0	0 0 1 1
1	0 0 0 1	0 1 0 0
2	0 0 1 0	0 1 0 1
3	0 0 1 1	0 1 1 0
4	0 1 0 0	0 1 1 1
5	0 1 0 1	1 0 0 0
6	0 1 1 0	1 0 0 1
7	0 1 1 1	1 0 1 0
8	1 0 0 0	1 0 1 1
9	1 0 0 1	1 1 0 0

10진수 0~15까지는 2진수로는 0000~1111까지 인데 2진수로 0000,0001,0010 과 1101,1110,1111를 베어버린 나머지를 십진수 0~9까지로 사용한 것이 Excess-3 이다 즉 BCD코드에서 2진수 0011(십진수 3)을 더해주면 Excess-3 코드가 된다.

2^4=16 개의 2진 조합 중 1010 ~ 1111 까지의 6개의 조합은 BCD코드에서는 무의미하므로 이 경우는 일어나지 않는다고 가정한다. 어떤 2진 값을 출력에 할당하는 가는 중요하지 않으므로 이것을 무관조건(don't care condition)으로 간주할 수 있다.

그러므로 10~15까지는 무관조건 X로 표시한다. 카르노맵으로부터 부울함수를 구하면 다음과 같다.

AB \ CD	00	01	11	10
00				
01		1	1	1
11	X	X	X	X
10	1	1	X	X

W=A+BC+BD

AB \ CD	00	01	11	10
00		1	1	1
01	1			
11	X	X	X	X
10		1	X	X

X=B'C+B'D+BC'D'

AB \ CD	00	01	11	10
00	1		1	
01	1		1	
11	X	X	X	X
10	1		X	X

Y=CD+C'D′

AB \ CD	00	01	11	10
00	1			1
01	1			1
11	X	X	X	X
10	1		X	X

Z=D'

그림 5.33 BCD to excess-3 코드 변환기

W=A+BC+BD=A+B(C+D)

X=B'C+B'D+BC'D'=B'(C+D)+B(C+D)´=B⊕(C+D)

Y=CD+C'D'=(C⊕D)'

Z=D'

위의 부울함수로 부터 BCD-Excess-3 코드 변환기를 설계할 수 있다.
그림 5.34는 BCD to Excess-3 코드 변환기의 회로도이다.

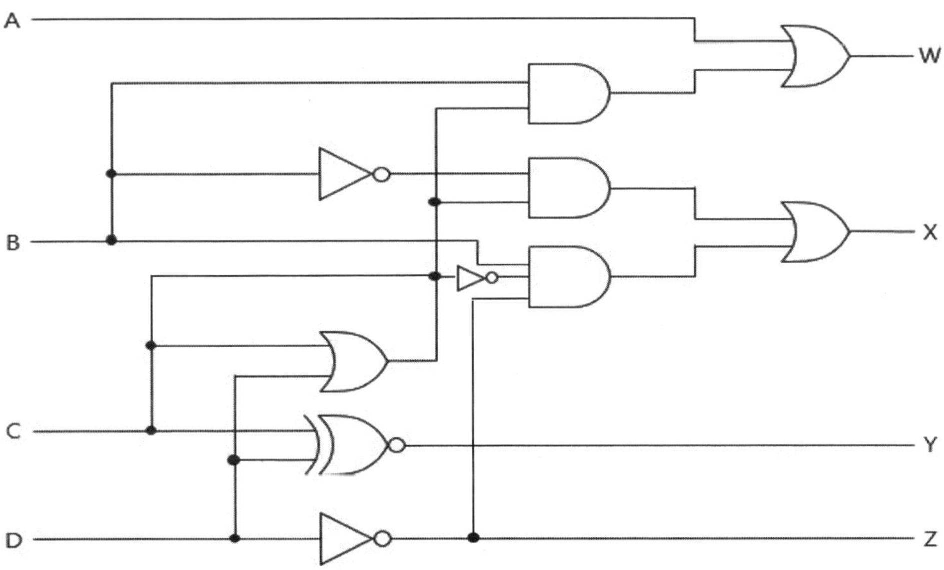

그림 5.34 BCD – Excess-3 코드 변환기

(3) BCD-7 세그먼트(segment) 디코더

디지털 시계나 각 종 계산기에는 각 숫자가 7개의 세그먼트로 구성되어 있다.

BCD-to-7 세그먼트 디코더는 BCD에서 10진수를 받아서 그 숫자를 나타내는 세그먼트를 선택하여 7세그먼트 표시장치(7-segment display)에 사용한다.

10진수를 표현하기 위해 그림 5.35에 7세그먼트 디스플레이가 있다

그림 5.35 7 세그먼트 디스플레이

디코더에 7개의 출력(a,b,c,d,e,f,g)이 있으며 각 10진숫자는 10진수를 표시하기 위해 적당한 세그먼트를 발광한다. 예를 들어 10진수 6에 상응하는 BCD 0110는 6을 표시하기 위해서 a,c,d,e,f,g 세그먼트를 발광시켜야 한다. 진리표에서 0이 있으면 출력이 안 나오고 1이면 출력이 되어 발광한다. 어떤 7세그먼트 표시장치는 7개의 출력이 반대로 동작되는데 이 경우에는 7개의 출력이 보수화되어야 한다. 10~15(1010~1111)까지 6개의 조합은 진리표로부터 카르노맵을 사용하여 간단화 된 출력함수를 구한다음 그냥 회로로 연결하면 된다.

BCD로 표현된 10진 디지트를 입력으로 받아서 그 십진수를 표시할 수 있는 출력을 구한 진리표가 아래 표 5.10에 나와 있다.

표 5.10 BCD 7-세그먼트 코드변환 진리표

입력 BCD				출력						
w	x	y	z	a	b	c	d	e	f	g
0	0	0	0	1	1	1	1	1	1	0
0	0	0	1	0	1	1	0	0	0	0
0	0	1	0	1	1	0	1	1	0	1
0	0	1	1	1	1	1	1	0	0	1
0	1	0	0	0	1	1	0	0	1	1

0	1	0	1	1	0	1	1	0	1	1
0	1	1	0	1	0	1	1	1	1	1
0	1	1	1	1	1	1	0	0	0	0
1	0	0	0	1	1	1	1	1	1	1
1	0	0	1	1	1	1	1	0	1	1

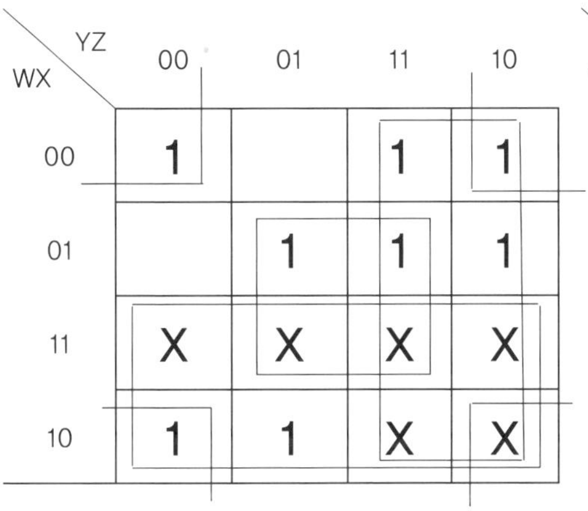

$a = w + y + x'z' + xz$

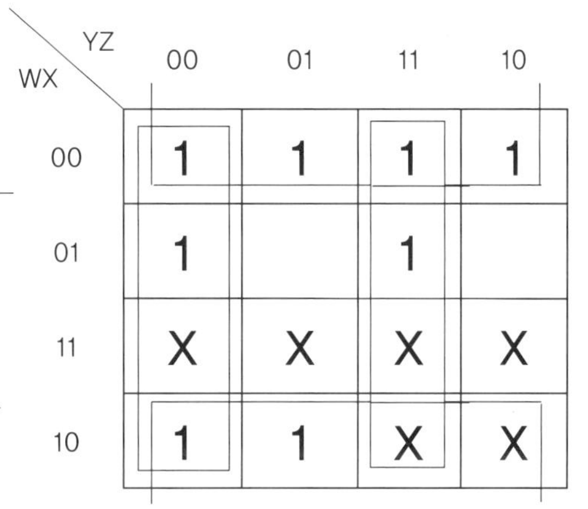

$b = x' + yz + y'z'$

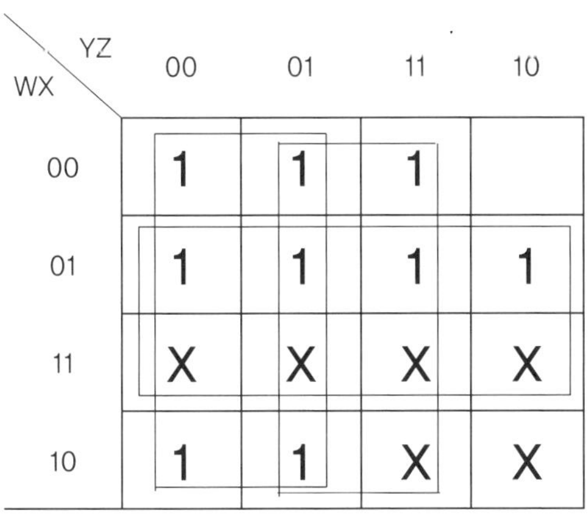

$c = x + y' + z$

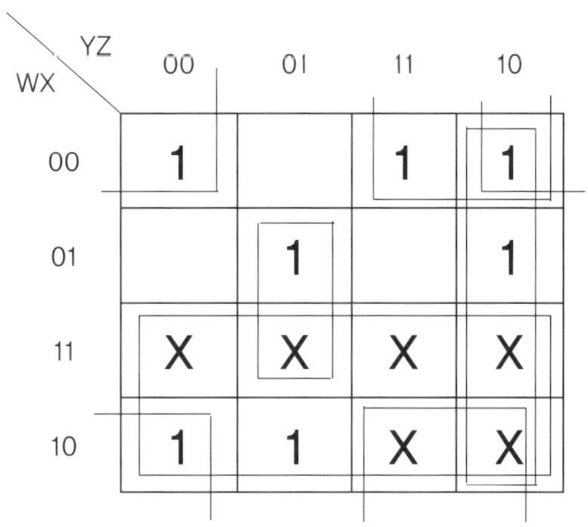

$d = w + yz' + x'y + x'z' + xy'z$

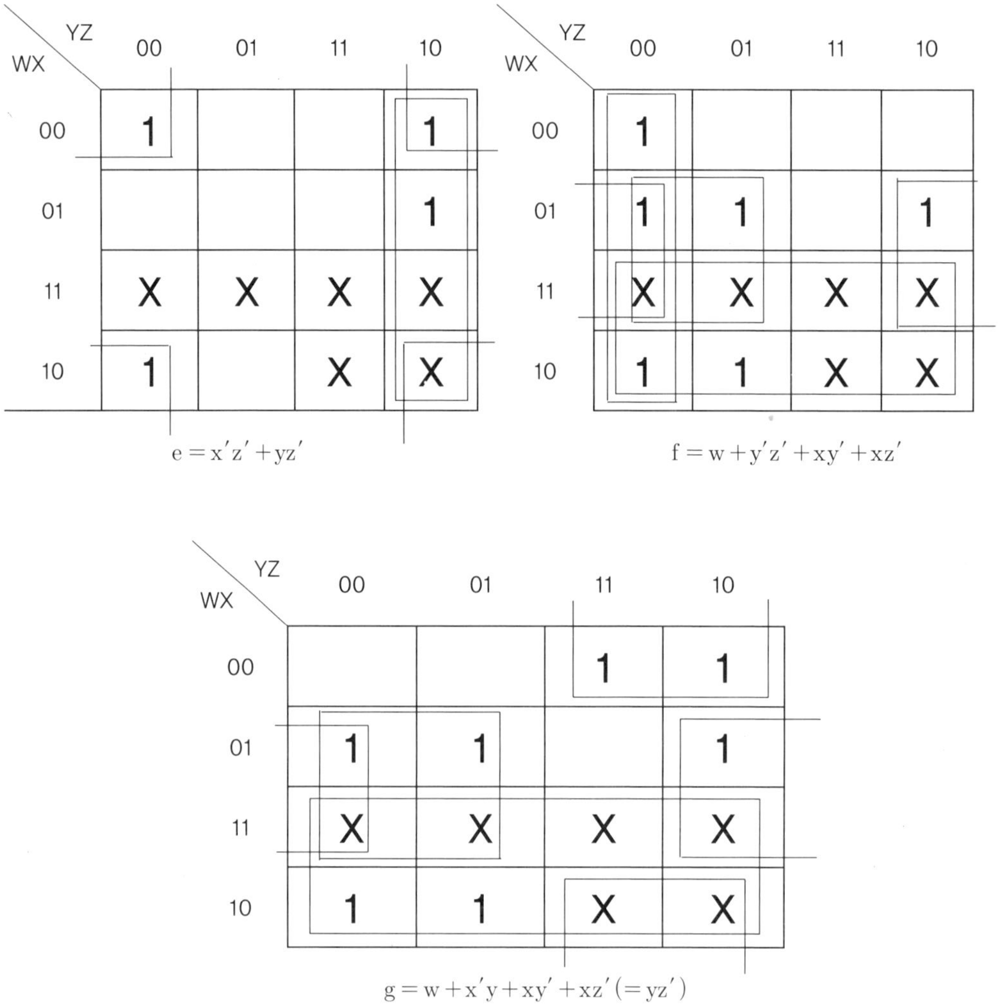

그림 5.36 카르노맵으로 부울함수의 구현

진리표에서 부울함수를 구한 결과는 다음과 같다.

$a = w + y + x'z' + xz$

$b = x' + yz + y'z'$

$c = x + y' + z$

$d = w + yz' + x'y + x'z' + xy'z$

$e = x'z' + yz'$

$$f = w + y'z' + xy' + xz'$$

$$g = w + x'y + xy' + xz'$$

BCD to 7-segment 디코더는 4비트 10진 코드를 7비트 코드로 변환하는 코드 변환기이다.

그림 5.37은 7개 세그먼트 디코더의 블록다이아그램이다.

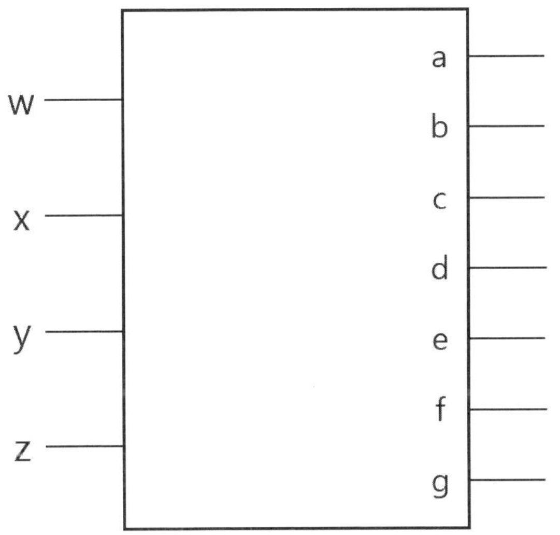

그림 5.37 7 세그먼트의 블록다이아그램

위의 부울함수를 가지고 각자 완전한 7 세그먼트 디코더의 논리회로를 설계해 보자 유효숫자 앞의 0 공백은 리딩에지 0 억지(leading edge zero suppression)라고 하며 유효숫자 뒤의 0 공란을 트레일링 에지 0 억지(trailing edge zero suppression)이라 한다. 7 세그먼트 디코더에는 BI(Blanking Input)와 BO(Blanking Output) 두 개의 기능이 부가된다.

(4) 패리티 발생기와 검사기(Parity generator and Checker)

컴퓨터시스템에서 정보가 송수신 될 때 오류(error)가 발생 할 수 있다. 즉 1이 0으로 또는 0이 1로 잘못 될 수가 있다.

이 경우 오류 검출(error detection)을 용이 하게 하기 위해 2진 정보를 송신할 때 송신의 마지막 단계에서 패리티 비트를 같이 송신한다. 패리티 비트는 기수(odd number) 패리티와 우수(even number) 패리티가 있는데 기수 패리티는 전송 정보의 1의 개수를 기수로 만들어주고 우수 패리티는 전송 정보의 1의 개수를 우수로 만들어 주는 역할을 한다.

패리티비트가 첨가된 정보전송(transmitter에 의해)이 되면 수신 측(Receiver에 의해)에서는 오류 검출을 위해 패리티 검사(checker에 의해)를 실행한다. 이때 검사된 패리티가 송신된 패리티와 일치하면 오류검출이 일어나지 않고 일치하지 않으면 오류가 검출된다.

〈1〉 패리티 발생기(Parity generator)

예를 들어 3비트 입력정보를 x,y,z라 하고 출력인 패리티 비트를 P(기수 패리티는 P_0, 우수 패리티는 P_E)라고 하면 진리표는 다음의 표 5.11과 같다.

표 5.11 패리티 비트 발생기

3비트 정보			기수패리티	우수패리티
x	y	z	P_0	P_E
0	0	0	1	0
0	0	1	0	1
0	1	0	0	1
0	1	1	1	0
1	0	0	0	1
1	0	1	1	0
1	1	0	1	0
1	1	1	0	1

위의 표 5.11 에 의해서 카르노 맵을 따라 부울함수를 구하면 다음과 같다.

기수 패리티인 경우 P_0는

x \ yz	00	01	11	10
0	1		1	
1		1		1

$$P_0 = x'y'z' + x'yz + xy'z + xyz'$$

$$= (x'y' + xy)z' + (x'y + xy')z$$

$$= (x \odot y)z' + (x \oplus y)z$$

$$= (x \oplus y)'z' + (x \oplus y)z \qquad (x \oplus y = A\text{로 놓으면})$$

$$= A'z' + Az$$

$$= A \odot z$$

$$= (x \oplus y) \odot z$$

위의 부울함수를 회로로 구현하면 다음의 그림 5.38과 같다

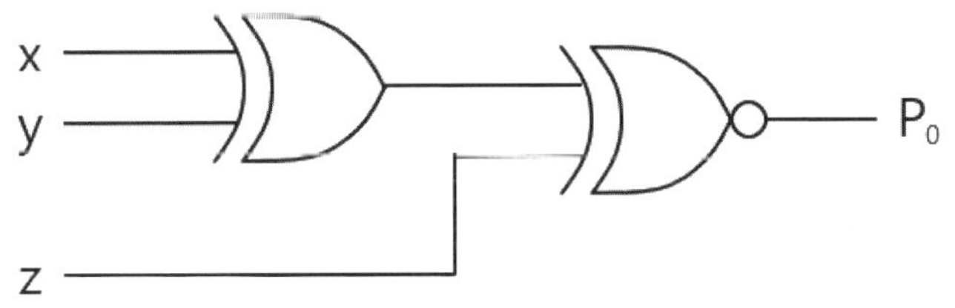

그림 5.38 기수패리티 발생기

우수패리티인 경우 P_E는

x \ yz	00	01	11	10
0		1		1
1	1		1	

$$P_E = x'y'z + x'yz' + xy'z' + xyz$$
$$= (x'y' + xy)z + (x'y + xy')z'$$
$$= (x \odot y)z + (x \oplus y)z'$$
$$= (x \oplus y)'z + (x \oplus y)z'$$
$$= x \oplus y \oplus z$$

위의 부울함수를 회로로 구현하면 다음의 그림 5.39과 같다.

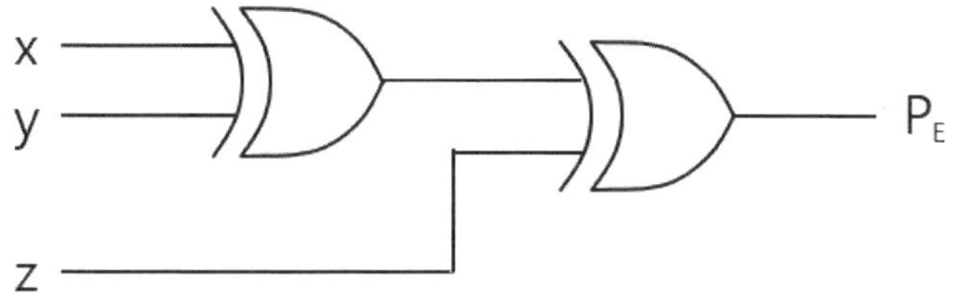

그림 5.39 우수패리티 발생기

〈2〉 패리티 검사기(Parity Checker)

패리티 비트가 첨가된 정보가 송신기(transmitter)를 통해 송신되면 수신측에서는 패리티 검사를 통하여 오류 검출 여부를 시도하여 송신패리티와 동일하지 않으면 오류가 검출된다. 이때에도 마찬가지로 기수 패리티 P_0와 우수 패리티 P_E를 사용하여 검사한다.

표 5.12은 패리티 체커 진리표이다.

표 5.12 패리티 체커 진리표

4비트 정보				기수 패리티	우수 패리티
x	y	z	P	P_0	P_E
0	0	0	0	1	0
0	0	0	1	0	1
0	0	1	0	0	1
0	0	1	1	1	0
0	1	0	0	0	1

4비트 정보				기수 패리티	우수 패리티
0	1	0	1	1	0
0	1	1	0	1	0
0	1	1	1	0	1
1	0	0	0	0	1
1	0	0	1	1	0
1	0	1	0	1	0
1	0	1	1	0	1
1	1	0	0	1	0
1	1	0	1	0	1
1	1	1	0	0	1
1	1	1	1	1	0

우선 카르노맵을 통하여 기수패리티 검사기(체커)의 부울함수를 구하면 다음과 같다

xy \ zp	00	01	11	10
00	1		1	
01		1		1
11	1		1	
10		1		1

$P_0 = x'y'z'p' + x'y'zp + x'yz'p + x'yzp' + xyz'p' + xyzp + xy'z'p + xy'zp'$

$= x'y'(z'p' + zp) + x'y(z'p + zp') + xy(z'p' + zp) + xy'(z'p + zp')$

$= (x'y' + xy)(z'p' + zp) + (x'y + xy')(z'p + zp')$

$= (x \odot y)(z \odot p) + (x \oplus y)(z \oplus p)$

$= (x \odot y)(z \odot p) + (x \odot y)'(z \odot p)'$

$= (x \odot y) \odot (z \odot p) = x \odot y \odot z \odot p$

그러므로 기수 패리티체커의 회로 구현은 그림 5.40과 같다

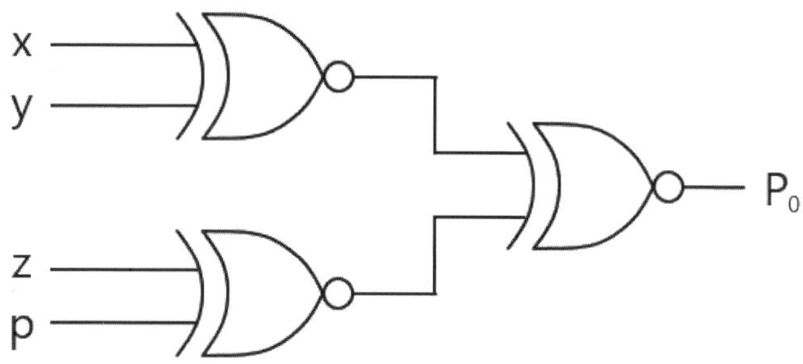

그림 5.40 기수패리티 체커

또한 카르노맵을 통하여 우수 패리티 검사기(체커)의 부울 함수를 구하면 다음과 같다.

xy \ zp	00	01	11	10
00		1		1
01	1		1	
11		1		1
10	1		1	

P_E=x'y'z'p+x'y'zp+x'yz'p'+x'yzp+xyz'p+xyzp'+xy'z'p'+xy'zp

=x'y'(z'p+zp)+x'y(z'p'+zp)+xy(z'p+zp')+xy'(z'p'+zp)

=(x'y'+xy)(z'p+zp')+(x'y+xy')(z'p'+zp)

$=x\odot y(z\oplus p)+(x\oplus y)(z\odot p)$

$=(x\oplus y)'(z\oplus p)+(x\oplus y)(z\oplus p)'$ $\qquad$ ($x\oplus A$, $z\oplus p=B$라면)

=A'B+AB'

$=A\oplus B$

$=(x\oplus y)\oplus(z\oplus p)$

$=x\oplus y\oplus z\oplus p$

위의 부울함수를 가지고 우수 패리티 체커를 회로로 구현하면 그림 5.41과 같다.

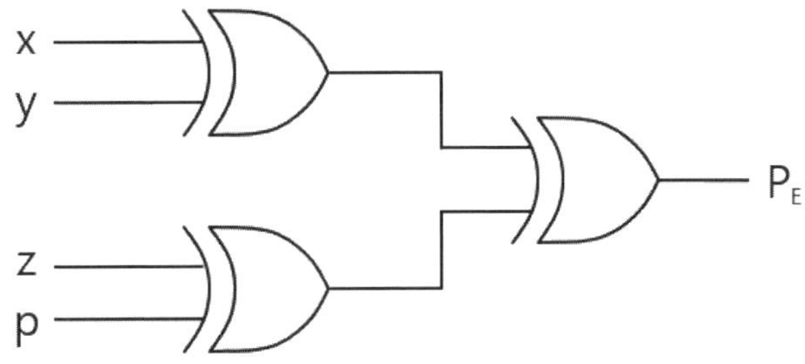

그림 5.41 우수 패리티 체커

5.5.7 NAND 또는 NOR게이트로만 실현한 논리회로

일반적인 컴퓨터회로를 만들 때 AND-OR-NOT 게이트로 쉽게 구현하지만 실제로 제작은 NAND게이트나 NOR게이트로 많이 구현하는데 그 이유는 회로가 복잡해지면 AND-OR-NOT 게이트를 사용한 것보다 NAND 게이트나 NOR게이트를 사용하는 것이 게이트 수를 더 줄일 수 있고 따라서 전파지연 시간도 짧아지고 또한 부피도 작아지며 결과적으로 가볍고 비용이 적게 들어 가기 때문이다. 특히 NAND게이트가 가장 널리 쓰인다고 볼 수 있다.

(1) NAND게이트로 AND와 OR와 NOT 게이트 실현

우선 X, Y 두 입력 변수와 하나의 출력 변수 F가 있을 때 AND게이트를 NAND게이트로의 구현은 다음과 같다.

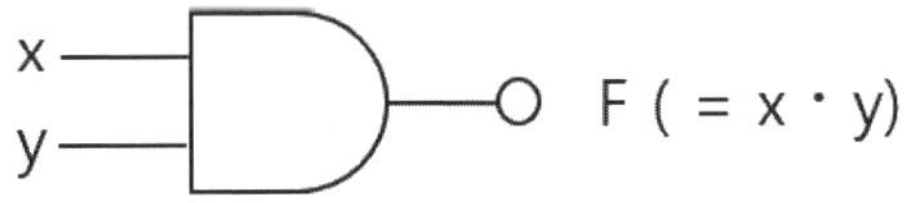

위의 회로는 다음과 같이 구현 할 수 있다.

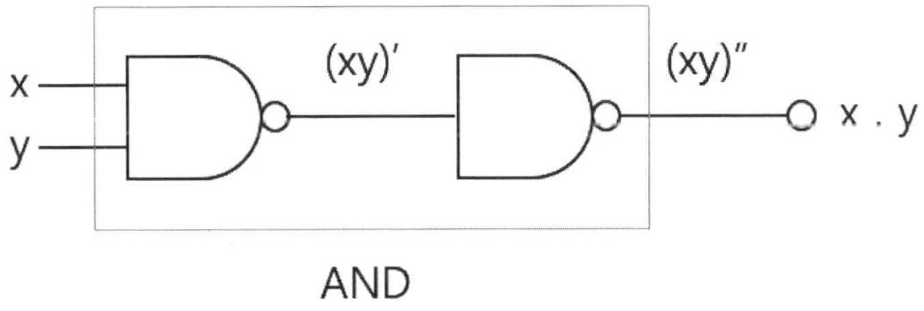

즉 AND게이트는 NAND게이트 두 개를 직렬로 연결한 것과 같다. 또한 OR게이트를 NAND게이트로의 구현은 다음과 같다.

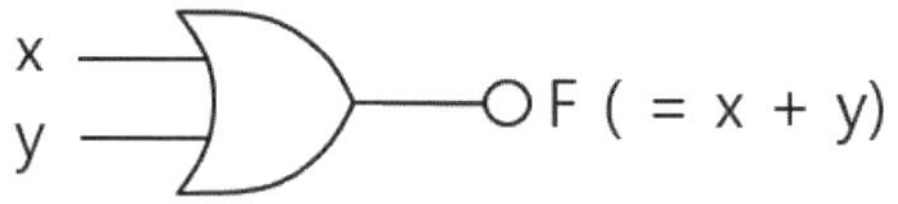

위의 회로는 다음과 같이 구현 할 수 있다.

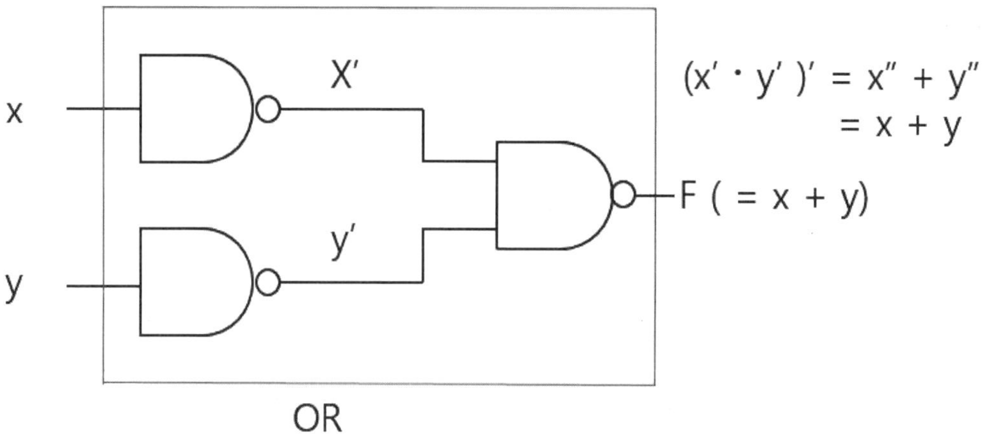

(2) NOR게이트로 AND와 OR와 NOT 게이트 실현

x, y 두 입력변수와 하나의 출력변수 F가 있을 때 AND게이트를 NOR게이트로의 구현은 다음과 같다.

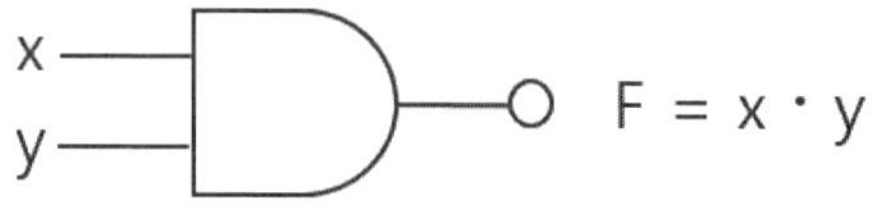

위의 회로는 다음과 같이 구현할 수 있다.

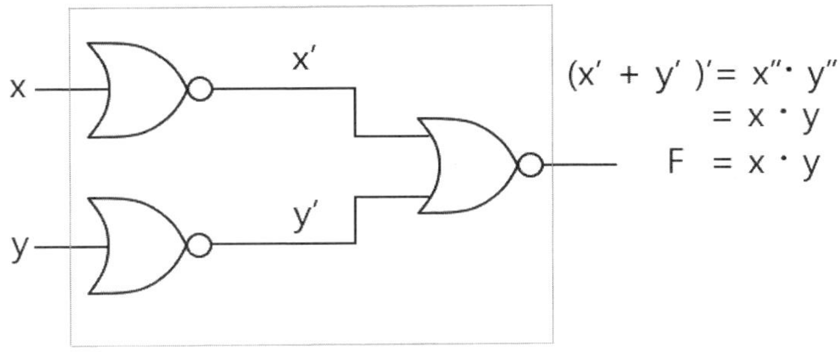

AND

이 때 좌측에 있는 두 개의 NOR게이트는 첫 레벨(first level)이고 우측에 있는 하나의 NOR게이트는 두 번째 레벨(second level)이라고하며 이 회로는 다단(Multi-level)이라고 부른다. 이것들이 모인 회로들을 cascade 되었다고 한다.

또한 OR 게이트를 NOR 게이트로의 구현은 다음과 같다

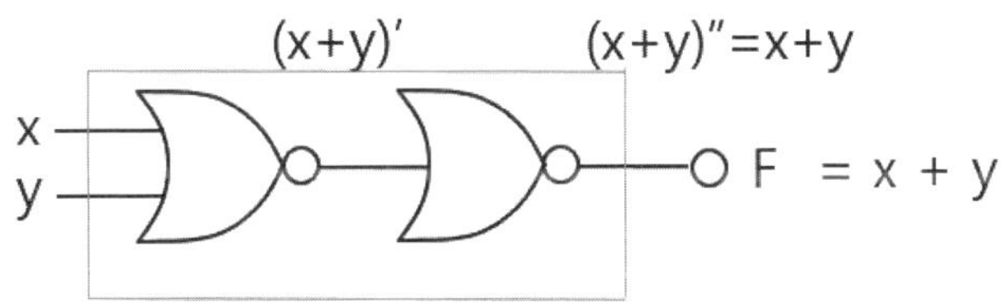

예를 들어 F=A+BC+DE의 회로는 다음과 같다

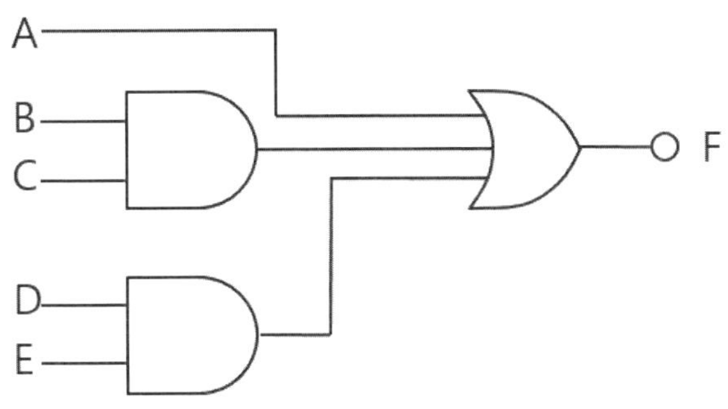

그림 5.42 F=A+BC+DE의 논리 회로

위의 부울함수 F=A+BC+DE를 NAND로만 구현하라고 하면 다음과 같이 할 수 있다.

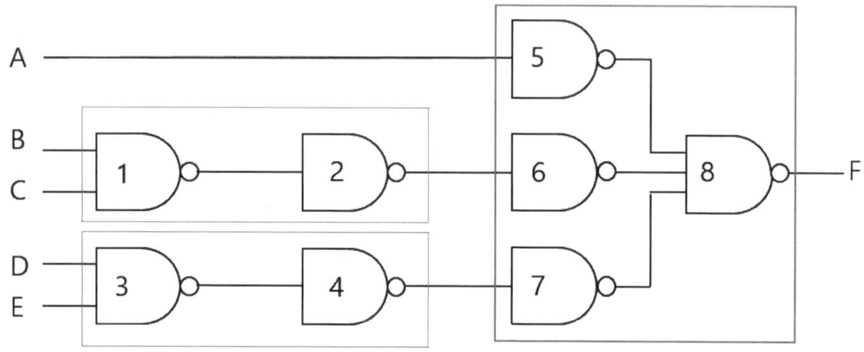

여기서 소거시켜도 지장이 없는 2번과 6번 게이트와 4번과 7번 게이트를 먼저 소거하고 5번은 보수를 입력하면 다음의 그림 5.43처럼 간단화된 NAND게이트로 구현 할 수 있다.

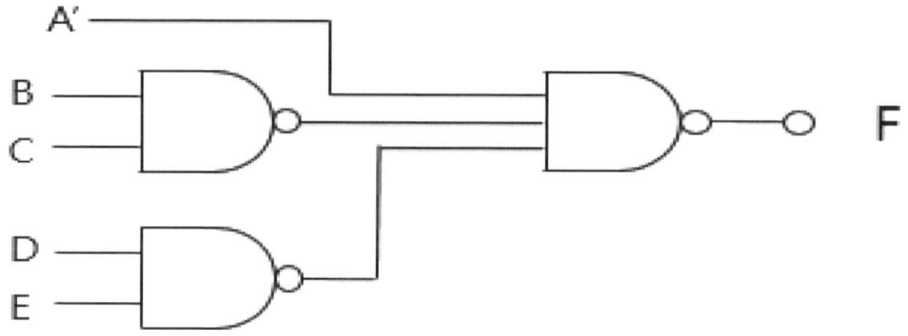

그림 5.43 NAND로만 구현한 F+A+BC+DE의 논리회로

5.5.8 인코더(Encoder)

인코더는 디코더와는 반대기능을 수행하는 회로이다. 즉 어떤 크기를 나타내는 입력신호를 받아서 이에 상응하는 코드화된 출력을 발생하는 회로이다. 입력으로는 수의 크기, 임의의 기호들 또는 알파벳들이 될 수 있고 출력신호로는 BCD코드, excess-3 코드등이 발생될 수 있다.

인코더(Encoder)는 부호기라고도하며 2^n개 또는 2보다 적은 입력선과 n개의 출력선으로 구성되며, 2^n개의 입력중에서 한 개 또는 여러 개의 입력을 선택하여 그에 대응하는 2진코드를 n개의 출력으로 출력해주는 조합논리회로이다.

5.5.9 4진-2진 인코더

예를 들어 4진-2진 인코더는 4개(2^n)의 입력선과 2개의 출력으로 구성되며, 4개의 입력값에 따라 2진수 조합이 출력되는 회로이고 표 5.13은 4진-2진 인코더의 진리표이다.

표 5.13 4진-2진 인코더 진리표

4진수	입력				출력	
	D_0	D_1	D_2	D_3	X	Y
0	1	0	0	0	0	0
1	0	1	0	0	0	1
2	0	0	1	0	1	0
3	0	0	0	1	1	1

또 각각에 대한 출력 부울함수는 다음과 같다.

$$X = D_2 + D_3$$

$$Y = D_1 + D_3$$

이것을 그림으로 그린 조합논리회로는 그림 5.44와 같다.

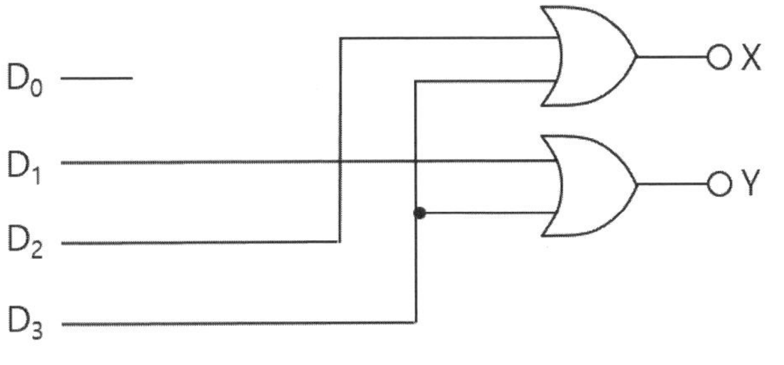

그림 5.44 4진-2진 인코더

여기서 입력 D_0는 인코더의 모든 출력이 논리 0이 되어야 하므로 OR게이트에 연결하지 않는다. 출력 X는 4진수에서 2, 3일 때 논리 1이 되어 출력이 되고 출력 Y는 4진수에서 1, 3일 때 논리 1이 되어 출력된다.

5.5.10 8진-2진 인코더

8진-2진 인코더는 8개 숫자 중에 하나 만의 입력이 필요하고 그에 상응하는 2진수를 구하기 위해 3개의 출력이 필요하다. 입력은 $D_0 \sim D_7$까지이고 출력이 x, y, z일 때의 8진-2진 인코더의 진리표는 표 5.14와 같다.

표 5.14 8진-2진 인코더 진리표

입력								출력		
D_0	D_1	D_2	D_3	D_4	D_5	D_6	D_7	x	y	z
1	0	0	0	0	0	0	0	0	0	0
0	1	0	0	0	0	0	0	0	0	1
0	0	1	0	0	0	0	0	0	1	0
0	0	0	1	0	0	0	0	0	1	1
0	0	0	0	1	0	0	0	1	0	0
0	0	0	0	0	1	0	0	1	0	1
0	0	0	0	0	0	1	0	1	1	0
0	0	0	0	0	0	0	1	1	1	1

표 5.14로부터 출력 부울함수 x, y, z를 구하면 다음과 같다

$$X = D_4 + D_5 + D_6 + D_7$$

$$Y = D_2 + D_3 + D_6 + D_7$$

$$Z = D_1 + D_3 + D_5 + D_7$$

여기서 입력 D_0는 OR게이트에 연결하지 않고 8진-2진 인코더의 회로는 그림 5.45와 같다.

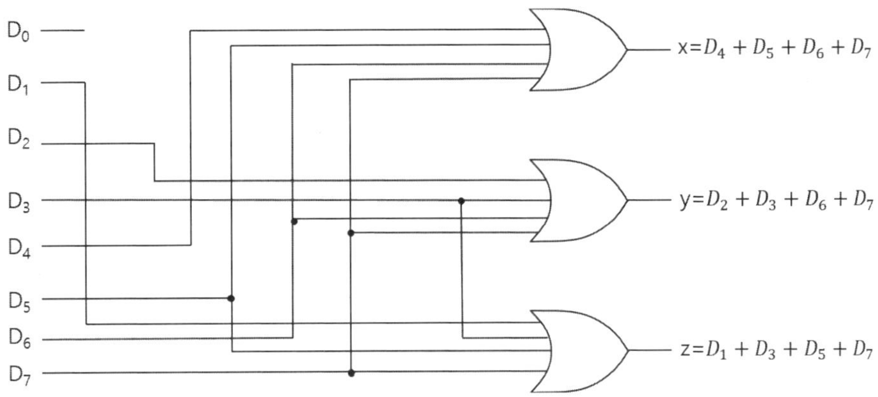

그림 5.45 8진-2진 인코더의 회로도

5.5.11 10진-BCD인코더

10진-BCD 인코더(Decimal to BCD Encoder)는 10진수 중의 어느 하나를 입력으로 해서 그에 대응하는 BCD코드를 출력으로 발생시키는 회로이다.

즉 10진수 10개를 입력으로 받아서 거기에 대응되는 BCD코드인 2진수를 출력하면 되고 4개의 출력 w, x, y, z로 표현한다. 4개의 OR게이트가 필요하며 진리표 5.15(a)로부터 OR게이트들의 입력을 구할 수 있으며 5.15(b)는 10진-BCD인코더의 블록 다이어그램이다.

표 5.15 (a) 10진-BCD코드 출력 진리표 (b) 10진-BCD 인코더 블록 다이어그램

10진수	입력										출력			
	D_0	D_1	D_2	D_3	D_4	D_5	D_6	D_7	D_8	D_9	w	x	y	z
0	1	0	0	0	0	0	0	0	0	0	0	0	0	0
1	0	1	0	0	0	0	0	0	0	0	0	0	0	1
2	0	0	1	0	0	0	0	0	0	0	0	0	1	0
3	0	0	0	1	0	0	0	0	0	0	0	0	1	1
4	0	0	0	0	1	0	0	0	0	0	0	1	0	0
5	0	0	0	0	0	1	0	0	0	0	0	1	0	1
6	0	0	0	0	0	0	1	0	0	0	0	1	1	0
7	0	0	0	0	0	0	0	1	0	0	0	1	1	1
8	0	0	0	0	0	0	0	0	1	0	1	0	0	0
9	0	0	0	0	0	0	0	0	0	1	1	0	0	1

(a) 10진-BCD코드 출력 진리표

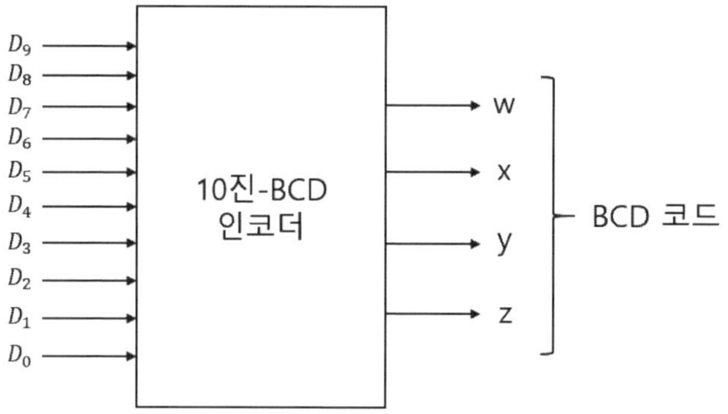

(b) 10진-BCD 인코더 블록 다이어그램

위의 진리표로부터 출력 부울함수를 구할 수 있다.

$w = D_8 + D_9$	$\{= \Sigma(8, 9))$
$x = D_4 + D_5 + D_6 + D_7$	$\{= \Sigma(4, 5, 6, 7))$
$y = D_2 + D_3 + D_6 + D_7$	$\{= \Sigma(2, 3, 6, 7))$
$z = D_1 + D_3 + D_5 + D_7 + D_9$	$\{= \Sigma(1, 3, 5, 7, 9))$

입력 D_0는 인코더의 모든 출력이 0이어야 되므로 OR게이트에 연결하지 않는다 그림 5.46은 10진-BCD인코더 논리회로이다.

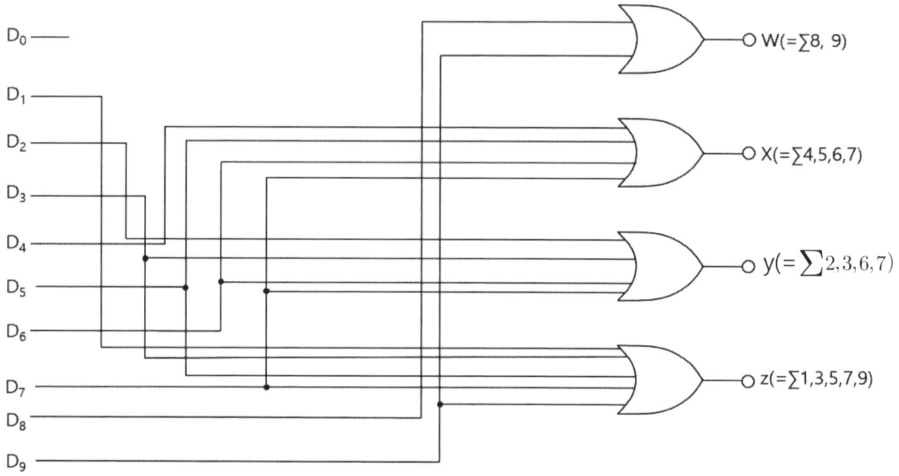

그림 5.46 10진-BCD 인코더

5.5.12 우선순위인코더(Priority Encoder)

우선순위인코더(Priority Encoder)는 우선순위를 결정하는 기능이 추가된 회로이다. 즉 두 개 또는 그 이상의 입력들이 동시에 선택된 경우에 그 가운데서 우선순위가 가장 높은 입력 값에 대해서만 출력하게 하는 것이다. 우선 순위를 정하는 방법에는 제일 많이 사용되는 최상위(Most Significant) 입력 값에 의한 우선순위방법과 최하위(Least significant) 입력 값에 의한 우선순위 방법이다.

표 5.15(a)의 진리표에서 본 바와 같이 인코더들은 입력우선순위를 정해서 가장 높은 우선순위를 가지는 입력만 해독한다.

표 5.15(a)에서 높은 첨자를 가지는 입력이 낮은 첨자를 가지는 입력보다 우선순위가 높다고 가정하자. D_3와 D_6가 동시에 1이 된다면 D_6가 D_3보다 우선순위가 높으므로 110이 출력이 될 것이다.

입력의 우선순위에 따라 출력을 발생하는 인코더의 예가 표 5.16에 나와 있다.

표 5.16 우선순위 인코더의 진리표

입력				출력		
D_3	D_2	D_1	D_0	X	Y	Z
0	0	0	0	0	0	0
0	0	0	1	0	0	1
0	0	1	X	0	1	1
0	1	X	X	1	0	1
1	X	X	X	1	1	1

무관조건(don't care) X를 사용하여 16행과 같은 정보를 5행만으로된 진리표로 표현한다. 입력조합에서 대응하는 비트가 무관조건 X이면 그 변수는 민텀항에 나타나지 않는다. 그래서 001X에서 X부분에 대응되는 $D_3'D_2'D_1$에는 표시되지 않는다. 입력 D_3가 가장 높은 우선순위를 가졌으므로 다른 입력 값과는 상관없이 D_3가 1일 때 출력 xy의 값은 11(2진수로 3)이다. 이것으로부터 표의 마지막 행을 얻는다. 그 다음의 우선순위는 D_2이다. $D_3=0$일 때 낮은 우선순위를 갖는 두 입력 값에 상관 없이 $D_2=1$이면 출력은 10이 된다. 이로부터 진리표의 4번째 행을 얻는다. D_1의 출력은 더 높은 우선순위를 갖는 모든 입력이 0이고 낮은 우선순위로 내려와야지만 발생한다. 이것으로 부

터 진리표의 나머지 행을 얻는다. V(Valid output)는 유효출력을 나타내며 입력들 중에 하나 또는 그 이상이 1로 출력이 발생하는 경우에면 V=1이 된다. 만일 어느 입력도 선택되지 않고 모든 입력들이 0이라면 V비트는 0이다.

이 출력이 필요한 이유는 모든 입력들이 0인 경우에도 출력이 '00'이 출력되면 입력 $D_0=1$인 경우에 대한 출력결과인 '00'과 구분할 수 없기 때문이다. 결국 V=0이면 출력 x와 y값들은 유효하지 않다는 것을 나타내며 무관조건 X로 표시하였다.

표 5.16 진리표에서 출력 X=4, 5, 6, 7, 8, 9, 10, 11, 12, 13, 14, 15

출력 Y=2, 3, 8, 9, 10, 11, 12, 13, 14, 15의 입력조합을 구할 수 있다. 우선순위를 가진 인코더에 대한 카르노맵을 통하여 부울함수를 구할 수 있다.

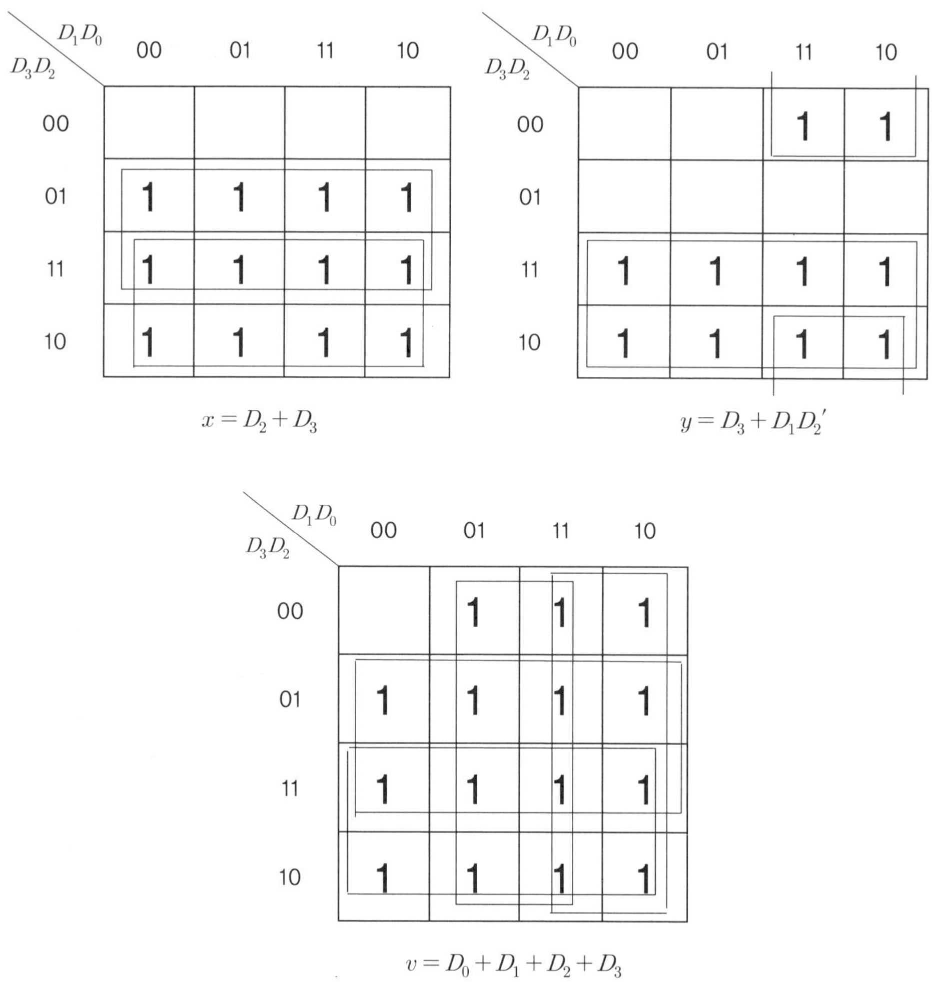

그림 5.47 우선순위를 가진 인코더 카르노맵의 예

부울함수를 구하였으므로 이에 따라 조합 논리회로를 구현하면 된다. 그림 5.48는 우선순위를 가진 인코더의 회로를 보여준다.

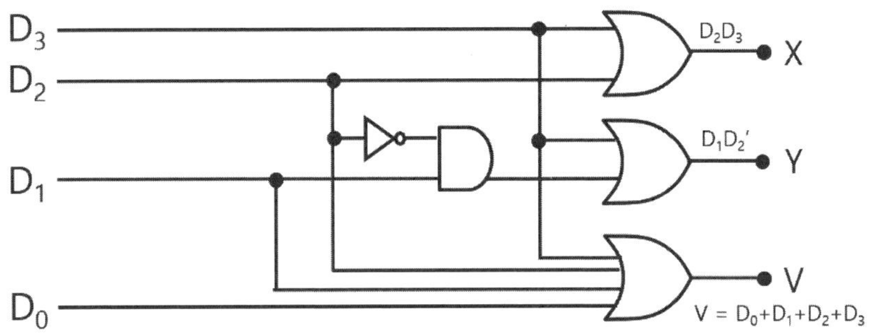

그림 5.48 우선순위를 가진 인코더의 회로 예

일반적으로 많이 쓰는 인코더는 TTL IC 74 family에서 8진우선순위인코더(octal priority encoder)인 74148이다.

5.5.13 디코더를 이용한 조합논리회로구현

디코더는 n개의 입력과 2^n개의 민텀을 제공하는 기능을 한다. 부울함수는 곱의 합형(SOP)으로 표현 할 수 있으므로 민텀을 구성하는 디코더를 사용하고 그 합을 위해서 디코더 외부에 OR게이트를 연결힌다. OR게이트의 입력들은 디고디의 출력에서 선택적으로 연결하면 된다.

예제 디코더와 OR게이트를 사용하여 전가산기를 설계하라.

전가산기의 진리표로부터 S(Sum : 합)과 C(Carry : 자리올림수, 캐리)를 구하면 다음과 같다.

$S(x,y,z) = \Sigma(1,2,4,7)$

$C(x,y,z) = \Sigma(3,5,6,7)$

여기서 전가산기로 구현하려면 입력 3개와 출력 2개가 필요하므로 3×8디코더와 2개의 OR게이트가 필요하다. 전가산기의 출력 S에 대해 1,2,4,7의 민텀을 OR게이트의 입력으로 넣고 또 다른 전가산기의 출력인 C에 대해 3,5,6,7을 OR게이트의 입력으로 넣기만 하면 된다.

위의 부울 함수로부터 3×8디코더를 이용하여 전가산기회로를 구성하면 그림 5.49와 같다.

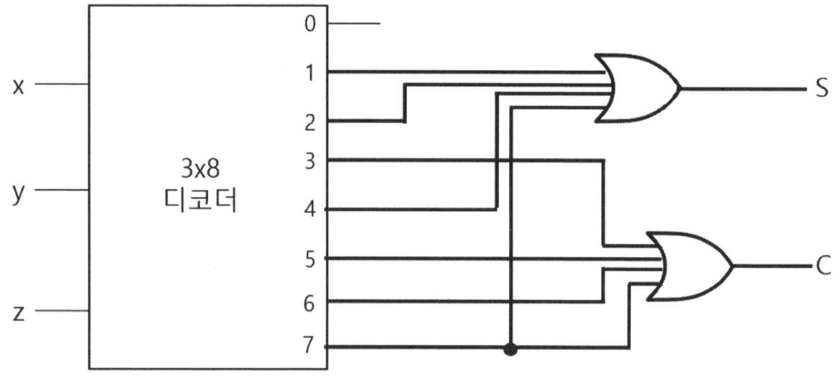

그림 5.49 디코더를 이용한 전가산기

5.6 멀티플렉서(Multiplexer: 다중화기)

멀티플렉서(Multiplexer: 다중화기)는 여러 개의 입력신호 중 어느 하나만을 선택하여 한 순간에 출력신호로 보내는 조합논리회로이다. 회로의 이 선택기능으로 말미암아 데이터선택기(data selector)라고도 한다. 입력과 출력 외에 입력신호들 중의 하나를 선택하기 위한 선택신호(select signal)이 필요하다.

많은 수의 데이터를 적은 수의 선(line)을 이용하여 전송하는 기법을 멀티플렉싱(multiplexing)이라고하며 어떤 입력선의 선택은 선택입력이라는 선택선(select line)에 의해 제어된다. 일반적으로 2^n개의 입력선과 하나의 출력선을 선택하는 선택선 n개가 있으며 일반적인 멀티플렉서는 그림 5.50과 같다.

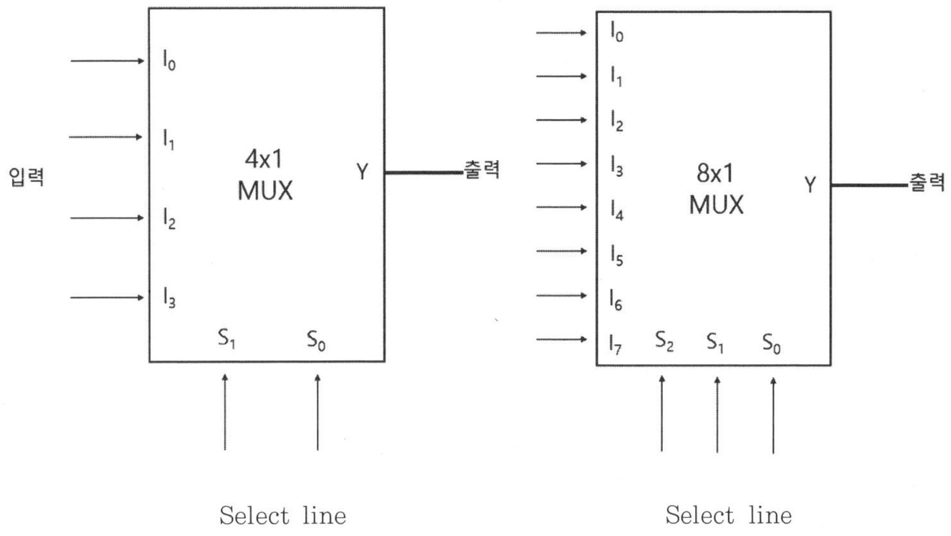

그림 5.50 일반적인 멀티플렉서

5.6.1 2 입력 멀티플렉서(2×1 MUX)

2 입력 멀티플렉서는 2개의 입력 I_0, I_1과 선택선 S 하나를 갖는 회로이며 S 값이 0이나 1일 때 입력데이타가 출력 Y로 출력되는 것으로서 그림 5.51과 같다.

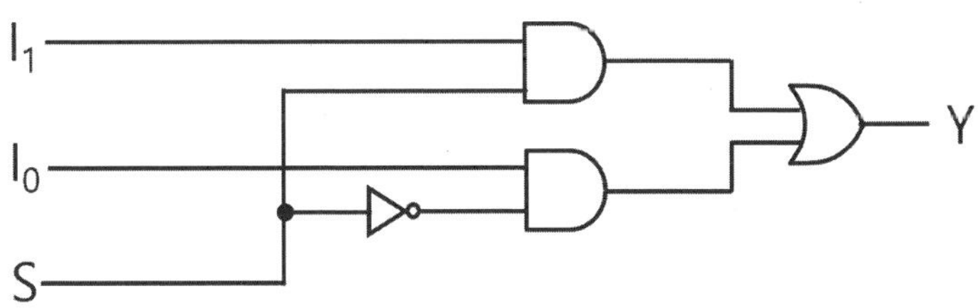

그림 5.51 2입력 멀티플렉서

S=0이면 $Y = I_0$

S=1이면 $Y = I_1$

이 된다.

5.6.2 4입력멀티플레서(4×1 MUX)

네 개의 입력선 I_0, I_1, I_2, I_3는 하나의 데이터선과 선택선 S_1, S_0에 연결되어 특정한 AND게이트를 선택하게 된다.

> 입력 $S_0 = S_1 = 0$일 때에는 출력 $Y = I_0$이다.
> 입력$S_1 = 0, S_0 = 1$일 때에는 출력 $Y = I_1$이다.
> 입력 $S_1 = 1, S_0 = 0$일 때에는 출력 $Y = I_2$이다.
> 입력 $S_1 = 1, S_0 = 1$일 때에는 출력 $Y = I_3$이다.

그림 5.52(a)는 4×1멀티플렉서의논리회로이며 5.52(b)는 함수표이고 5.52(c)는 블록다이어그램이다.

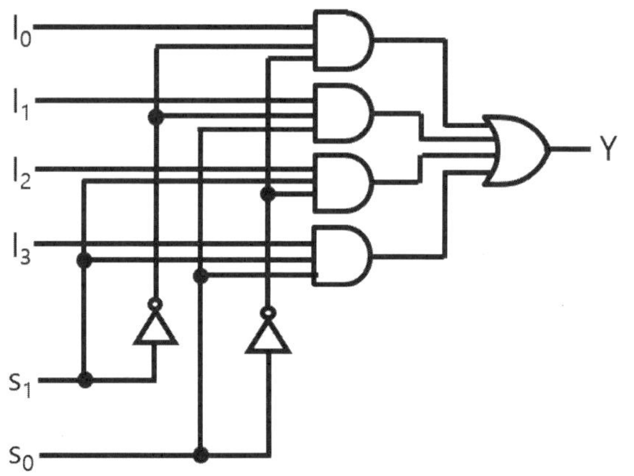

(a) 멀티플렉서의 논리회로

S_1	S_0	Y
0	0	I_0
0	1	I_1
1	0	I_2
1	1	I_3

(b) 함수표

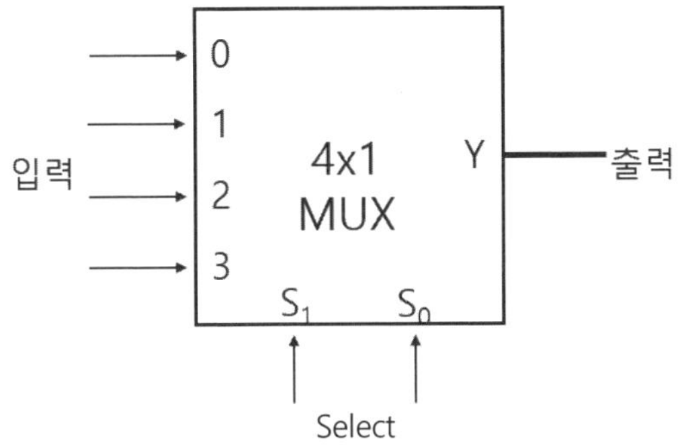

(c) 블록 다이어그램

그림 5.52 4x1 멀티플렉서의 논리회로

멀티플렉서(MUX)는 디코더에 OR게이트를 추가한 것과 비슷하다.

다른 점은 멀티플렉서의 선택선(Select line)이 디코더의 입력이 되고 멀티플렉서의 AND게이트의 입력에는 선택선 말고도 멀티플렉서의 입력에 있고, 또 멀티플렉서의 출력에는 모든AND게이트를 결합하는 OR게이트가 있는 것이 다른 점이다.

멀티플렉서의 크기는 입력과 출력 그리고 선택선(Select line)의 수에 의해 결정된다.

5.6.3 4중 2입력 멀티플렉서(Quadruple 2×1 MUX)

4중 2입력 멀티플렉시(quadruple 2×1 MUX)는 2입력 멀티플렉서가 4개로 구성되어 있으며 선택선(Select line)과 인에이블(E)로 구현할 수 있고 각 MUX의 두 입력선 중 하나가 선택된다.

출력 Y는 X나 Y중에서 선택된 것과 같으며 선택선 S는 4개의 MUX에 모두 들어간다. 인에이블 E가 0이면 모든 MUX는 인에이블 되고 E가 1이면 MUX는 모두 디스에이블(disable)된다. 단지 인에이블(E)이 0이 될 때만 회로가 동작한다. E=0일 때 S=0이면 4개의 A입력이 출력에 나오고 S=1이면 4개의 B입력이 출력에 나타난다. 또한 MUX는 버스 시스템 구축에도 사용된다. 그림 5.53은 4중 2입력 멀티플렉서의 회로이다.

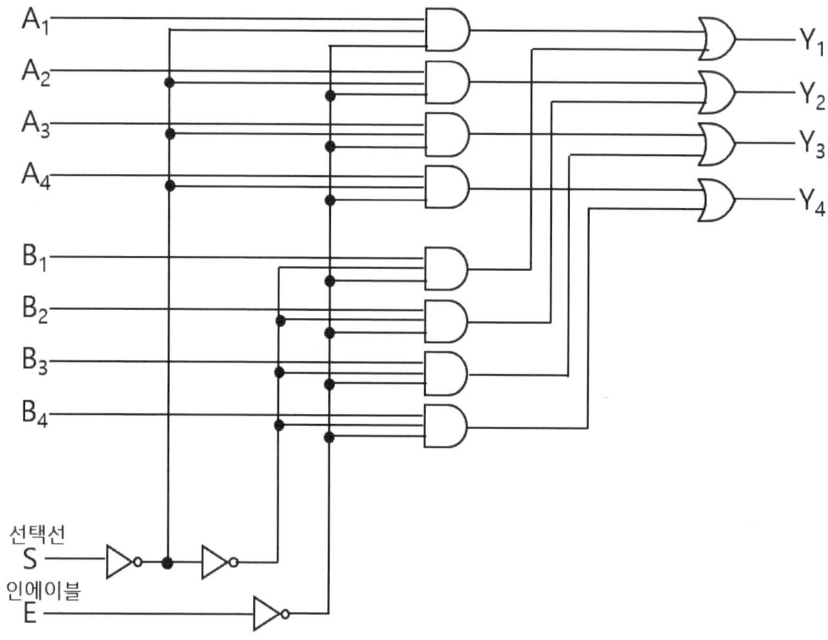

(a) 4중(quadruple) 2×1 MUX

E	S	출력 Y
1	X	all 0's
0	0	select A
0	1	select B

(b) 함수표

그림 5.53 4중 2입력 멀티플렉서(quadruple 2×1 MUX)

5.6.4 멀티플렉서로 조합논리회로 구현

멀티플렉서는 2^n개의 AND 게이트와 1개의 OR게이트, 그리고 n개의 선택선(Select line)으로 구성된 논리 회로이다.

멀티플렉서의 입력이 x,y 2개이면 만일 x가 입력선이면 y가 선택선이 되고, y가 입력선이면 선택선은 x가 된다.

즉

	I_0	I_1
x'	0	1
x	2	3

	I_0	I_1
y'	0	1
y	2	3

	I_0	I_1
x'	0	2
x	1	3

	I_0	I_1
y'	0	2
y	1	3

멀티플렉서의 입력수가 x, y, z, 3개일 경우도 입력선이 x이면 선택선은 y,z이다. 입력선이 y이면 선택선은 x,z 이다. 입력선이 z이면 선택선은 x,y이다.

예를 들어 표 5.17와 같은 부울함수 진리표가 있다고 하자.

표 5.17 부울 함수 진리표의 예

민텀	x	y	z	F
0	0	0	0	0
1	0	0	1	1
2	0	1	0	1
3	0	1	1	0
4	1	0	0	0
5	1	0	1	1
6	1	1	0	0
7	1	1	1	1

이 때 멀티플렉서는 $F(x,y,z)=\Sigma(1,2,5,7)$이다. 멀티플렉서로 실현하려면 실현표를 구해서 멀티플렉서로 구현할 수 있다. 위에서 언급한 것처럼 $2^3=8$(3변수)를 다음과 같이 그린다.

	I_0	I_1	I_2	I_3
x'	0	①	②	3
x	4	⑤	6	⑦
	0	1	x'	x

x를 입력선으로 하고 입력은 I_0, I_1, I_2, I_3 일 때 가로부터 0~7까지 채우고 이에 해당하는 부분에 동그라미(circle)를 그린다.(circling)

그 다음 동그라미가 하나도 없는 부분은 0, 아래위로 동그라미가 다 있는 부분은1, 위에만 동그라미가 있는 부분은 x', 아래에만 동그라미가 있는 부분은 입력선 x이다.

이것을 가지고 멀티플렉서로 실현하면 다음 그림 5.54와 같다.

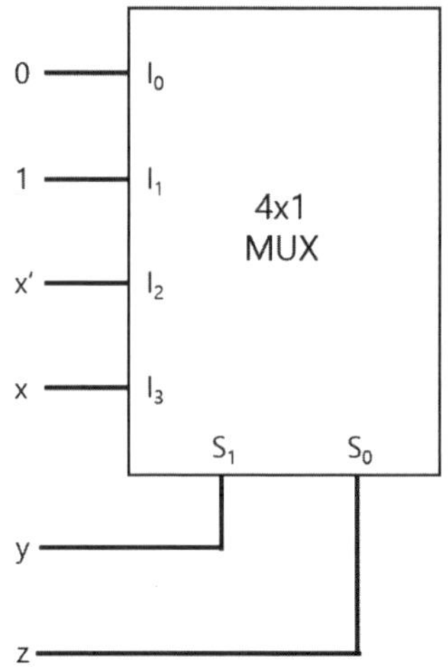

그림 5.54 멀티플렉서로 실현

또 다른 방법은 실현포를 가로로 쓰지 말고 아래위로 세로로 써가는 것이다.

위의 예를 아래 위로 실현표로 작성하면 다음과 같다.

	I_0	I_1	I_2	I_3
z'	0	2	4	6
z	1	3	5	7

이 때 입력선은 z 이고 x,y는 선택선이다. 마찬가지로 1,2,5,7에 동그라미를 표시하자.

	I_0	I_1	I_2	I_3
z'	0	(2)	4	6
z	(1)	3	(5)	(7)
	z	z'	z	z

그러면 위와 같이 I_0=z, I_1=z', I_2=z, I_3=z 입력을 얻는다.

위의 것들을 가지고 멀티플렉서를 연결하면 그림 6.55와 같다.

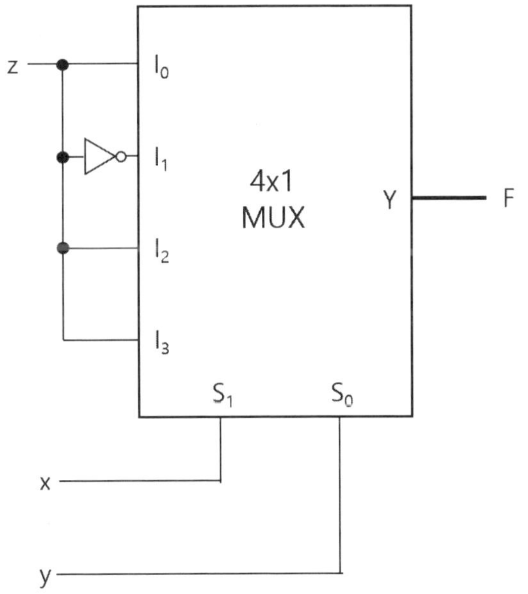

그림 5.55 멀티플렉서로 구현

예제 멀티플렉서를 써서 다음의 부울함수를 실현하라.

$F(w,x,y,z)= \Sigma(0,1,7,8,9,11,12)$

유사한 방법으로 4개의 변수들 중에 위의의 한 변수를 MUX 입력으로 사용하고 나머지 3변수는 선택선으로 사용한다. 입력에는 하나의 변수와 그 변수의 보수 또 아래위로 동그라미가 있을 경우의 1과 아래위 모두 동그라미가 없는 경우의 0이 MUX 입력에 사용된다.

첫째. 위에서와 마찬가지로 실현표를 그려서 동그라미(circling)를 그린다.

	I_0	I_1	I_2	I_3	I_4	I_5	I_6	I_7
w'	(0)	(1)	2	3	4	5	6	(7)
w	(8)	(9)	10	(11)	(12)	13	14	15
	1	1	0	w	w	0	0	w'

여기서 얻은 입력값 즉 $I_0 = 1, I_1 = 1, I_2 = I_5 = I_6 = 0, I_3 = I_4 = w, I_7 = w'$ 을 멀티플렉서로 연결하여 구현한다. 그 결과는 그림 5.56이다.

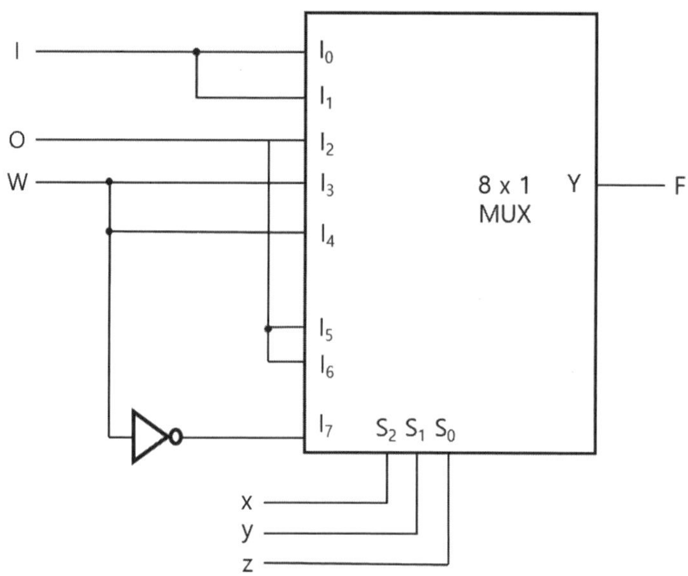

그림 5.56 F(w,x,y,z) = Σ(0,1,7,8,9,11,12)의 멀티플렉서실현

둘째. 위에서와 마찬가지로 실현표를 아래위로 표시하여 동그라미(circling)를 그린다. 입력선으로는 z를 사용하고 나머지 w, x, y는 선택선이다.

	I_0	I_1	I_2	I_3	I_4	I_5	I_6	I_7
z'	(0)	2	4	6	(8)	10	(12)	14
z	(1)	3	5	(7)	(9)	(11)	13	15
	1	0	0	z	1	z	z'	0

여기서 얻은 값 즉 $I_0=I_4=1$, $I_1=I_2=I_7=0$, $I_3=I_5=z$, $I_6=z'$을 멀티플렉서로 연결하여 구현한다. 그 결과는 그림 5.57이다.

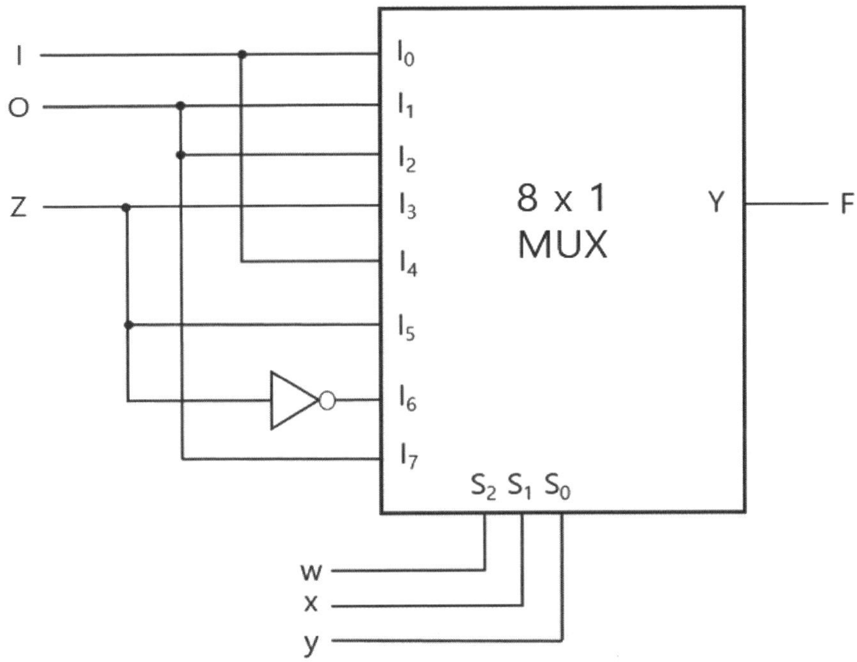

그림 5.57 그림 5.42의 또 다른 구현 그림

5.7 디멀티플렉서(DeMultiplexer: DEMUX)

디멀티플렉서(DeMultiplexer)는 멀티플렉서와 반대로 기능을 수행하는 회로이다. 하나의 입력선을 통해 입력되는 디지털신호를 여러 개의 출력선들 중의 하나로 정보를 전송하므로 데이터 분배기(data distributor)라고도 부른다.

특정 출력의 선택은 n개의 선택선에 의하여 제어된다. 1-to-4 디멀티플렉서(1×4 DEMUX)는 1개의 입력과 4개의 출력으로 되어 있고 2개의 선택선인 S_1과 S_0에 의해 입력정보는 출력선 중 하나에만 전달된다.

일반적인 디멀티플렉서는 그림 5.58과 같다.

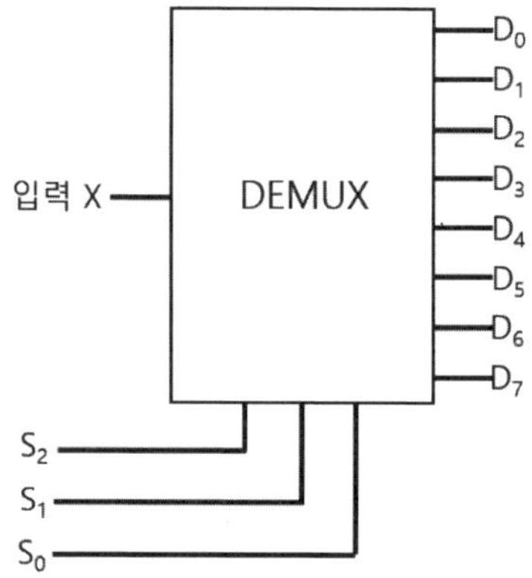

그림 5.58 일반 디멀티플렉서

그림 5.57은 1개의 X입력과 2개의 선택선과 4개의 출력선으로 이루어진 디멀티플렉서이다. 입력 x와 출력 D_0, D_1, D_2, D_3는 선택선 S_1과 S_1의 값에 의해 결정되며 단 하나의 출력에 연결된다.

진리표에서 선택선(S_1=0, S_0=1)인 값이 입력 x를 통해 들어오면 출력 D_1이 나온다.

선택선		출력			
S_1	S_0	D_0	D_1	D_2,	D_3
0	0	1	0	0	0
0	1	0	1	0	0
1	0	0	0	1	0
1	1	0	0	0	1

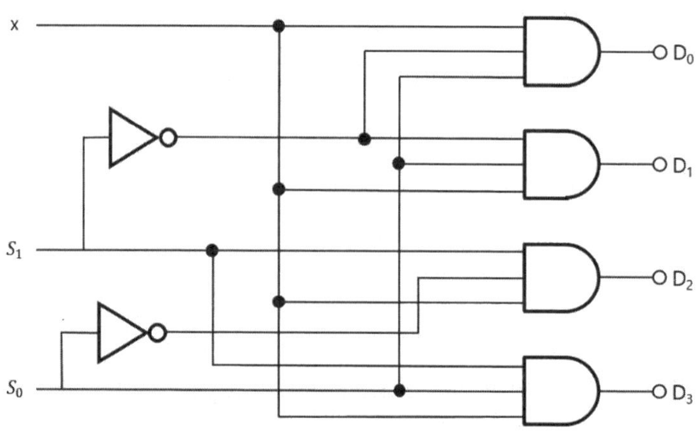

그림 5.59 디멀티플랙서

연습문제

5.1 조합논리회로에 대한 진리표를 작성하고 출력 F의 부울함수를 구하라.

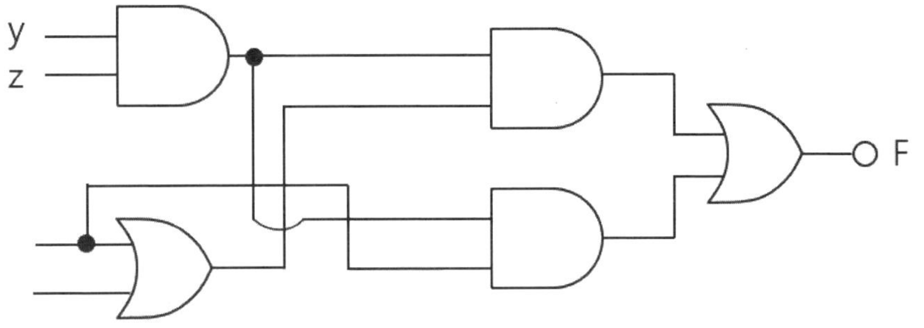

5.2 두 개의 반가산기와 한 개의 OR게이트를 사용하여 전가산기를 구현하라.

5.3 10진수를 BCD코드를 표시할 때 사용되지 않는 코드 조합을 입력에 적용하여 출력이 1이되는 조합논리 회로를 구현하라.

5.4 8 4 2 1 코드의 10진수를 BCD로 변환하는 조합논리 회로를 구현하라.

연습문제

5.5 BCD코드로 표현된 1자리의 10진수를 입력하여, 입력의 9의 보수를 출력하는 조합논리회로를 구현하라.

5.6 4비트 병렬가산기(parallel adder)를 이용하여 다음의 2진수 가산을 수행하라.

$A = A_4A_3A_2A_1 = 1101$

$B = B_4B_3B_2B_1 = 1101$

5.7 BCD코드를 3초과(Excess −3)코드로 변환하는 회로를 구현하라.

5.8 3x8 디코더 4개와 2x4 디코더 1개를사용하여 5x32 디코더를 설계하라(인에이블 E입력사용).

연습문제

5.9 다음의 십진수를 BCD코드로 바꾼 후 가산을 하라.

85217 + 69815

5.10 4비트의 2진수를 입력하여 그 수의 2의 보수를 출력하는 조합논리 회로를 구현하라.

5.11 NAND게이트로만 구성되어있는 조합논리회로의 출력 F와 진리표를 작성하라.

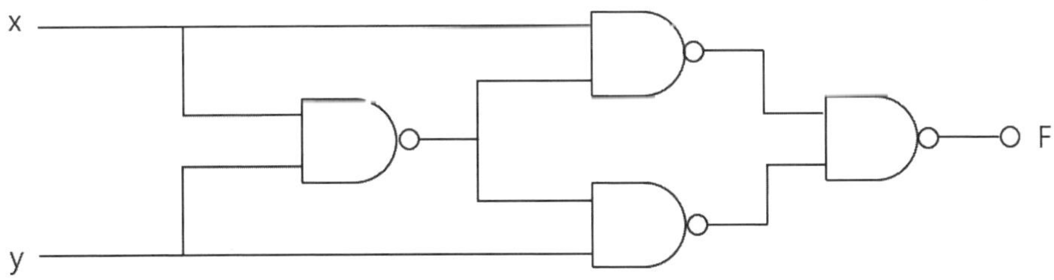

연습문제

5.12 다음의 부울함수의 곱의 합형을 구하라.

① $F = xyz + xy'z' + x'y'z + xyz'$

② $F = yz + x'y'c + yz'$

③ $F = w(yz' + y'z') + wx'z + w'x'yz'$

④ $F = xy'z + yz + x'z$

5.13 3비트 숫자를 입력으로 해서 출력이 입력의 제곱이 되는 조합논리회로를 구현하라.

5.14 4비트 가산기를 이용하여 BCD-3초과(Excess-3)변환기를 구현하라.

5.15 사용되지 않는BCD코드의 조합을 사용하여 BCD-to-Decimal(BCD to 십진) 디코더를 설계하라.

5.16 8진-to-2진 우선순위 인코더의 진리표를 구하라.

연습문제

5.17 8x1 (8–to–1 line) MUX를 구현하라.

5.18 음수에 대해 부호화된 2의 보수 표현방식을 사용하여 다음을 수행하라.

① 79+(−29)

② −49−(−18)

5.19 8x3 인코더를 설계하라.

5.20 부울함수 $F(A, B, C) = \Sigma(1, 2, 4, 5)$를 멀티플렉서로 구현하라(2가지 방법 모두 사용).

제 6 장

순차논리회로
(Sequential Logic Circuits)

제6장

순차논리회로(Sequential Logic Circuits)

순차논리회로는 현재의 입력과 과거의 입출력 상태(State)에 의해 현재의 출력값이 결정되는 논리회로이다. 즉 현재 상태가 다음 상태의 출력에 영향을 미치는 논리회로이다. 그러므로 순차논리회로는 조합논리회로와 이전 상태의 일부를 저장하고 있는 기억소자(Memory Element)로 구성 되어 있으며 기억소자에 저장된 값은 다음 단계의 순차회로 동작을 위하여 상태의 일부 피드백(Feedback: 귀환)경로를 통해 다시 조합논리회로의 입력으로 들어가는 회로이다.

그림 6.1은 순차논리회로의 블록 다이아 그램이다.

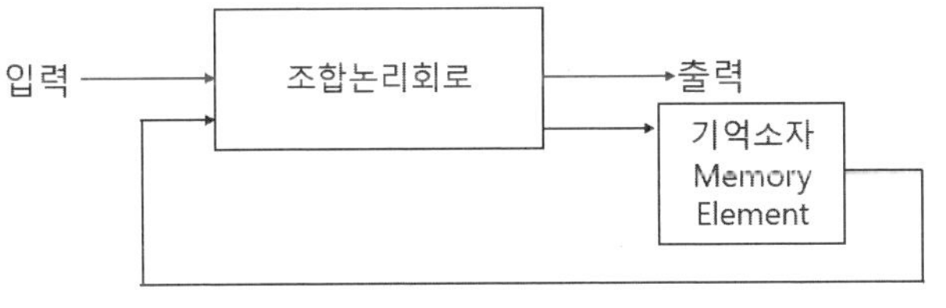

그림 6.1 순차 논리 회로의 블록 다이아 그램

여기서 상태(State)란 순차논리회로가 동작하고 있는 어떤 한 시점에서 기억소자에 저장되어 있는 2진 정보를 뜻 한다. 이것은 기억소자의 수에 따라서 한 비트 또는 여러 비트들로 표현 가능하다. 순차논리회로는 입력신호의 동작시간에 따라 동기식 순차회로(Synchronous sequential circuits)와 비동기식 순차회로(asynchronous sequential circuits)로 분류된다. 동기식 순차회로는 내부에 저장되는 상태들의 변화가 일정한 신호, 즉 공통의 클럭(Clock)신호에 의해 동기화되어 동작하는 회로이고, 비동기식 순차회로는 클럭 신호를 사용하지 않고 입력변수의 값이 바뀌면 곧 바로 상태값도 변경되는 즉 입력신호의 변화에 따라 동작하는 회로이다. 동기식 순차회로는 메모리 엘레멘트로서 클럭을 가진 플립플롭(Clocked Flip Flop)을 사용하고 비동기식 순차회로는

클럭이 없는 플립플롭(Unclocked Flip Flop) 또는 래치(Latch)가 사용된다. Flip은 '확 뒤집다' 라는 뜻이고, Flop은 '털썩 주저 앉다' 라는 뜻이며 Flip Flop은 특정한 아주 짧은 시점에 어떤 사건이 발생하여 상태(State)가 확 바뀐다는 뜻이다.

6.1 트리거링(Triggering)

트리거링(Triggering)이란 플립플롭상태에 어떤 변화를 일으키는 동작을 말한다. 트리거 신호는 회로의 동작을 유발하는 신호이다, 다시 말해 플립플롭의 래치의 상태는 제어입력의 순간적인 변화에 따라 바뀐다. 이 같은 순간적인 변화를 트리거(Trigger)라고 하며, 이로인해 상태가 전이 하는 것을 가리켜서 플립플롭을 트리거한다고 말한다. 동기식 순차논리회로에서는 펄스(Pulse)또는 클럭(Clock)이 트리거 신호이다. 펄스란 한 상태에서 어느 순간에 갑자기 또 다른 상태로 바뀌어서 어느 정도 일정한 시간이 지나면 또 다시 원상태로 되돌아오는 전기적인 신호를 뜻한다. 그러므로 동기식 순차회로는 클럭펄스(Clock Pulse)신호를 사용하므로 모든 논리회로가 일정하게 동작하므로 안정된 동작을 할 수 있다. 그림 6.2는 클럭펄스를 나타낸다.

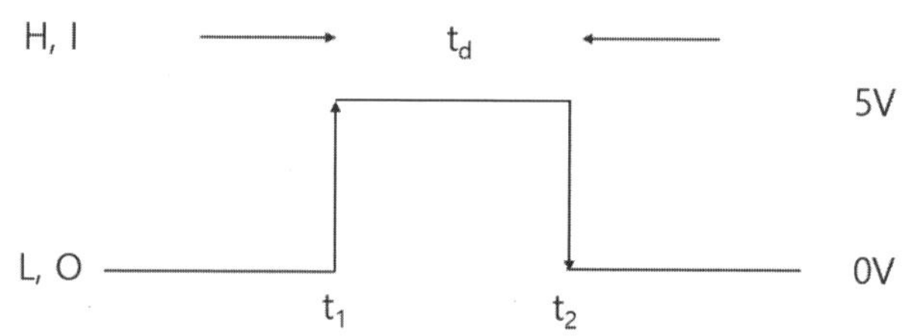

그림 6.2 클럭펄스(Clock Pulse)

펄스는 양의 펄스(Positive Pulse)와 음의 펄스(negative pulse)가 있으며 음의 펄스는 양의 펄스의 동작과 반대이다.

그림 6.2에서 좌측은 상승모서리(rising edge)라고 하며 펄스가 10%에서 90%까지 상승할 때 걸리는 시간을 상승시간(rising time)이라고 하며 이때 상승이 끝났다고 한다.

우측은 하강모서리(falling edge)라고 하며 펄스가 90%에서 10%까지 하강할 때 걸리는 시간을 하강시간(falling time)이라고 하며 이때 하강이 끝났다고 한다.

즉 한 상태(L:Low 또는 0, 또는 0V)에서 갑자기 다른 상태(H:High,또는 1,또는 5V)로 변화하며 어느 정도 일정한 시간, 즉 Td(Time duration)= t_2-t_1,이 흐르면 다시 원 상태(즉 L, 또는 0, 또는 0V)로 되돌아 오는 신호이다.

동기식 순차논리회로에서는 클럭펄스를 사용하며 메모리 엘레멘트(요소)들은 클럭펄스에 의해 제어되고, 클럭펄스가 입력될 때에 영향을 받는다. 메모리 엘레멘트 의 입력에 클럭펄스를 사용하는 동기식 순차회로를 클럭 순차논리회로(Clock sequential logic circuits)라고도 한다. 클럭순차회로는 안정된 동작을 하며 비동기 순차회로보다 널리 사용되는 논리회로이다. 클럭 순차논리회로는 플립플롭을 사용한다. 플립플롭은 0과 1로 이루어진 2진수 중 한 비트의 정보를 저장하며 플립플롭의 동작 특성은 한게이트의 출력이 또 다른 게이트의 입력으로 작용한다는 점이다.

하나의 출력이 Q이면 다른 하나는 Q의 보수 값인 Q'을 가진 다는 것이다. 플립플롭은 하나의 기억소자로서 입력신호에 의해 상태가 변환되기 전까지 현재상태를 유지하며 컴퓨터내에서 제어 신호들을 순차적으로 발생하기위해 제어 상태를 기억하기위한 기억회로가 필요하게 되는데 이 메모리회로기 기본소자로서 플립플롭회로를 사용한다.

순차논리회로에 포함되는 기억소자는 2진 정보를 저장하는 장치로서,래치(Latch)와 플립플롭(Flip Flop)이라는 두가지 장치로 분류한다. 이들은 근본적으로 플립플롭으로 통칭 될 수도 있으나, 상태값 즉 저장된 값을 변경하는 방법이 다르다. 래치는 기본적인 게이트 회로로 구성되고, 그 회로에 별도의 회로를 추가하면 플립플롭이 된다. 플립플롭과 래치는 입력신호에 대해 출력이 변경되는 시점 즉 회로가 반응하는 시점이 다르다.

그림 6.1의 순차논리 회로의 블럭다이아그램과 같이, 순차회로에서는 기억소자(memory element)의 출력이 입력신호와 함께 조합논리회로는 통과하면서 다음의 출력을 결정한다. 그런데 그와 같은 출력이 결정되는 동안에 기억소자의 출력이 계속 바뀐다면, 순차회로의 출력도 계속 바뀌게 되는 불안정한 상태가 될 것이다.

이와 같은 문제를 방지하는 방법은 래치의 인에이블 신호(E)가 0또는 1을 유지하는 동안에는 래치의 상태 값이 바뀌지 않고 원래 값을 유지할 수 있도록 하고, 0에서 1로 또는 1에서 0으로 바뀌는 순간(transition: 전이)만 회로가 반응하며 새로운 상태값으로 변경되도록 해주는 것이다.

이와 같이 인에이블(E)신호가 전이 되는 순간의 입력 값에 따라 상태 값이 결정 될 수 있도록 설계가 보완된 기억소자가 플립플롭이다.

플립플롭은 동작특성에 따라 NAND게이트와 NOR게이트로 이루어져 있으며, 우리가 사용하는 플립플롭에는 S-R플립 플롭, J-K플립플롭, T-플립플롭, D-플립플롭 등이 있다.

6.2 기본 플립플롭

기본 플립플롭은 NAND게이트나 NOR게이트로 구현 할 수 있으며 또는 NAND게이트 래치 또는 NOR게이트 래치라고도 한다. 래치(latch)회로는 보통 플립 플롭과는 다르게 클럭펄스를 쓰지 않는 쌍안정(bistable)회로이다. 하지만 래치회로는 메모리 엘레멘트(요소: element)와 피드백 회로가 있으므로 플립플롭과 유사한 기능을 수행하고 비동기식 순차논리회로이다.

회로에 전력이 공급되는 한 플립플롭회로는 상태를 바꾸도록 입력신호가 새로 들어올 때까지 계속적으로 한가지의 2진상태를 유지한다. 플립플롭들의 차이는 입력수가 서로 다르고 또한 입력신호가 2진 상태에 영향을 미치는 방법이 다르다.

6.2.1 NOR게이트 기본 래치(latch)회로

S-R래치는 2개의 NOR게이트 또는 NAND게이트로 이루어져 있다. 6.2.1에서는 NOR게이트로 이루어진 래치회로를 설명한다. 여기서 S인 세트(Set)와 R인 리세트(Reset)의 2개의 입력과 출력 Q와 그의 보수 Q'으로 이루어진 S-R래치가 그림 6.3에 있다.

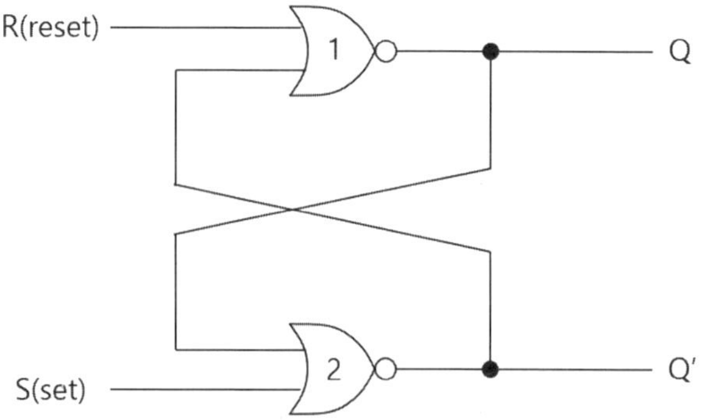

(a) 논리 다이아그램

S	R	Q	Q′	
1	0	1	0	
0	0	1	0	(S=1, R=0 다음)
0	1	0	1	
0	0	0	1	(S=0, R=1 다음)
1	1	0	0	

(b) 진리표

그림 6.3 NOR게이트 S-R latch와 진리표

출력 Q=1이고 Q′=0일 때는 세트상태이고, Q=0이고 Q′=1일 때는 리세트 상태를 나타낸다.

이 회로는 두입력이 동시에 1이 들어오면 두 개의 출력이 모두 0인 불안정한 상태가 된다.

정상 상태에서는 래치의 두입력을 0으로 한다.

S입력이 일시적으로 1을 기억시키면 래치는 세트상태로 된다. S입력은 R입력에 1을 인가하기 전에 0으로 되돌아 가야한다. 진리표에서처럼 회로를 세트상태로 하는 입력 조건이 2개 있다.

위의 것은 회로를 세트상태로 놓기 위해서 입력 S를 가져야 된다는 것이다. S로부터 입력을 제거해도 회로는 같은 상태를 유지한다. 입력 2개가 모두 0으로 돌아간 R입력에 1이 기억되면 리세트 상태로 움직일 수 있다. 그 후 R에서 1을 제거해도 회로는 리세트 상태로 있게 된다. 그리고 S와 R입력이 모두 0이 되면 래치의 상태는 변경되기 이전에 어느 쪽이 더 오래 1의 상태에 있는가에 따라서 결정된다. S와 R입력이 모두 1이라면 출력은 모두 0이 된다.

이것은 다음입력이 모두 0이 될 때 예상치 못한 다음상태를 초래하므로 불안정한 상태이다.

그러므로 가급적이면 NOR 래치에 동시에 입력 S와R 2개에는 1을 입력하지 말아야 한다.

이러한 불안정한 상태를 보완하기 위해서 나중에 회로에 피드백을 사용하기도 한다.(예로 J-K등) 이상으로 NOR게이트를 사용하여 S-R래치를 정리하면 다음과 같다.

S=1, R=0일 때의 출력은 현재상태에 무관하게 Q=1이 된다.(Set state)
S=0, R=1일 때의 출력은 현재상태에 무관하게 Q=0이 된다.(Reset state)
S=0, R=0일 때의 출력은 현재상태 그대로 유지한다.
S=1, R=1일 때의 출력은 Q=Q'=0이 되어 불안정한 비정상 상태가 된다.

즉 S와 R값이 동시에 1이 들어오는 금지된 입력(Inhibited input)이 있을 수 있다.

만일 이러한 경우가 일시적으로 발생해도 다시 세트인 S=1, R=0이나 리세트인 S=0, R=1인 입력이 인가되면 출력이 세트상태 즉 Q=1 또는 리세트 상태 Q=0로 되돌아 갈 수 있다.

6.2.2 NAND게이트 기본래치(latch)회로

6.2.2에서는 NAND게이트로 이루어진 래치회로를 설명한다.

그림 6.4는 NAND게이트 S-R latch의 블록다이아그램과 진리표를 나타낸다.

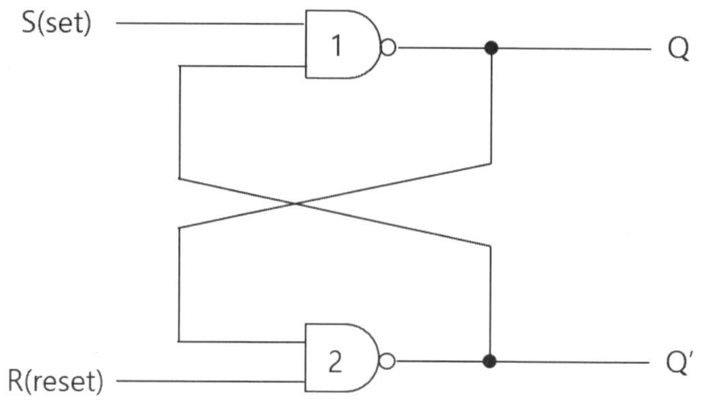

(a) 블록 다이아그램

S	R	Q	Q′	
1	0	0	1	
1	1	0	1	(S=1, R=0 다음)
0	1	1	0	
1	1	1	0	(S=0, R=1 다음)
0	0	1	1	

(b) 진리표

그림 6.4 NAND게이트 S-R래치와 진리표

위의 두 회로는 한 게이트의 출력이 또 다른 게이트의 입력으로 동작한다.

위의 NAND게이트는 모든 입력에 1이 들어오면 출력이 0이 되고 그 외의 경우는 모두 출력이 1이 된다. 이상으로 NAND게이트를 사용하여 S-R래치를 정리하면 다음과 같다.

S=1, R=0일 때의 출력은 현재상태에 무관하게 Q=0이 된다.
S=0, R=1일 때의 출력은 현재상태에 무관하게 Q=0이 된다.
S=1, R=1일 때의 출력은 현재상태 그대로를 유지한다.
S=0, R=0일 때의 출력은 Q=Q'=1이 되어 불안정한 비정상 상태가 된다.

즉 S와 R값이 동시에 0이 들어오는 금지된 입력(Inhibited input)조합이며 서로 보수 상태가 되지 못하므로 정상동작이 안된다.

6.3 클럭 펄스를 사용한 R-S 플립플롭

NOR 래치와 2개의 AND 게이트로 이루어진 클럭펄스를 사용한 R-S 플립플롭은 한 클럭펄스 발생기간동안만 입력에 반응한다.

아래의 그림 6.6(a)는 클럭펄스를 사용한 R-S 플립플롭이며 (b)는 특성표이며 (c)는 특성방정식이다.

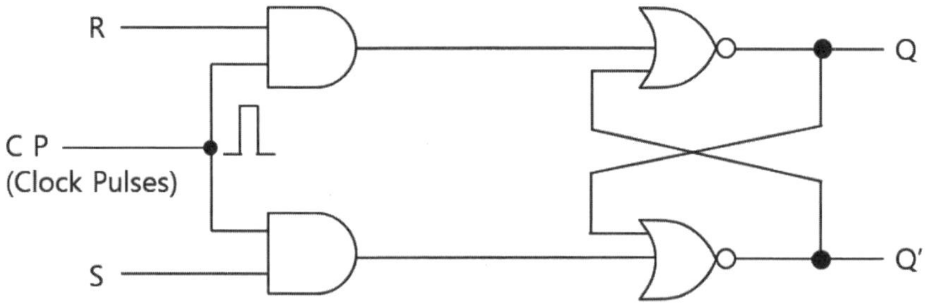

(a) R-S 플립플롭

Q	S	R	Q(t+1)
0	0	0	0
0	0	1	0
0	1	0	1
0	1	1	비결정적
1	0	0	1
1	0	1	0
1	1	0	1
1	1	1	비결정적

(b) 특성표

Q \ SR	00	01	11	10
0			X	1
1	1		X	1

$Q(t+1) = S + QR'$

$SR = 0$

(c) 특성방정식

그림 6.6 클럭펄스를 사용한 R-S 플립플롭

위의 그림에서 클럭펄스(Clock Pulse)는 항상 1이다. 그러므로 S=1, R=0, CP=1이면 세트상태가 된다. 이때 결과값 Q=1이 된다.

클리어 상태는 S=0, R=1, CP=1 일 때 이다. 이때, 결과값 Q=0이 된다. S=1, R=1, CP=1이면 두 개의 출력이 모두 0이 된다. 다음 순간에 펄스가 제거되면 플립플롭은 비결정적인 상태가 된다. 즉 불능상태이다. 즉 보수관계에 있어야 할 두 출력인 Q와 Q′이 동일한 값을 가지는 비결정적(불능)상황이 발생한다. 그러므로 두 입력으로 모두 1을 인가하는 것을 금지한다. 그러므로 S=R=1은 금지된 입력(Inhibited Input)이다. 만일 $Q = Q' = 0$이 일시적으로 발생하더라도 다시 세트(S=1, R=0)또는 리셋(S=0, R=1)입력이 인가되면 세드싱태($Q = 1, Q' = 0$)또는 리셋(Q=0, R=1)로 되돌아 살 수는 있다.

펄스의 하강모서리에서 기본 플립플롭의 S와 R입력 중에서 어느 것이 더 오랫동안 1로 남아있느냐에 따라서 Q가 1로도 되고 0으로도 된나. 이것이 클럭펄스를 사용한 R-S 플립플롭이 개선해야 할 문제점이다. 또한 S=0, R=0이 입력으로 들어오면 결국 입력이 안 들어온 것이므로 출력은 현재상태 그대로를 유지한다. 그리고 R-S 특성 방정식은 Q(t+1)=S+QR′이고 SR=0이다.

6.3.1 여기표(Excitation Table)

여기표는 플립플롭의 입력과 전상태의 함수로서 각 플립플롭의 상태를 정의한다. Q(t)가 현재상태(Present State)이면 Q(t+1)은 클럭펄스가 발생하였을 때 다음상태(Next State)이다.

현재상태는 클럭펄스가 발생하기 전의 플립플롭의 상태를 나타내고, 다음 상태는 클럭펄스가 인가된 후의 플립플롭의 상태를 나타낸다. 즉 플립플롭의 특성표는 플립플롭의 논리적 성질과 동작을 나타낸다. 현재상태와 입력이 주어졌을 때 다음 상태의 변화를 나타내는 표이고, 여기표는 현재상태에서 다음상태로 변했을 때 플립플롭의 입력조건이 어떤 상태인가를 나타내는 표이다.

6.3.2 클럭 펄스를 사용한 R-S 플립플롭의 여기표(Excitation Table)

R(Reset), S(Set) 플립플롭은 입력신호에 따라 응답하는 속성은 래치와 동일하나 클럭(CK)신호의 에지(Edge)에서 트리거된다는 점이 상이하다. R-S 특성표는 R와 S 및 클럭펄스의 신호에 따라 플립플롭의 다음 상태인 Q(t+1)의 변화를 보여준다. 위의 그림 6.6(b)의 특성표에서 여기표를 구할 수 있다. 그림 6.7(a)는 R-S 플립플롭의 그래픽 기호를, (b)는 여기표를 나타낸다.

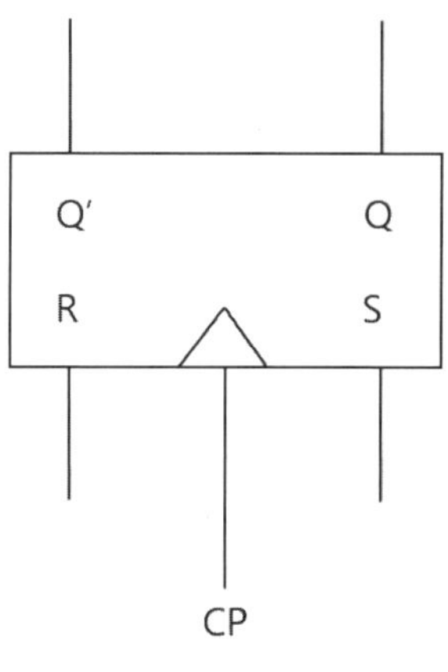

(a) 그래픽 기호

S	R	Q(t+1)
0	0	Q(t) (불변)
0	1	0 (리셋)
1	0	1 (세트)
1	1	? (비결정적)

⟷

Q(t)	Q(t+1)	S	R
0	0	0	X
0	1	1	0
1	0	0	1
1	1	X	0

(b) 여기표

그림 6.7 R-S 플립플롭의 (a) 그래픽기호와 (b) 여기표

Q(t)=0, Q(t+1)=0인 경우

여기서 S와 R 입력이 S=0, R=0 이면 입력이 안들어온 경우라고 생각하면 되므로 플립플롭의 상태가 바뀌지 않는다. S=0, R=1이면 플립플롭은 클럭펄스가 입력된 후에도 다음 상태가 0으로 남아있기 때문에 R입력은 1이거나 0이어도 무관하다. 그러므로 S=0, R=1 입력인 경우에 무관조건 X로 표시한다.

Q(t)=0, Q(t+1)=1인 경우

위의 특성표에서 S=1, R=0인 경우에는 현재상태가 0이고 다음상태는 1로 된다.

Q(t)=1, Q(t+1)=0인 경우

위의 특성표에서 S=0, R=1인 경우에는 현재상태가 1이고 다음상태는 0으로 된다.

Q(t)=1, Q(t+1)=1인 경우

위의 특성표에서 S=0, R=0인 경우 플립플롭이 상태는 변하지 않고 그대로였다. S=1, R=0인 경우에는 클럭펄스가 입력된 후의 다음상태가 1로 그대로 남아있으므로 S입력값은 1이거나 0이거나 무관하다. 그러므로 입력 R은 0이고 입력 S는 무관조건 X로 표시한다.

6.4 클럭 펄스를 사용한 J-K 플립플롭

플립플롭은 게이트들을 서로 연결하여 구성되므로 회로의 크기와 비용을 최소화하기 위하여 최소한의 게이트들로 만들어야만 한다. 대표적인 것이 J-K 플립플롭이다. J-K 플립플롭은 클럭이 들어간 R-S 플립플롭의 비결정적인 상태를 피드백(Feedback)을 이용하여 개선한 회로이다. J와 K 입력은 S와 R과 같이 플립플롭을 리세트 또는 세트시킨다. J=K=1인 입력이 들어오면 출력Q(t+1) 플립플롭은 Q(t)에 비해 반전된 상태(보수상태)로 바뀐다. J-K 플립플롭은 그림 6.8과 같다.

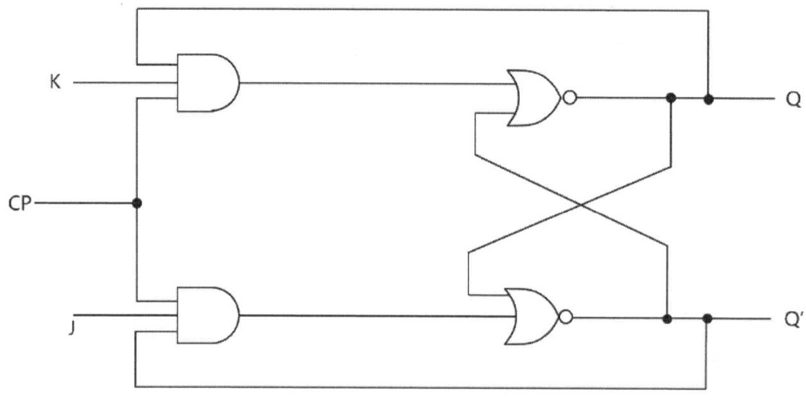

(a) J–K 플립플롭

Q	J	K	Q(t+1)
0	0	0	0
0	0	1	0
0	1	0	1
0	1	1	1
1	0	0	1
1	0	1	0
1	1	0	1
1	1	1	0

(b) 특성표

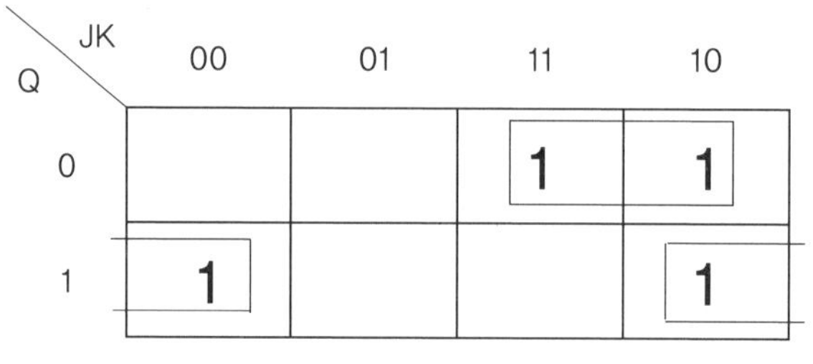

$$Q(t+1) = JQ' + K'Q$$

(c) 특성 방정식

그림 6.8 클럭펄스를 사용한 J–K 플립플롭

J–K 플립플롭은 2 입력 NAND게이트 2개와 2 입력 AND 게이트 2개로 구성되는 경우와 출력에 2입력 NOR게이트 2개와 3입력 AND게이트 2개로 구성되는 경우가 있

는데 여기서는 후자를 사용하였다. Q출력은 K와 클럭펄스(CP) 입력을 AND하여 Q의 이전상태가 1일때에만 다음 클럭플스기간에 플립플롭이 클리어된다. 동일한 방법으로 Q'출력은 J와 클럭펄스 입력을 AND하여 Q'출력이 전 상태에서 1일때에만 클럭펄스 기간에 세트된다. J-K 플립플롭의 동작을 요약하면 다음과 같다.

J=0, K=0이면입력이 인가되지 않은 상태와 동일하므로 현재상태 그대로를 유지하고 있다.
J=1, K=0이면 현재상태에 무관하게 출력 Q=1이다.
J=0, K=1이면 현재상태에 무관하게 출력 Q=0이다.
J=1, K=1이면 입력의 반전상태인 0->1, 1->0인 출력이 나온다. 즉 토글(Toggle)상태가 된다.

토글(Toggle)은 J=K=1일 때 출력 Q가 현재값과 반대되는 값으로 바뀌는 것을 말한다. 즉 클럭펄스의 상승에지(Rising Edge)에서 J=K=1이라면, Q(t+1)=Q'(t)이 되는 것이다.

6.4.1 클럭 펄스를 사용한 J-K 플립플롭의 여기표

J-K 플립플롭의 그래픽 기호와 여기표는 그림 6.9와 같다. 그리고 J-K 플립플롭의 특성방적식은 Q(t+1)=JQ'+K'Q이다.

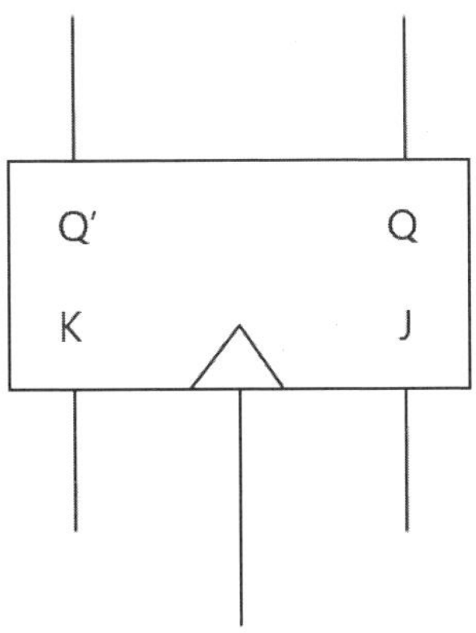

(a) 그래픽 기호

J	K	Q(t+1)
0	0	Q(t) (불변)
0	1	0 (리셋)
1	0	1 (세트)
1	1	Q′(t) (토글)

⟷

Q(t)	Q(t+1)	J	K
0	0	0	X
0	1	1	X
1	0	X	1
1	1	X	0

(b) 여기표

그림 6.9 클럭 펄스를 사용한 J-K 플립플롭의 그래픽기호와 여기표

J-K 플립플롭은 출력을 입력측으로 피드백(Feedback:귀환)시켜서 R-S 플립플롭의 단점을 개선한 것으로 가장 널리 사용되고 있다. 그러나 입력 J=K=1일 때에 출력이 반전(Toggle)된 후에도 클럭 펄스가 계속 CP=1인 상태일 경우, 반전된 출력이 다시 반전되는 출력상태가 계속 일어나는 결과를 초래할 수가 있다. 이러한 단점을 막고자 클럭 펄스의 지속시간을 입력신호가 플립플롭을 통과하는 전파지연시간보다 짧은 지속시간을 가져야 하고 이러한 단점은 에지트리거(Edge Trigger)또는 마스터-슬레이브(Master-Slave)플립플롭에 의해 해결된다. 대표적인 J-K 플립플롭은 74 Family에서 보면 IC7476이다.

6.5 클럭 펄스를 사용한 D 플립플롭

D 플립플롭(Delay, Data Transfer Filpflop)은 R-S 플립플롭의 입력이 둘다 S=1, R=1이 들어왔을 때 반전관계를 유지하고 있어야 할 출력 Q와 Q′이 동일한 값을 갖는 비정상적인 상태가 되는 것을 해결한 것으로서 하나의 입력만으로 이루어진 플립플롭이다. 클럭 펄스를 사용한 D 플립플롭은 그림 6.10에 있다.

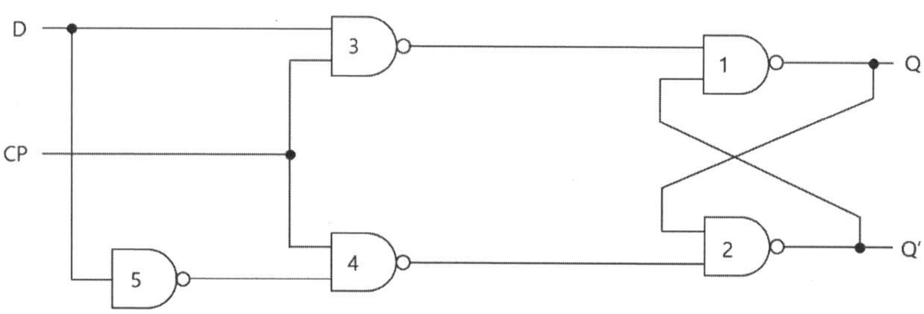

(a) D 플립플롭

Q	D	Q(t+1)
0	0	0
0	1	1
1	0	0
1	1	1

(b) 특성표

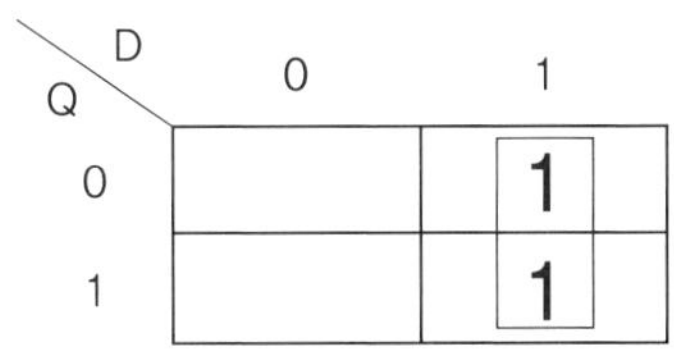

Q(t+1)=D

(c) 특성방정식

그림 6.10 클럭 펄스를 사용한 D 플립플롭

D 플립플롭은 입력단이 하나라 0과 1의 두가지 입력만 있으며 출력은 Q와 그의 반전(보수)인 Q′으로 안정된 동작상태를 유지한다. D 플립플롭은 안정된 데이터(D)를 플립플롭의 내부로 전송함을 뜻하고 두 입력중 나머지 하나에는 NOT 게이트 또는 하나의 NAND 게이트를 사용하여 보수화된 입력을 사용한다. 이 플립플롭은 게이트형D 래치(Gated D-Latch)라고도 한다.

NAND게이트를 사용한 D 플립플롭에 D=0이 인가되면 D 플립플롭의 출력 Q=0이 된다. 또한 NAND 게이트를 사용한 D 플립플롭에 D=1이 인가되면 D 플립플롭의 출력 Q=1이 된다. 또한 위의 그림 6.10(b)의 특성표에서 Q(t+1)=D인 특성함수를 볼 수 있다. 그림 6.11은 D 플립플롭의 그래픽 기호와 여기표이다.

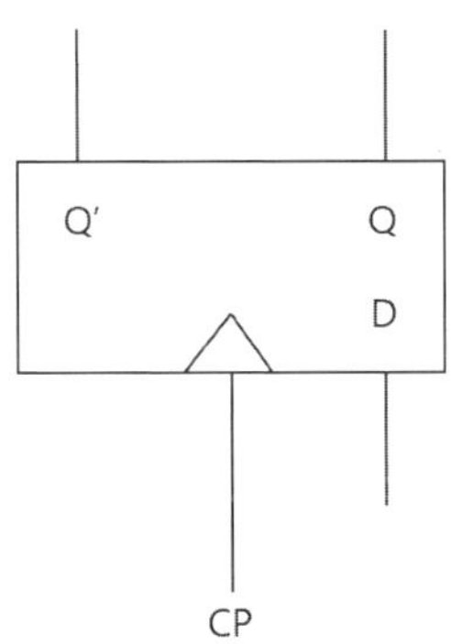

(a) 그래픽기호

D	Q(t+1)
0	0 (리셋)
1	1 (세트)

⟷

Q(t)	Q(t+1)	D
0	0	0
0	1	1
1	0	0
1	1	1

(b) 여기표

그림 6.11 D플립플롭의 그래픽기호와 여기표

그리고 D플립플롭의 특성방정식은 Q(t+1)=D 이다.

6.6 클럭 펄스를 사용한 T플립플롭

T플립플롭은 J-K 플립플롭이나 D플립플롭처럼 많이 사용되는 플립플롭이다. T 플립플롭은 D플립플롭과 마찬가지로 J-K 플립플롭의 두 입력을 하나로 묶어서 1개의 입력과 클럭펄스로 구성되어 있으며 출력 Q와 Q'을 발생한다. 그래픽기호는 D플립플롭과 동일하고 입력단자의 명칭은 T로 표시한다. T는 토글(Toggle)을 뜻하며 그 상태를 반전(보수화)시키는 것을 말한다. T플립플롭의 다음상태 Q(t+1)는 현재상태 Q(t)의 보수값으로 반전된다. 이런 토글동작을 발생시킬 입력조건은 클럭펄스 신호가 들어오는 순간에 플립플롭의 T입력이 1이 되어있어야 한다는 것을 말한다. 즉 클럭펄스의 트리거에지가 들어오는 순간에 T=1이며 출력 Q는 이전의 값이 1이면 0으로, 0이면 1로 토글(반전)된다. 만일 T=0이었을 경우에는 클럭펄스가 들어올지라도 출력 Q값은 불변이다.

그림 6.12는 T플립플롭(a)과 특성표(b)와 특성방정식(c)이다.

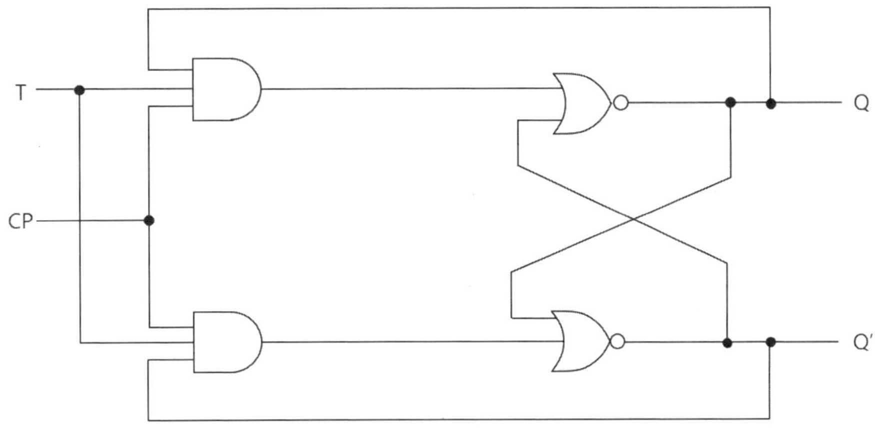

(a) T-플립플롭

Q	T	Q(t+1)
0	0	0 (불변)
0	1	1 (불변)
1	0	1 (토글)
1	1	0 (토글)

(b) 특성표

	0	1
0		1
1	1	

$Q(t+1) = TQ' + T'Q$

(c) 특성방정식

그림 6.12 클럭펄스를 사용한 T플립플롭

또한 그림 6.13은 T플립플롭의 그래픽기호(a)와 여기표(b)이다.

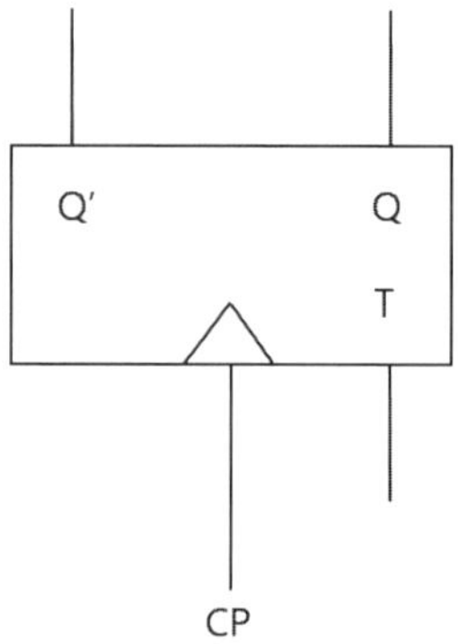

(a) 그래픽기호

T	Q(t+1)
0	Q(t) (불변)
1	Q′(t) (토글)

⟷

Q(t)	Q(t+1)	T
0	0	0
0	1	1
1	0	1
1	1	0

(b) 여기표

그림 6.13 T플립플롭의 그래픽기호와 여기표

즉 정리하면 다음과 같다. T=0이라면 현재상태가 그대로 유지되고 T=1이라면 현재상태가 0인 경우에는 1로 세트되고, 1인 경우에는 0으로 리셋된다. 즉 T=1이 들어오면 토글(Toggle)된다. 그리고 T플립플롭의 특성방정식은 $Q(t+1)=TQ'+T'Q=T\oplus Q$이다.

6.7 에지 트리거 플립플롭(Edge Trigger Flipflop)

입력신호의 순간적인 변화에 따라서 플립플롭의 출력상태가 변화되는데 이 순간적인 변화를 트리거(Trigger)라 한다. 클럭펄스가 0에서 1로 또는 1에서 0으로 바뀔 때에만 동작하고 그 이외에는 동작되지 않는 플립플롭을 에지트리거 플립플롭이라고 한다. 비동기식 R-S 래치는 입력신호가 변함에 따라 트리거되어 출력이 바뀐다. 클럭이 들어간 R-S 플립플롭, J-K 플립플롭, D 플립플롭, T 플립플롭등은 클럭펄스가 동작할때에만 트리거되어 플립플롭의 상태가 결정된다. 일반적으로 클럭펄스는 펄스의 상승모서리(Rising Edge)에서 동작하며 보수화된 입력은 펄스의 하강모서리(Falling Edge)에서 동작한다.

6.8 마스터-슬레이브 플립플롭(Master-Slave Flipflop)

마스터-슬레이브 플립플롭은 2개의 래치와 1개의 인버터(Inverter)로 구성된다.

6.8.1 마스터-슬레이브 R-S 플립플롭

마스터-슬레이브 R-S 플립플롭은 그림 6.14이다.

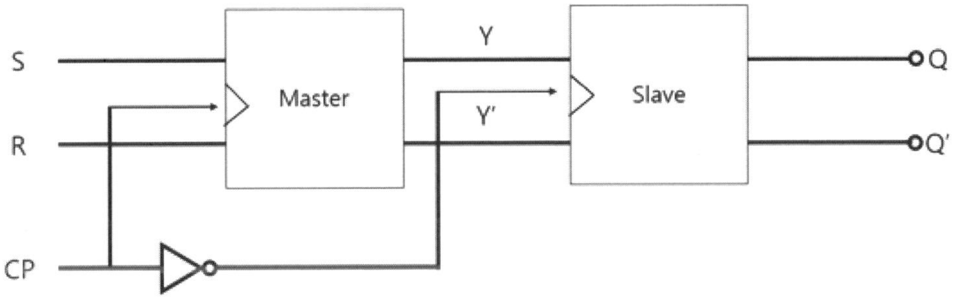

그림 6.14 마스터-슬레이브 R-S 플립플롭의 논리 다이어그램

기호 S,R과 클럭펄스(CP)는 제어 입력을 갖는 RS래치와 같다.

클럭이 사용된 좌측의 RS래치를 마스터(Master)라 하고, 우측에 있는 것을 슬레이브(Slave)라고 한다. 클럭펄스 CP=0일 때 인버터의 출력은 1이다. 이 때에는 슬레이브 래치가 인에이블(Enable)되고 슬레이브의 출력 Q는 마스터의 출력 Y와 같다. CP=0이기 때문에 마스터 래치는 동작하지 않는다.

클럭펄스 CP=1일때에는 R와 S에 있는 값은마스터래치 Y에 기억되어 있는 값을 제어한다. 하지만 슬레이브의 입력 CP=0이기 때문에 슬레이브는 동작하지 않는다. R와 S에 입력되는 외부의 값이 변화하면 마스터의 출력 Y값은 변화하지만 슬레이브 출력 Q에는 영향이 없다. 클럭펄스 CP=0으로 변화할 때 마스터는 디스에이블(Disable)되고 R과 S의 입력과는 무관하게 된다. 이와 동시에 슬레이브는 인에이블되고 Y의 현재

값은 플립플롭의 출력 Q에 나타난다. 그림 6.15는 마스터-슬레이브 R-S 플립플롭의 회로도이다.

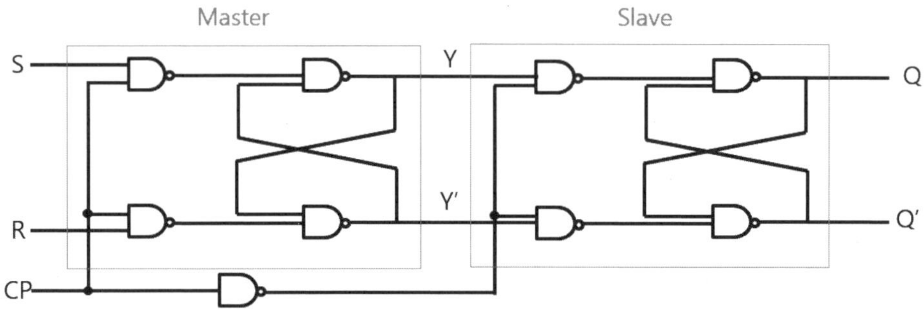

그림 6.15 마스터-슬레이브 R-S 플립플롭의 회로도

즉 클럭펄스가 플립플롭의 상태를 제어하고 있을 때 입력이 그 플립플롭에 나타나는 래치와, 클럭펄스가 없을 때에만 플립플롭의 상태가 바뀌는 래치를 결합(Combine)한 회로를 마스터-슬레이브(Master-Slave) 플립플롭이라고 한다. 플립플롭은 출력의 일부를 입력 측으로 피드백 시키므로 CP=1인 상태(State)가 오래 지속되면 플립플롭의 출력이 다시 입력 측으로 피드백되어 출력이 변할 수 있는 불안정한 상태가 될 수 있으므로 클럭펄스의 지속시간을 짧게 하여 하나의 클럭펄스 내에서 한번만 동작하게 하든지 아니면 플립플롭의 구조를 변화시켜서 해결한다. 즉 위와 같이 마스터-슬레이브 플립플롭으로 해결한다.

R-S 플립플롭, J-K 플립플롭, D 플립플롭을 마스터-슬레이브 플립플롭에 모두사용 가능하다. 위에서 본 바와 같이 마스터 플립플롭에 CP=1을 인가하고 슬레이브 플립플롭의 입력에는 인버터(Inverter)를 연결하여 보수화된 입력이 입력으로 들어가게 구현한다. 이것은 트리거되는 위치만 다르고 트리거 R-S 플립플롭과 동일하며 특성표도 동일하다.

6.8.2 마스터-슬레이브 J-K 플립플롭(Master-Slave J-K Flipflop)

마스터-슬레이브 J-K 플립플롭은 그림 6.16과 같다.

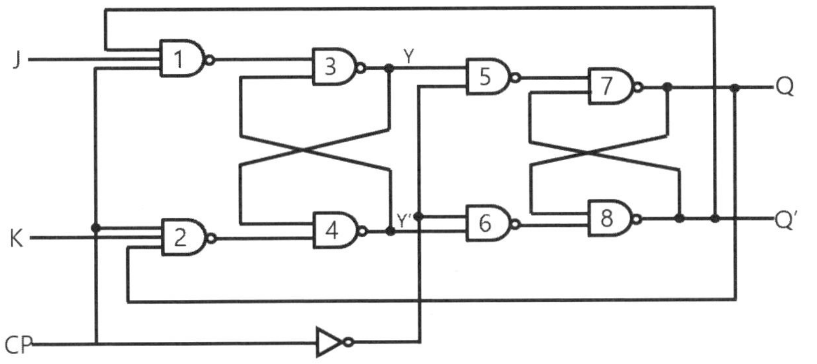

그림 6.16 마스터-슬레이브 J-K 플립플롭의 회로도

클럭펄스 CP=1이고 J=0, K=1, 그리고 현재상태 Q=1 일 때

(a) 클럭펄스의 상승모서리에서의 동작은 다음과 같다.

J=0, $\overline{Q}$=0이 1 번게이트에 입력되면 1번게이트 출력은 1이고 2번게이트의 세 입력은 모두 1이므로 2번 게이트의 출력은 0이 된다. 2번게이트 출력0이 4번 게이트에 입력되어 출력 Y′=1이 된다. 1번게이트 출력과 Y′=1이 3번 게이트에 입력되면 Y=0이 된다.

5번게이트와 6번게이트 입력에는 반전된 클럭펄스가 들어오므로 하강모서리의 펄스가 들어오게 되어 5번게이트와 6번게이트는 동작하지 않는다. 즉 클럭펄스의 상승 모서리에서는 마스터 플립플롭의 출력 Y=0이며 슬레이브 플립플롭은 초기상태인 세트상태를 그대로 유지한다.

(b) 클럭펄스의 하강 모서리에서의 동작은 다음과 같다.

마스터 플립플롭은 동작하지 않고 Y=0과 CP=1이 5번게이트에 입력되면 5번 게이트의 출력은 1이 된다. Y′=1과 CP=1이 6번게이트에 입력이 되면 6번게이트의 출력은 0이 된다. 6번게이트의 출력 0과 Q=1이 8번게이트에 입력되면 Q′=1이 되고 5번게이트의 출력1과 Q′=1이 7번게이트에 입력되면 Q=0이 된다. Q=0과 Q′=1이 2번과 1번 게이트로 피드백이 되나 마스터 플립플롭은 클럭펄스가 하강 모서리이므로 동작 안된다.

즉 클럭펄스의 상승모서리에서는 마스터 플립플롭만 동작하고 슬레이브 플립플롭은 동작하지 않는다. 또한 클럭펄스의 하강모서리에서는 마스터 플립플롭은 동작하지 않고 슬레이브 플립플롭만 동작하여 출력 Q=0이 되어 리셋 상태(Reset State)가 된다.

6.8.3 마스터-슬레이브 D 플립플롭(Master-Slave D Flipflop)

일반적인 D 플립플롭 2개와 인버터로 구성되어 있으며 마스터-슬레이브 R-S 플립플롭과 같이 마스터 플립플롭의 입력에는 CP=1이 입력되고 슬레이브 플립플롭에는 보수화된 입력 즉 CP=0이 입력으로 들어가게 된다. 그림 6.17은 마스터-슬레이브 D 플립플롭의 회로도이다.

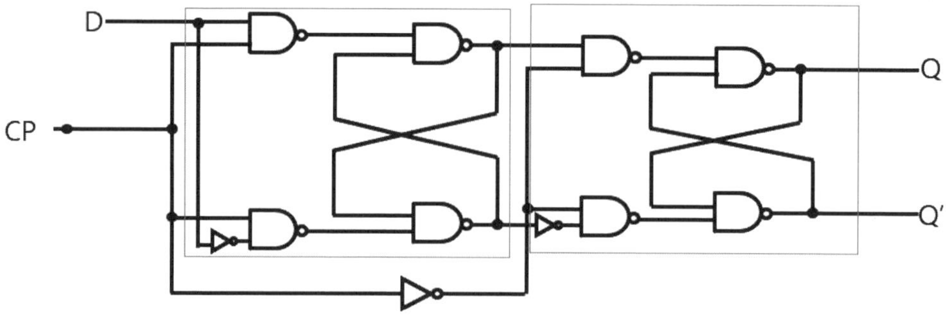

그림 6.17 마스터-슬레이브 D 플립플롭의 회로도

(a) 클럭 펄스 CP=1인 동안에는 입력데이터를 일정하게 유지해야 한다. 만약에 CP=1인 동안에 D입력이 바뀌면, 바뀐 데이터가 마스터 플립플롭에 저장되고 슬레이브 플립플롭이 동작될 때 바뀐 데이터가 출력될 수 있다.

(b) 클럭 펄스CP=1일 때 입력이 바뀜에 따라 출력되며 D입력의 마지막 입력정보가 슬레이브 플립플롭에 트리거되어 출력에 나온다.

6.9 순차논리회로의 해석

순차논리회로(Sequential Logic Circuit)는 조합논리회로(Combinational Logic Circuit)에 메모리 요소(Memory Element)와 피드백(Feedback)이 추가된 기능을 가지고 있다. 출력은 입력상태와 메모리요소들의 상태에 따라 다음 상태의 값이 결정된다.

순차논리회로는 동작특성에 따라 동기식 순차논리회로(Synchronous Sequential Logic Circuit)와 비동기식 순차논리회로(Asynchronous Sequential Logic Circuit)로

이루어져 있다.

동기식 순차 논리회로는 내부에 저장되는 상태들의 변화가 공통의 클럭 펄스 신호에 의해 동기화가 발생하며 비동기식 순차 논리회로는 클럭펄스를 사용하지 않고 입력 변수의 값이 바뀌면 그 즉시 상태값도 변경된다. 동기식 순차논리회로는 메모리요소(Memory Element)로서 클럭펄스를 사용하는 플립플롭(Clocked Flipflop)을 사용하고 비동기식 순차논리회로는 클럭펄스가 없는 플립플롭(Unclocked Flipflop)또는 래치(Latch)가 사용된다.

동기식 순차 논리회로는 입력신호가 바뀌어도 그에 대한 동작이 다음 클럭 펄스때까지 기다려야 하므로 회로의 속도가 느려지는 단점이 있으나 회로설계는 쉽다. 비동기식 순차 논리회로는 입력신호가 바뀌는 즉시 출력과 상태를 변화시킬 수 있으므로 회로의 속도가 빠르나 동작시간을 정밀하게 조정해야 하므로 회로설계가 어렵다. 그러므로 처리속도가 빨라야 하는 디지털시스템에서는 비동기식 순차논리회로를 사용하는 편이고 이 책에서는 응용이 다양하고 광범위한 동기식 순차논리회로를 취급한다. 동기식 순차논리회로는 밀리 모델(Mealy Model)과 무어모델(Moore Model)이 있다. 밀리 모델은 출력이 현재 상태와 입력신호에 의해서도 영향을 받는회로이다. 무어 모델은 출력이 현재 상태에 의해서만 결정되며 공통 클럭의 트리거 모서리(Edge)에서 상태값이 바뀌며 출력은 그 값들에 따라 바뀐다.

클럭펄스와 무관하게 입력이 들어오므로 밀리모델은 입력이 바뀌는 즉시 출력도 바뀌는 불안정한 회로이다. 또한 플립플롭의 출력과 입력신호가 동시에 바뀌면 잘못된 출력신호가 갑자기 생성되어 오류가 생길 수도 있다. 이것의 방지를 위해서 입력도 클럭펄스에 의해 동기화되어 동시에 들어오도록 해야한다.

순차논리회로의 상태표와 상태 다이어그램을 구하여 순차논리회로를 해석하는 과정은 다음과 같다.

첫째, 입출력에 대한 변수의 명칭을 정한다.

둘째, 조합논리회로로부터 부울함수를 구한다.

셋째, 현재상태(Present State)와 다음상태(Next State) 및 출력을 나타내는 기본 상태표를 구한다.

넷째, 순차 논리회로로부터 상태 방정식을 구한다.

다섯째, 플립플롭의 현재 상태에 대한 다음 상태를 구하여 상태표를 만든다.

여섯째, 상태표로부터 상태 다이어그램을 구한다.

일곱째, 상태다이어그램과 상태표로부터 순차논리회로의 동작을 해석한다.
순차논리회로의 해석에 필요한 상태표, 상태다이어그램, 상태방정식을 알아보자.

1) 상태표

상태표(State Table)은 입출력과 플립플롭의 현상태(Present State)에 대해 클럭펄스가 인가되었을 경우에 다음상태(Next State)를 나타내는 표이다.

현재 상태는 클럭펄스가 인가되기 전의 플립플롭의 상태이고, 다음 상태는 클럭펄스가 인가된 후의 플립플롭의 상태는 나타낸다.

상태다이어그램(State Diagram)은 순차논리회로에 클럭펄스가 인가될 때 마다 변화하는 내용을 그림으로 나타낸 것으로서 직선 또는 곡선으로 된 화살표는 각 상태의 변화를 나타내며 원 내부의 2진수는 순차논리회로의 상태를 보여준다. 한 원에서 나온 곡선이 다시 그 원으로 되돌아오는 것은 상태가 변화하지 않았음을 뜻한다.

직선 또는 곡선상의 빗금(/) 부분은 2개의 2진수 중에서 좌측의 2진수는 상태변화를 일으키는 입력값이고 우측의 2진수는 출력을 나타낸다. 어떤 순차 논리회로에서는 입출력이 없는 경우도 있고 또한 2진수도 생략 가능하다.

주어진 순차논리회로에서 상태표를 구할수 있으며 상태표로부터 상태 다이어그램을 구할 수도 있다.

상태 방정식(State Equation)은 회로에 포함된 플립플롭의 상태변화에 대한 조건을 가리키는 대수적 표현이며 현재상태와 입력으로부터 다음상태를 나타낸다.

순차논리회로가 시간의 불연속적인 순간에 클럭펄스의 발생에 따라 값이 변화하므로, 상태 방정식은 시간을 포함한 부울함수이다. 상태방정식은 상태표에서 직접 구할 수 있으며 외부 입력 변수와 다른 플립플롭 값으로 다음 상태조건을 명시한다.

6.9.1 순차논리회로의 설계 예

순차논리회로를 설계할 때에는 상태다이어그램을 살펴보고 특성테이블을 고려할 때 어떤 플립플롭을 쓸 것인가와 비트수만큼의 플립플롭이 필요하고 입출력변수들을 결정하여야 한다. 또한 특성방정식으로 간소화한 후 설계를 하면 된다.
예를 들어 그림 6.18과 같이 주어진 상태도를 갖는 디지털 순차논리회로를 J-K 플립플롭을 사용하여 설계하라.

〈예 1〉

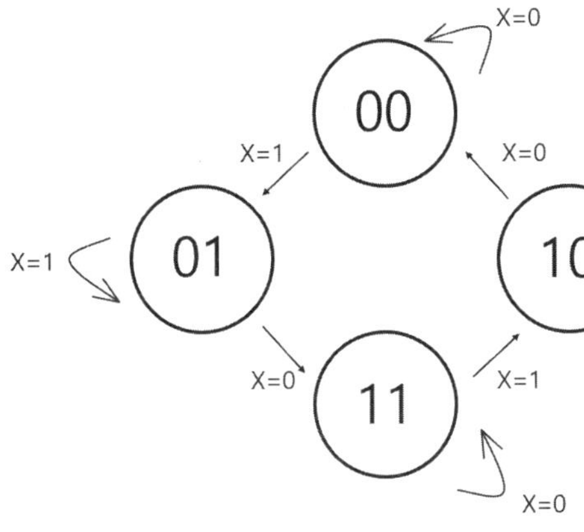

그림 6.18 상태도

이미 할당된 2진값을 갖는 4개의 상태가 있고 한 입력변수는 있으나 출력변수는 없기 때문에 빗금(/)이 없이 1개의 2진 숫자만이 출력으로 표시되어 있다. 4개의 상태를 나타내는데 필요한 2개의 플립플롭을 A와 B라 하고 입력변수는 x이다. 위의 상태도에서 상태표를 구하면 아래의 표 6.1와 같다.

표 6.1 그림 6.18의 상태표

Present State		Next State			
		$x=0$		$x=1$	
A	B	A	B	A	B
0	0	0	0	0	1
0	1	1	1	0	1
1	0	0	0	1	0
1	1	1	1	1	0

이것을 다시 쓰면 다음과 같다.

표 6.2 그림 6.18의 상태표

조합논리회로 입력					조합논리회로 출력			
현재상태		입력	다음상태		플립플롭 입력			
A	B	x	A	B	J_A	K_A	J_B	K_B
0	0	0	0	0	0	X	0	X
0	0	1	0	1	0	X	1	X
0	1	0	1	1	1	X	X	0
0	1	1	0	1	0	X	X	0
1	0	0	0	0	X	1	0	X
1	0	1	1	0	X	0	0	X
1	1	0	1	1	X	0	X	0
1	1	1	1	0	X	0	X	1

여기서 이전의 플립플롭의 여기표를 정리하면 다음과 같다.

표 6.3 플립플롭의 여기표

(1) S-R 플립플롭

Q(t)	Q(t+1)	S	R
0	0	0	X
0	1	1	0
1	0	0	1
1	1	X	0

(2) J-K 플립플롭

Q(t)	Q(t+1)	J	K
0	0	0	X
0	1	1	X
1	0	X	1
1	1	X	0

(3) D 플립플롭

Q(t)	Q(t+1)	D
0	0	0
0	1	1
1	0	0
1	1	1

(4) T 플립플롭

Q(t)	Q(t+1)	T
0	0	0
0	1	1
1	0	1
1	1	0

표 6.3의 플립플롭 입력으로부터 특성 방정식을 구하면 다음과 같다.

A \ BX	00	01	11	10
0				1
1	X	X	X	X

$J_A = BX'$

A \ BX	00	01	11	10
0	X	X	X	X
1	1			

$K_A = B'X'$

A \ BX	00	01	11	10
0		1	X	X
1			X	X

$J_B = A'X$

A \ BX	00	01	11	10
0	X	X		
1	X	X	1	

$K_B = AX$

그림 6.19 카르노맵을 사용한 특성 방정식

여기서 $J_A = BX', K_A = B'X', J_B = A'X, K_B = AX$이다.

이것으로부터 회로를 구현하면 다음과 같다.

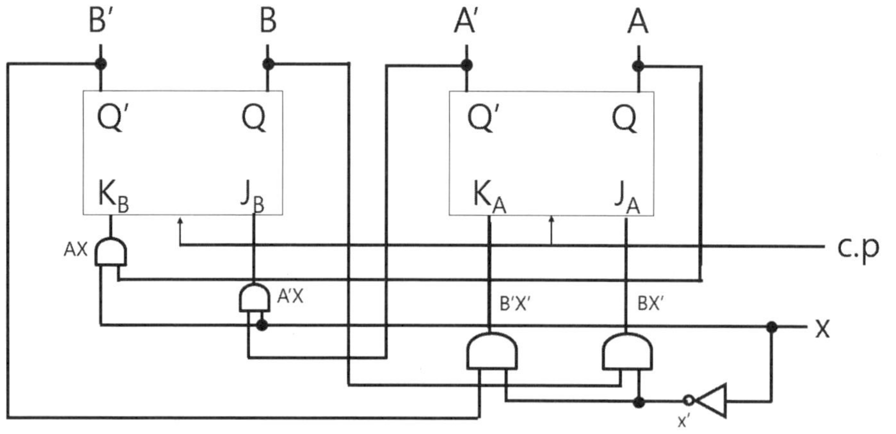

그림 6.20 순차회로의 논리회로

〈예 2〉 위의 상태표로부터 R-S 플립플롭을 사용하여 순차논리회로를 설계하라.

표 6.4 상태표

조합논리회로 입력					조합논리회로 출력			
현재상태		입력	다음상태		플립플롭 입력			
A	B	x	A	B	S_A	R_A	S_B	R_B
0	0	0	0	0	0	X	0	X
0	0	1	0	1	0	X	1	0
0	1	0	1	1	1	0	X	0
0	1	1	0	1	0	X	X	0
1	0	0	0	0	0	1	0	X
1	0	1	1	0	X	0	0	X
1	1	0	1	1	X	0	X	0
1	1	1	1	0	X	0	0	1

R-S 플립플롭의 여기표로부터 위의 상태표를 구하였으므로 플립플롭의 입력으로부터 특성방정식을 구하면 다음과 같다.

A \ BX	00	01	11	10
0				1
1		X	X	X

$S_A = BX'$

A \ BX	00	01	11	10
0	X	X	X	
1	1			

$R_A = B'X'$

A \ BX	00	01	11	10
0		1	X	X
1				X

$S_B = A'X$

A \ BX	00	01	11	10
0	X			
1	X	X	1	

$R_B = AX$

특성방정식으로부터 논리회로는 다음과 같다.

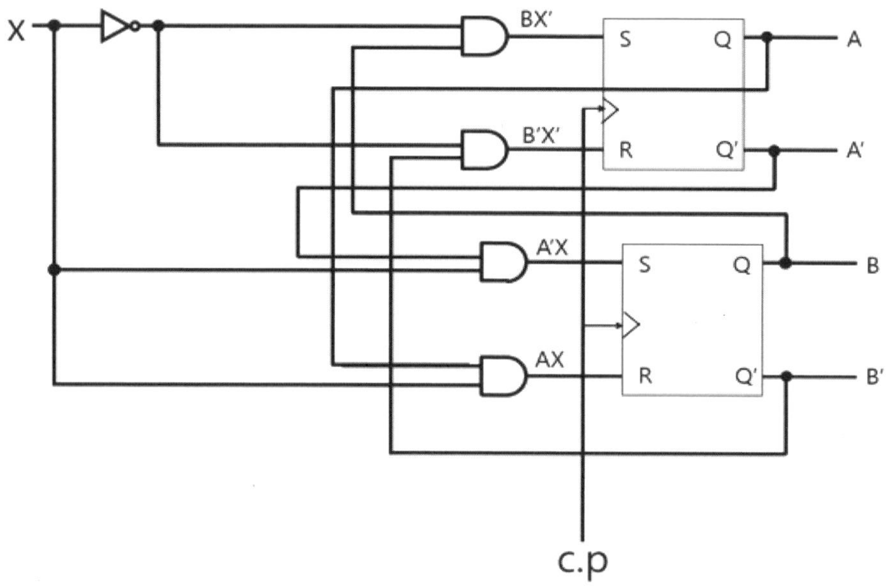

그림 6.21 예제2 순차회로의 논리회로

〈예 3〉 위의 상태도로부터 D 플립플롭을 사용한 순차논리회로를 설계하라.

표 6.5 상태표

조합논리회로 입력					조합논리회로 출력	
현재상태		입력	다음상태		플립플롭 입력	
A	B	x	A	B	D_A	D_B
0	0	0	0	0	0	0
0	0	1	0	1	0	1
0	1	0	1	1	1	1
0	1	1	0	1	0	1
1	0	0	0	0	0	0
1	0	1	1	0	1	0
1	1	0	1	1	1	1
1	1	1	1	0	1	0

여기 표로부터 플립플롭의 입력값을 구하였으므로 표 6.5의 플립플롭 입력으로부터 특성방정식을 구하면 다음과 같다.

A \ BX	00	01	11	10
0				1
1		1	1	1

$D_A = AX + BX'$

A \ BX	00	01	11	10
0		1	1	1
1				1

$D_B = A'X + BX'$

그림 6.22 카르노맵을 사용한 특성방정식

여기서 $D_A = AX + BX'$, $D_B = A'X, BX'$ 이다.

위의 특성방정식으로부터 회로를 구현하면 다음과 같다.

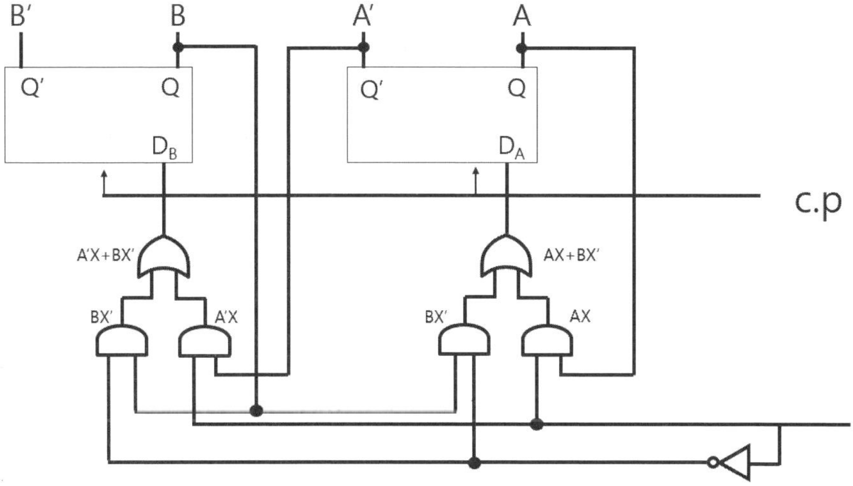

그림 6.23 D 플립플롭을 이용한 논리회로

〈예 4〉 위의 상태도로부터 T 플립플롭을 사용한 순차논리회로를 설계하라.

표 6.6 상태표

조합논리회로 입력					조합논리회로 출력	
현재상태		입력	다음상태		플립플롭 입력	
A	B	x	A	B	T_A	T_B
0	0	0	0	0	0	0
0	0	1	0	1	0	1
0	1	0	1	1	1	0
0	1	1	0	1	0	0
1	0	0	0	0	1	0
1	0	1	1	0	0	0
1	1	0	1	1	0	0
1	1	1	1	0	0	1

위에서 구한 플립플롭의 입력으로부터 특성 방정식을 구하면 다음과 같다.

A \ BX	00	01	11	10
0				1
1	1			

$$T_A = A'BX' + AB'X'$$
$$= X'(A \oplus B)$$

A \ BX	00	01	11	10
0		1		
1			1	

$$T_B = A'B'X + ABX$$
$$= X(A \odot B)$$

그림 6.24 카르노맵을 사용한 특성방정식

여기서 $T_A = X'(A \oplus B)$, $T_B = X(A \odot B)$이다.

위의 특성방정식으로부터 회로를 구현하면 그림 6.25와 같다.

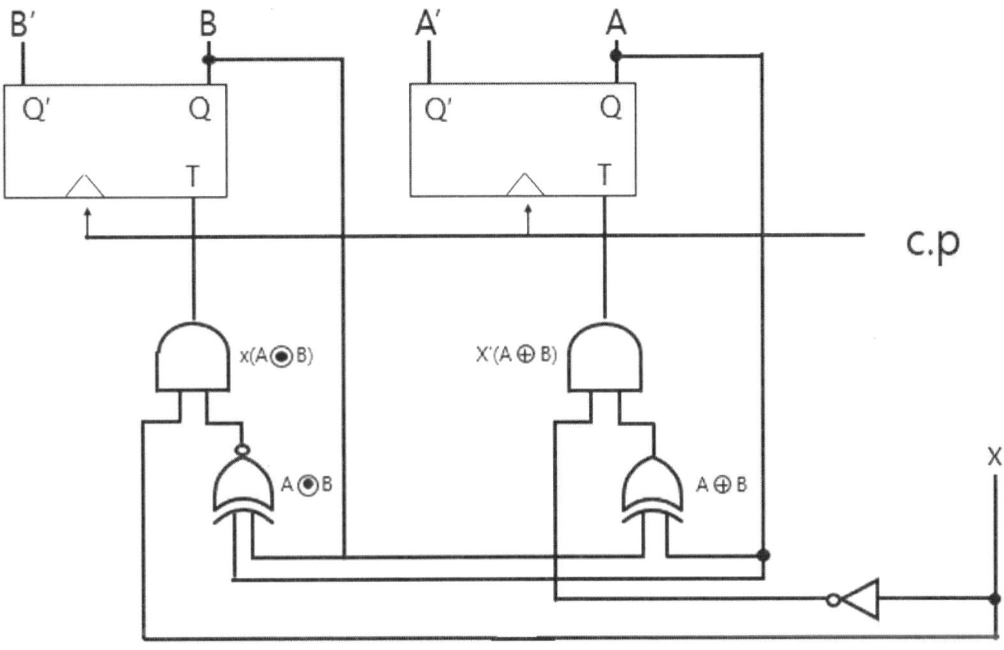

그림 6.25 T 플립플롭을 이용한 논리 회로

6.9.2 상태방정식만으로 순차논리회로를 설계하는 법

예를 들어 상태 방정식이 다음과 같다고 하자.

$A(t+1) = A'C + AB + A'BC'$

$B(t+1) = C$

$C(t+1) = C'$

JK 플립플롭의 특성 방정식은 $Q(t+1) = JQ' + K'Q$이고

T 플립플롭의 특성 방정식은 $Q(t+1) - TQ' + T'Q$이고

RS 플립플롭의 특성 방정식은 $Q(t+1) = S + R'Q, SR = 0$이고

D 플립플롭의 특성방정식은 $Q(t+1) = D$이다.

만일 JK 플립플롭을 사용한다면 위의 상태방정식을 다음과 같이 만들어준다. 즉

$$A(t+1) = A'C + AB + A'BC'$$
$$= (C + BC')A' + (B')'A$$
$$= JA' + K'A$$

그러므로 입력값 $J = C + BC'$ 이고 $K = B'$ 이 된다.

같은 방법으로

$$B(t+1) = C$$
$$= C(B + B')$$
$$= CB + CB'$$
$$= (C)B' + (C')'B$$
$$= JB' + K'B$$

그러므로 입력값 $J = C$ 이고 $K = C'$ 이 된다.

같은 방법으로

$$C(t+1) = C'$$
$$= (1)C' + 0'C$$
$$= JC' + K'C$$

그러므로 입력값 $J = 1$ 이고 $K' = 0$ 이 된다.

이제 여기서 얻은 입력값을 단지 JK 플립플롭에 연결만 하면 된다.

예제 다음의 상태방정식을 보고 순차논리회로를 설계하라

$A(t+1) = A'B'C + A'BC + AC + ABC$

$B(t+1) = A'C + A'BC' + C$

$C(t+1) = A + B$

우선 $A(t+1) = JQ' + K'Q = (J_A)A' + (K_A)'A$의 형태로 변환한다.

$$A(t+1) = A'B'C + A'BC + AC + ABC$$
$$= (B'C + BC)A' + (C + BC)A$$
$$= (B'C + BC)A' + ((C + BC)')'A$$

그러므로 $J_A = (B'C + BC) = C$

$K_A = (C + BC)' = C'$

$$B(t+1) = A'C + C + A'BC'$$
$$= A'C(B + B') + C(B + B') + A'BC'$$
$$= A'BC + A'B'C + BC + B'C + A'BC'$$
$$= (A'C + C)B' + (A'C + C + A'C')B$$
$$= (A'C + C)B' + ((A'C + C + A'C')')'B$$

그러므로 $J_B = A'C + C = C$

$K_B = (A'C + C + A'C') = (A' + C)' = AC'$

$C(t+1) = (J_C)C' + (K_C)'C$로 변환되므로

$C(t+1) = A + B$

$$C(t+1) = A + B$$
$$= AC + AC' + BC + BC'$$
$$= (A + B)C' + (A + B)C$$
$$= (A + B)C' + ((A + B)')'C$$

그러므로 $J_C = A + B$

$K_C = (A + B)' = A'B'$

이상 위에서 구한 JK 플립플롭의 입력함수는 다음과 같다.

$J_A = C$ $K_A = C'$

$J_B = C$ $K_B = AC'$

$J_C = A + B$ $K_C = A'B'$

위의 값을 가지고 순차논리회로를 구하면 그림6.26과 같다.

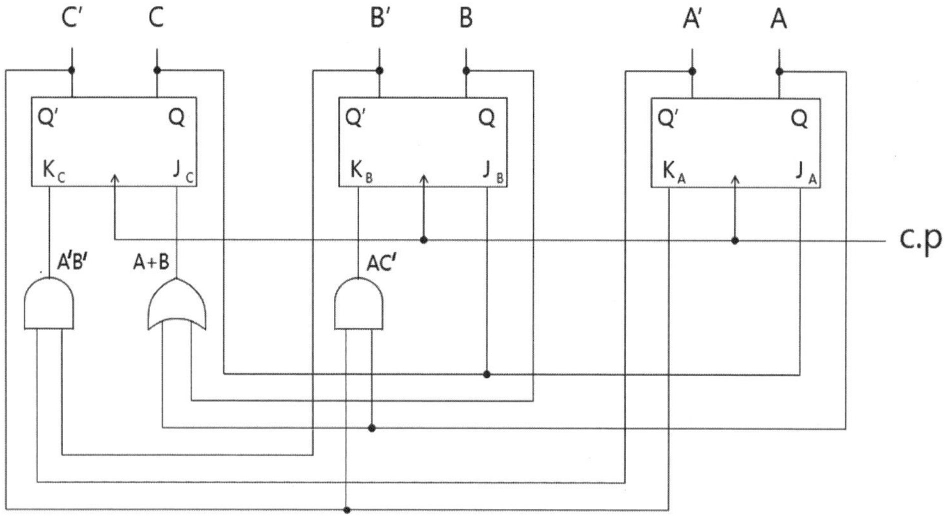

그림 6.26 순차논리회로

6.10 카운터의 설계

카운터는 클럭펄스가 입력될 때 마다 미리 정해진 일련의 순서에 따라 상태가 변하는 것이며 플립플롭을 사용한 순차논리회로이다. 상태의 순서는 대부분 2진 카운터이지만 임의의 다른 상태의 순서일 수도 있다. 가장 간단한 카운터 설계는 다양한 순서에 연속적인 2진 순서를 갖는 2진 카운터(Binary Counter)의 설계가 가장간단하다. 예를 들어 3비트 카운터는 000~111까지 최대 여덟가지의 상태를 가지고 순환하며 클럭펄스가 인가될 때 마다 로테이션한다. 즉 클럭펄스에 의하여 상태가 바뀌며 카운터에서의 외부입력이나 출력은 없다. 카운터 설계에는 대부분 J-K 플립플롭이나 T 플립플롭을 사용한다.

예제 1 아래 그림 6.27에서 주어진 3비트 2진 카운터를 J-K 플립플롭을 사용하여 설계하라.

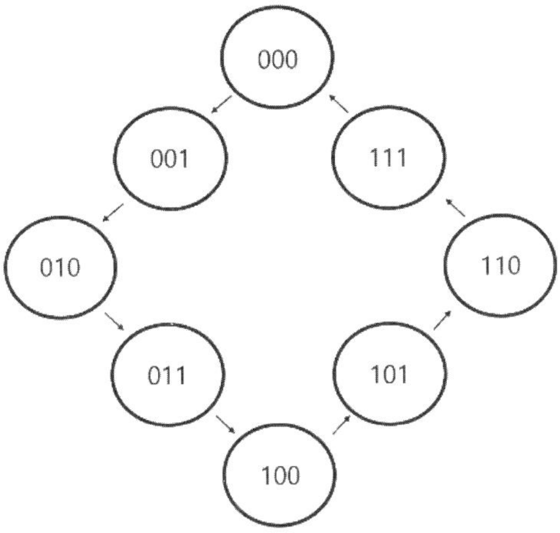

그림 6.27 3비트 2진 카운터의 상태 다이아그램

클럭펄스가 입력될 때 마다 0부터 7까지 그리고 다시 0으로 회전하며 상태표를 작성하면 표 6.7와 같다.

표 6.7 3비트 2진 카운터의 상태표

현재 상태(Present State)			다음 상태(Next State)		
x	y	z	x	y	z
0	0	0	0	0	1
0	0	1	0	1	0
0	1	0	0	1	1
0	1	1	1	0	0
1	0	0	1	0	1
1	0	1	1	1	0
1	1	0	1	1	1
1	1	1	0	0	0

이 다음 JK 플립플롭의 여기표를 보고 3비트 2진 카운터의 여기표(플립플롭 입력)를 작성하면 표 6.8과 같다.

표 6.8 3비트 2진 카운터의 플립플롭 입력

현재 상태(Present State)			다음 상태(Next State)			플립플롭 입력(Flipflop Input)					
x	y	z	x	y	z	J_A	K_A	J_B	K_B	J_C	K_C
0	0	0	0	0	1	0	X	0	X	1	X
0	0	1	0	1	0	0	X	1	X	X	1
0	1	0	0	1	1	0	X	X	0	1	X
0	1	1	1	0	0	1	X	X	1	X	1
1	0	0	1	0	1	X	0	0	X	1	X
1	0	1	1	1	0	X	0	1	X	X	1
1	1	0	1	1	1	X	0	X	0	1	X
1	1	1	0	0	0	X	1	X	1	X	1

위의 플립플롭 입력을 가지고 함수식을 구하면 다음과 같다.

$$J_A = yz, K_A = yz, J_B = z, K_B = z, J_C = 1, K_C = 1$$

위의 표에서 J_C와 K_C는 모두 1과 무관조건 X로 되어 있으므로 결과값은 1이됨을 쉽게 알 수 있다. 이 식을 가지고 논리회로를 구현하면 그림 6.28과 같다.

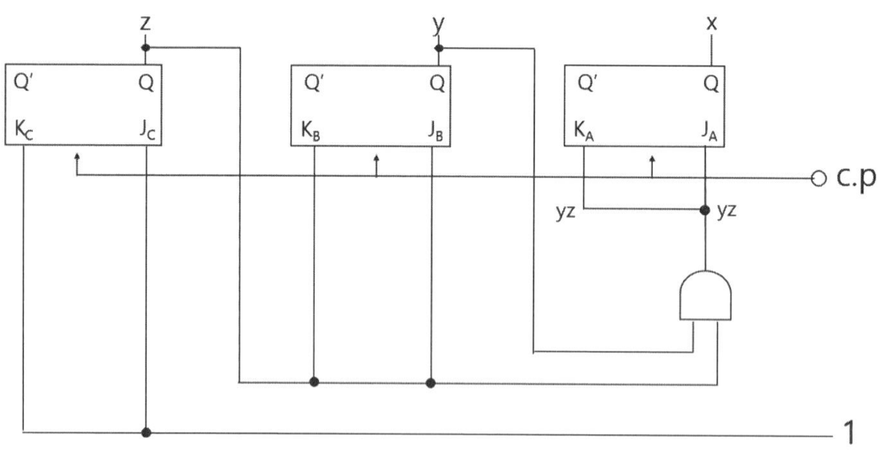

그림 6.28 JK플립플롭으로 구현한 3비트 2진 카운터

예제 2 예제1의 3비트 2진카운터를 T 플립플롭을 사용하여 설계하라.

예제 1)의 상태표를 이용하여 여기표를 작성하면 표 6.9과 같다.

표 6.9 3비트 2진 카운터의 플립플롭 입력

현재 상태(Present State)			다음 상태(Next State)			플립플롭 입력(Flipflop Input)		
x	y	z	x	y	z	T_A	T_B	T_C
0	0	0	0	0	1	0	0	1
0	0	1	0	1	0	0	1	1
0	1	0	0	1	1	0	0	1
0	1	1	1	0	0	1	1	1
1	0	0	1	0	1	0	0	1
1	0	1	1	1	0	0	1	1
1	1	0	1	1	1	0	0	1
1	1	1	0	0	0	1	1	1

위의 플립플롭 입력을 보고 카르노맵을 이용하여 함수를 구하면 다음과 같다.

$T_A = yz, T_B = z, T_C = 1$

위의 함수를 보고 T 플립플롭을 이용한 3비트 2진 카운터를 구현하면 그림 6.29와 같다.

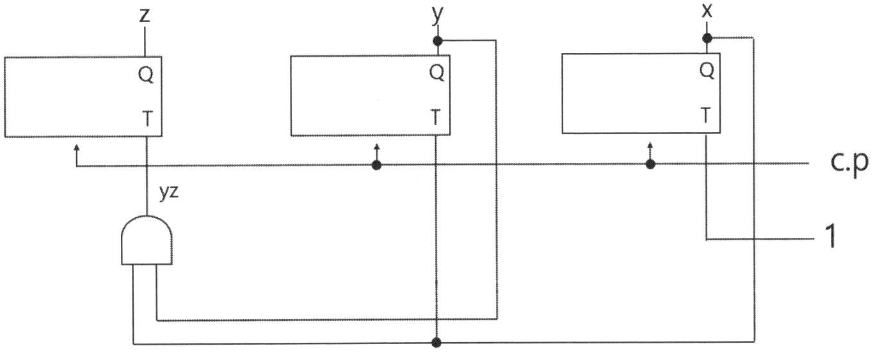

그림 6.29 T 플립플롭으로 구현한 3비트 2진 카운터

예제 3 다음의 상태도를 보고 JK 플립플롭을 이용한 순차논리회로를 설계하라

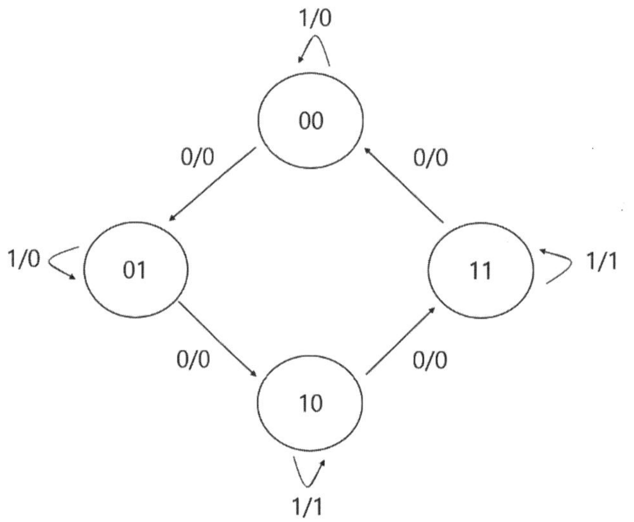

그림 6.30 상태도

위의 상태도를 보고 상태표를 구하면 다음과 같다.

표 6.10 상태표

현재상태		입력	다음상태		출력
A	B	X	A	B	F
0	0	0	0	1	0
0	0	1	0	0	0
0	1	0	1	0	0
0	1	1	0	1	0
1	0	0	1	1	0
1	0	1	1	0	1
1	1	0	0	0	0
1	1	1	1	1	1

위의 표 6.10 상태표로부터 플립플롭입력을 구하면 다음의 표 6.11과 같다.

표 6.11 플립플롭입력

조합논리회로 입력			다음상태		조합논리회로 출력				출력
현재상태		입력			플립플롭 입력				
A	B	x	A	B	JA	KA	JB	KB	F
0	0	0	0	1	0	X	1	X	0
0	0	1	0	0	0	X	0	X	0
0	1	0	1	0	1	X	X	1	0
0	1	1	0	1	0	X	X	0	0
1	0	0	1	1	X	0	1	X	0
1	0	1	1	0	X	0	0	X	1
1	1	0	0	0	X	1	X	1	0
1	1	1	1	1	X	0	X	0	1

위의 플립플롭 입력으로부터 상태방정식을 구하면 다음과 같다.

A \ BX	00	01	11	10
0				1
1	X	X	X	X

$J_A - BX'$

A \ BX	00	01	11	10
0	X	X	X	X
1				1

$K_A = BX'$

A \ BX	00	01	11	10
0	1		X	X
1	1		X	X

$J_B = X'$

A \ BX	00	01	11	10
0	X	X		1
1	X	X		1

$K_B = X'$

여기서 $J_A = BX', K_A = BX'$, $J_B = X', K_B = X'$ 이고 $F = AB'X + ABX = AX$ 이다.

위의 특성방정식으로부터 회로를 구현하면 그림 6.31과 같다.

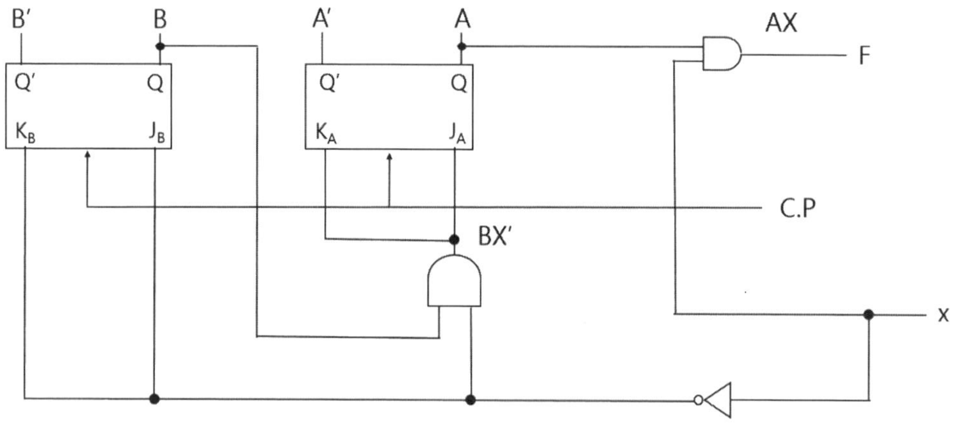

그림 6.31 JK 플립플롭을 이용한 논리회로

예제 4 예제 3의 상태도를 보고 D 플립플롭을 이용한 순차논리회로를 설계하라.
위의 상태도를 보고 상태표를 구하면 다음과 같다.

표 6.12 상태표

현재상태		입력	다음상태		출력
A	B	x	A	B	F
0	0	0	0	1	0
0	0	1	0	0	0
0	1	0	1	0	0
0	1	1	0	1	0
1	0	0	1	1	0
1	0	1	1	0	1
1	1	0	0	0	0
1	1	1	1	1	1

위의 표 6.12 상태표로부터 여기표를 구하면 다음의 표 6.13과 같다.

표 6.13 예제 3의 여기표

조합논리회로 입력					조합논리회로 출력		
현재상태		입력	다음상태		플립플롭 입력		출력
A	B	x	A	B	D_A	D_B	F
0	0	0	0	1	0	1	0
0	0	1	0	0	0	0	0
0	1	0	1	0	1	0	0
0	1	1	0	1	0	1	0
1	0	0	1	1	1	1	0
1	0	1	1	0	1	0	1
1	1	0	0	0	0	0	0
1	1	1	1	1	1	1	1

위의 플립플롭 입력으로부터 상태방정식을 구하면 다음과 같다.

A \ BX	00	01	11	10
0				1
1	1	1	1	

$D_A = AB' + AX + A'BX'$

$= A \odot (B' + X)$

A \ BX	00	01	11	10
0	1		1	
1	1		1	

$D_B = B'X' + BX$

$= B \odot X$

그림 6.32 카르노맵을 이용한 상태방정식

여기서 $D_A = A \odot (B' + X), D_B = B \odot X, F = AB'X + ABX = AX$이다.

위의 특성방정식으로부터 회로를 구하면 그림 6.33와 같다.

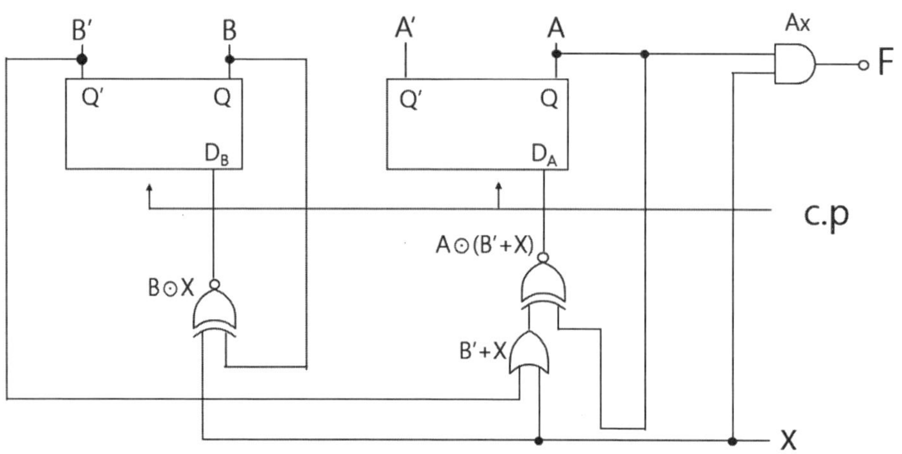

그림 6.33 D 플립플롭을 이용한 논리회로

예제 5 **예제1의 3비트 2진 카운터를 D 플립플롭을 사용하여 설계하라**

예제1의 상태도를 사용하여 여기표를 작성하여 플립플롭입력을 구하면 아래와 같다.

표 6.14 3비트 2진 카운터의 플립플롭입력

현재상태			플립플롭 입력		
x	y	z	D_A	D_B	D_C
0	0	0	0	0	1
0	0	1	0	1	0
0	1	0	0	1	1
0	1	1	1	0	0
1	0	0	1	0	1
1	0	1	1	1	0
1	1	0	1	1	1
1	1	1	0	0	0

위의 플립플롭 입력을 보고 카르노맵을 이용하여 함수를 구하면 다음과 같다.

$D_A = xy' + yz$ $\quad D_B = y \oplus z$ $\quad D_C = z'$

위의 함수를 보고 D플립플롭을 이용한 3비트 2진 카운터를 구현하면 그림 6.34과 같다.

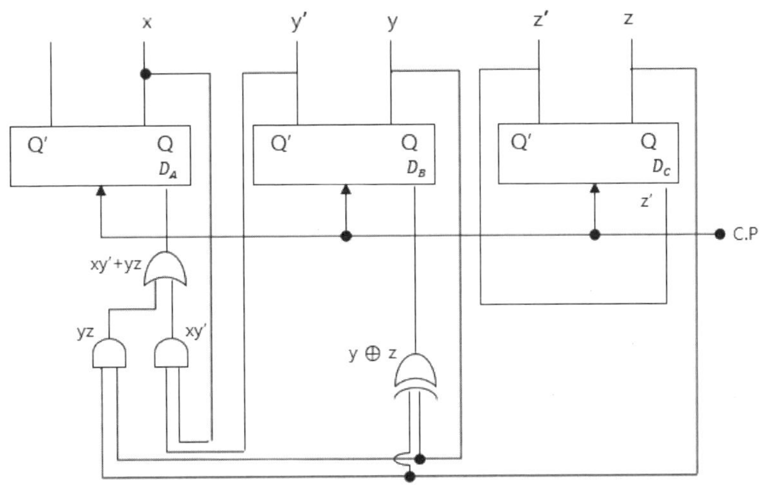

그림 6.34 D플립플롭으로 구현한 3비트 2진 카운터

예제 6 다음의 반복된 2진 순차 카운터를 JK플립플롭을 사용하여 설계하라.
0, 2, 4, 6, 1

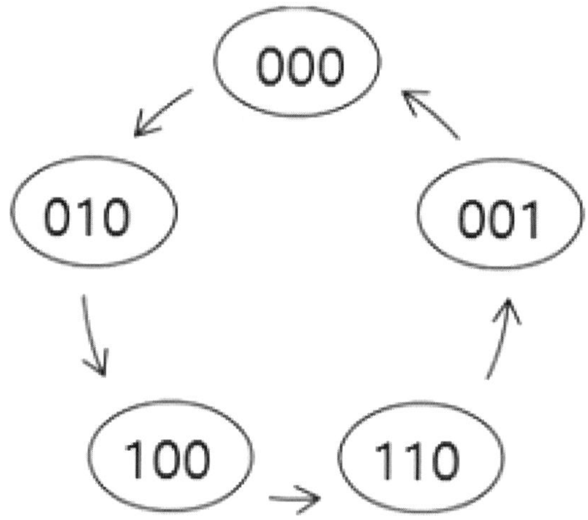

우선 상태표를 그리고 JK플립플롭 입력을 구하면 다음의 표 6.15와 같다.

표 6.15 3비트 2진 순차 카운터의 플립플롭 입력

카운트 순차			플립플롭 입력					
A	B	C	J_A	K_A	J_B	K_B	J_C	K_C
0	0	0	0	X	1	X	0	X
0	1	0	1	X	X	1	0	X
1	0	0	X	0	1	X	0	X
1	1	0	X	1	X	1	1	X
0	0	1	0	X	0	X	X	1

위의 플립플롭 입력을 보고 카르노맵을 이용하여 함수를 구하면 다음과 같다.

$$J_A = B,\quad K_A = B,\quad J_B = C',\quad K_B = 1,\quad J_C = AB',\quad K_C = 1$$

위의 함수를 보고 JK플립플롭으로 구현하면 그림 6.35와 같다.

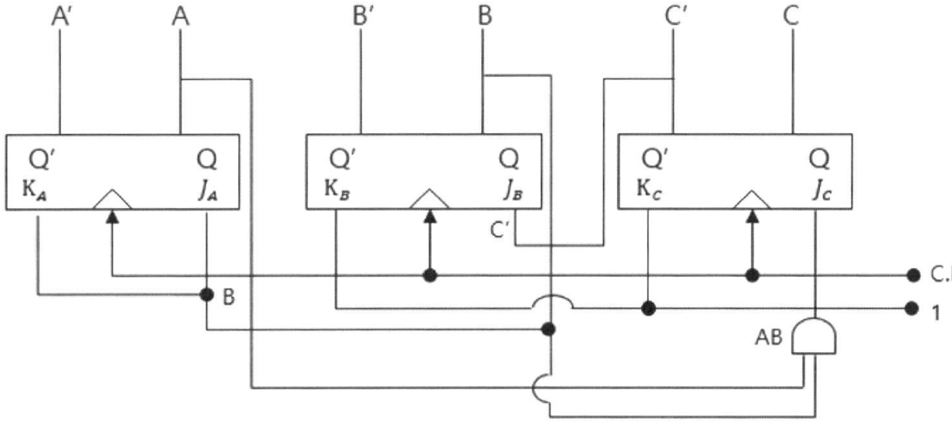

그림 6.35 JK플립플롭으로 구현한 2진 순차 카운터

6.10.1 링 카운터(Ring Counter)

링 카운터는 자리이동 레지스터(Shift register)를 이용하며 임의의 시간에 자리이동 레지스터 중에서 한 개의플립플롭만 논리 1이 되고 나머지는 논리0이 되도록 하는 카운터이다. 순차 논리 회로를 이용하여 상태도를 구성하고 이 상태도로부터 여기표를 작성한 것이 다음의 그림 6.37과 다음의 표 6.17이다.

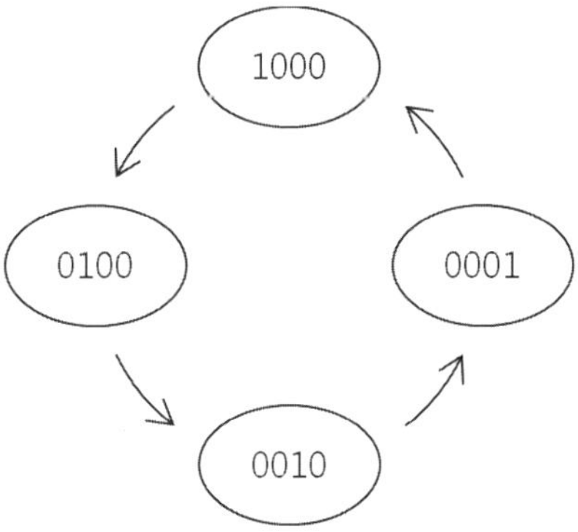

그림 6.36 자리 이동 레지스터 카운터의 상태도

표 6.16 자리이동 레지스터 카운터의 여기표

현재상태 (Present state)				다음상태 (Next state)				플립플롭 입력 시퀀스							
A	B	C	D	A	B	C	D	J_A	K_A	J_B	K_B	J_C	K_C	J_D	K_D
1	0	0	0	0	1	0	0	X	1	1	X	0	X	0	X
0	1	0	0	0	0	1	0	0	X	X	1	1	X	0	X
0	0	1	0	0	0	0	1	0	X	0	X	X	1	1	X
0	0	0	1	1	0	0	0	1	X	0	X	0	X	X	1

4비트 변수의 16가지 상태 중8, 4, 2, 1 상태만 표시하고 나머지는 무관조건(don't care condition) X로 처리하며 위의 플립플롭 입력을 보고 카르노맵을 이용하여 함수를 구하면 다음과 같다.

$$J_A = D,\quad K_A = 1,\quad J_B = A,\quad K_B = 1,$$
$$J_C = B,\quad K_C = 1,\quad J_D = C,\quad K_D = 1$$

위의 함수를 보고 JK플립플롭으로 구현하면 그림 6.38과 같다.

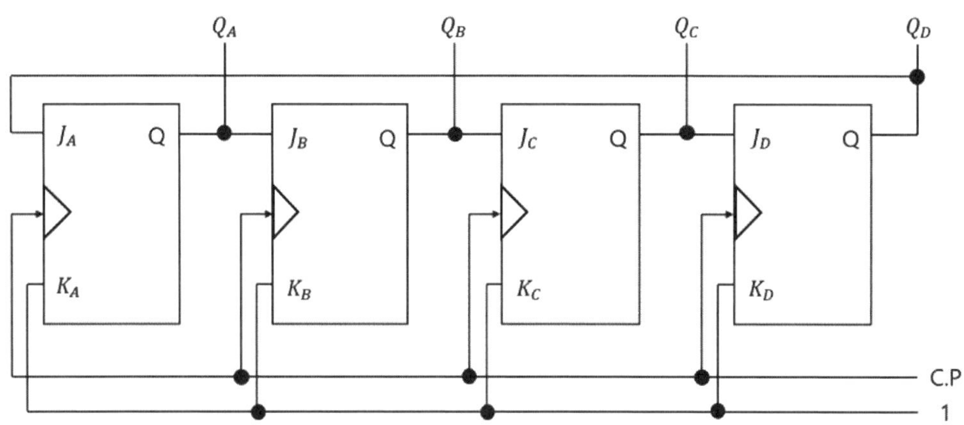

그림 6.37 링 카운터의 순차 논리 회로

위에서 보는 바와 같이 각각의 플립플롭 출력 Q를 우측의 플립플롭 J에 연결하고 맨 우측 플립플롭의 출력 Q는 맨 좌측 플립플롭의 J에 연결한다. 직렬 입력-병렬 출력 자리이동 레지스터를 사용하는 경우는 레지스터의 직렬출력을 레지스터의 직렬입력에 연결하면 되는데 이를 자리이동카운터(shift counter)라고 한다

위의 링 카운터에서 JK플립플롭의 초기값은 모두 8 즉 $Q_A=Q_B=Q_C=Q_D=8=1000$로 하면 클럭 펄스가 입력될 때마다 클럭 펄스의 하강 에지(Falling edge)에서 우측으로 한 자리씩 자리이동(shift)하며 Q_D출력은 다시 맨 좌측 플립플롭 A의 J로 입력된다.

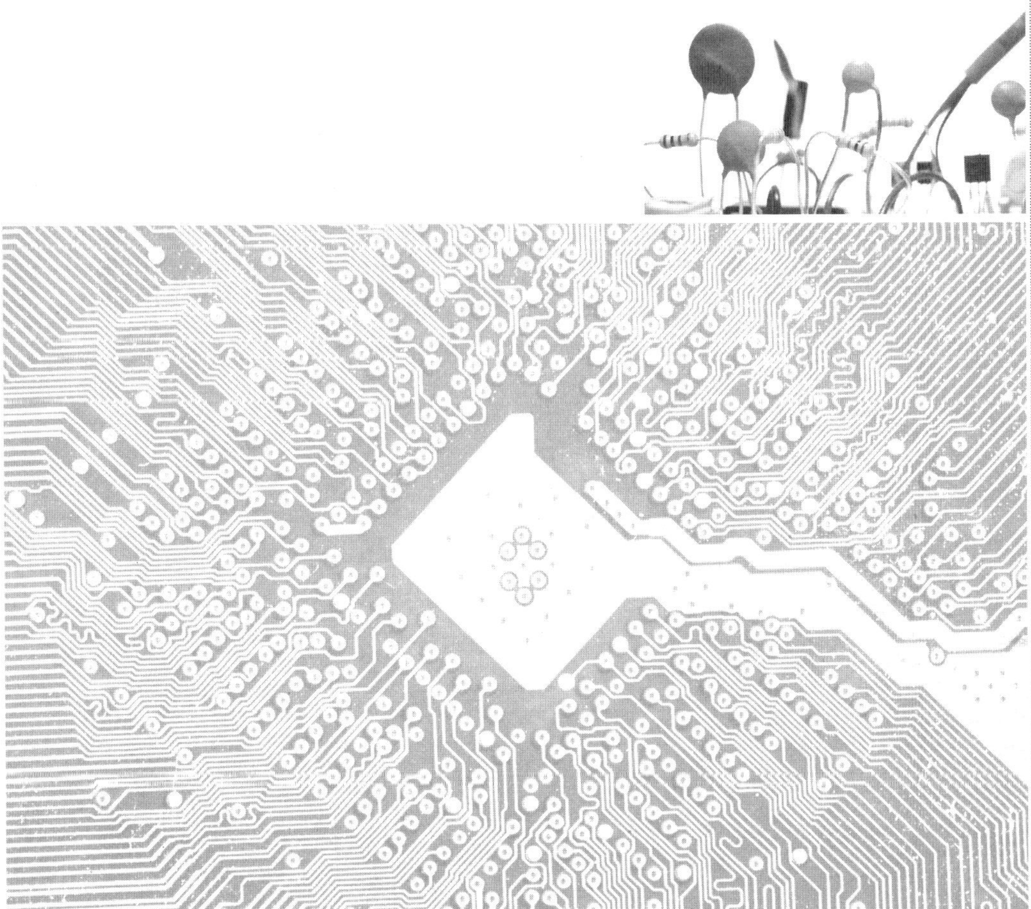

연습문제

6.1 NAND 게이트를 사용하여 마스터-슬레이브 플립플롭의 순차논리 회로를 그려라(D플립플롭사용가능).

6.2 2,4,2,1 코드를 사용하여 코드표에 따른 십진수를 카운트하는 카운터를 T플립플롭으로 구현하라.

6.3 JK플립플롭을 사용하여 0,1,2,3,4 가 반복되는 2진 순차를 가진 2진카운터를 설계하라.

6.4 JK플립플롭을 이용하여 BCD카운터를 설계하라.

연습문제

6.5 NAND게이트 4개로 구성된 R-S플립플롭의 논리회로를 그려라.

6.6 AND와 NOR게이트로 구성된 D플립플롭의 논리회로를 구현하라.

6.7 NAND게이트반을 사용하여 D래치의 논리회로를 그려라.

6.8 2개의 JK플립플롭 A,B와 입력 x,y 그리고 1개의 출력 F로 구성된 순차 논리회로에서 플립플롭의 입출력함수는 다음과 같다.

$JA=xB+y'B'$ $KA=xy'B'$

$JB=XA'$ $KB=A+xy'$

$F=xyA+x'y'B$

위의 상태표와 상태도, 상태방정식을 구하고 순차논리회로를 구하라.

연습문제

6.9 A,B,C 3개의 플립플롭과 입력X와 출력F로 이루어진 순차논리회로의 상태도가 아래 그림과 같다 JK플립플롭과 D플립플롭을 사용하여 순차논리회로를 구성하라. 이 순차논리회로는 자기정정 되도록 한다.

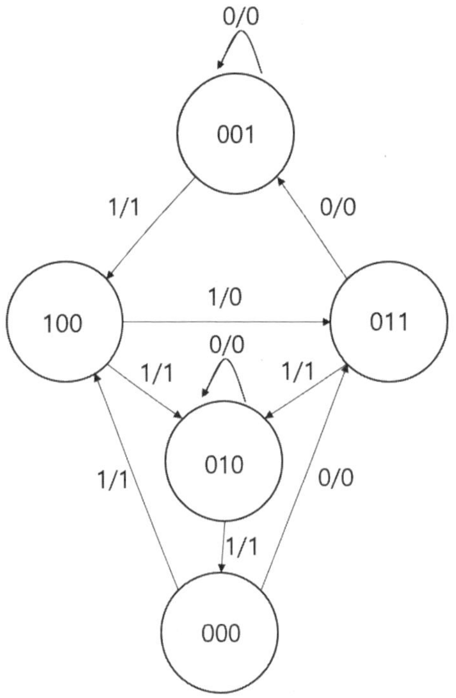

6.10 J-K 플립플롭을 사용하여 다음의 상태방정식을 가진 순차논리회로를 구현하라.

$A(A+1) = XAB + yA'C + xy$

$B(t+1) = XAC + y'bc'$

$C(t+1) = x'B + yAB'$

연습문제

6.11 T 플립플롭을 이용하여 0부터 5까지(000–001–010–011–100–101) 시프트하는 카운터를 설계하라.

6.12 2비트 비동기식 up/down 카운터를 설계하라.

6.13 동기식 카운터와 비동기식 카운터의 차이점은 무엇인가?

6.14 RS 플립플롭, JK 플립플롭, T 플립플롭, D 플립플롭의 기능과 특성을 각각 설명하라.

연습문제

6.15 J-K플립플롭을 사용하여 다음의 아래 그림의 상태다이아그램에 해당하는 카운터를 설계하라.

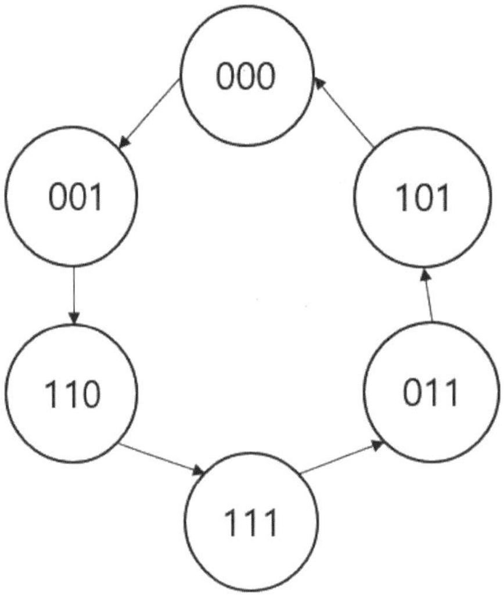

6.16 3비트 그레이코드카운터를 J-K플립플롭을 사용하여 구하라.

제 7 장

레지스터와 카운터

제7장

레지스터와 카운터

7.1 레지스터

레지스터는 중앙처리장치에서 데이터를 처리하는 과정에서 필요한 정보를 가져다가 놓는 저장장치로서 중간결과를 저장하거나 처리된 결과를 저장하였다가 다시 주기억장치로 보낸다. 플립플롭은 한 비트의 정보를 저장할 수 있기 때문에 k비트로 이루어진 레지스터는 k개의 플립플롭과 논리 게이트로 구성한다. 순차회로의 대표적인 회로가 레지스터이다. 대부분의 레지스터에서는 기억소자로서 D 플립플롭이 사용되며 각각의 플립플롭에 1비트씩 저장된다. 디지털 시스템에서 사용되는 레지스터는 하나의 워드를 저장하는데 한 단어의 길이는 일반적으로 8비트(1byte), 16비트(2byte), 32비트(4byte) 그리고 64비트(8byte)이다. 따라서 레지스터는 8비트, 16비트, 32비트 그리고 64비트로 구성되며 그 수만큼의 플립플롭이 필요하다. 또한 레지스터는 저장 기능뿐 아니라 저장된 비트들의 위치를 좌측 혹은 우측으로 이동시키는 기능도 가지고 있으며 이들을 시프트 레지스터(shift register)라고 부른다. 시프트 레지스터에서 시프트 동작은 우측이나 좌측 방향으로 한 번에 한 칸씩 발생시킬 수 있다. 우측으로 1비트씩 시프트 시키면 우측 시프트 레지스터라고 하며, 좌측으로 1비트씩 시프트 시키면 좌측 시프트 레지스터라고 한다.

일반적으로 대용량을 처리하는 컴퓨터 시스템에서는 레지스터가 갈수록 커지며, 회로 또한 아주 복잡하다 그래서 용도에 따라서 몇 가지로 나누어 볼 수 있다. 예를 들어 카운터, 명령어 레지스터, 번지 레지스터, 인덱스 레지스터 등으로 분류한다. 가장 간단한 레지스터는 외부 게이트 없이 단지 플립플롭만으로 구성된 것이다. 그림 7.1은 4비트의 레지스터로 4개의 D 플립플롭과 하나의 공통된 클럭 입력으로 구성한 것이다.

그림 7.1에서 클럭 입력은 각 펄스의 상승 에지에서 플립플롭을 구동하고 I의 입력이 레지스터에 저장된다. 클리어 입력은 레지스터의 내용을 0으로 클리어시키려 할 때 사용된다. 이 입력이 0으로 될 때 플립플롭은 동기적으로 클리어된다. 이 클리어 입력은 클럭에 동기화된 동작을 하기 전에 먼저 레지스터의 내용을 0의 상태로 만드는 데 사용된다. 클리어 입력은 인버터를 통하여 입력되므로 정상적인 클럭에 동기화된 동작 시 1의 상태를 유지하여야 한다.

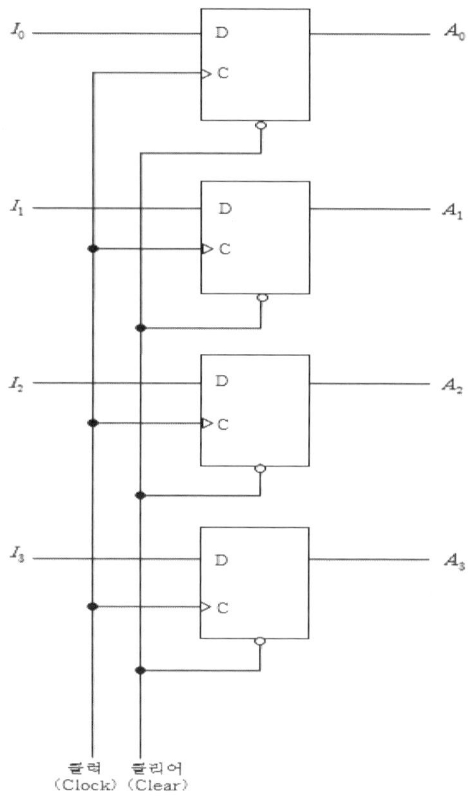

그림 7.1 4비트 레지스터

7.1.1 병렬 레지스터

레지스터에서 데이터를 전송하는 방식은 직렬전송과 병렬 전송이 있다. 직렬전송은 한번에 한 비트씩 전송을 하며, 병렬전송은 한번에 모든 비트를 전송한다. 대부분의 동기식 디지털 시스템은 연속적으로 클럭을 만들어 주는 주 클럭 발생기를 갖고 있다.

이러한 클럭은 시스템의 플립플롭과 레지스터에 인가된다. 레지스터에 새로운 정보를 전송하는 것을 레지스터에 로딩(loading)한다고 한다. 만약 레지스터의 하나의 클럭에 한 비트만 로드 된다면 직렬전송이며, 레지스터의 모든 비트가 하나의 클럭에서 동시에 로드된다면 병렬전송이라고 한다. 그림 7.2에는 직렬레지스터의 개략도와 그림 7.3에는 병렬레지스터의 개략도가 있다.

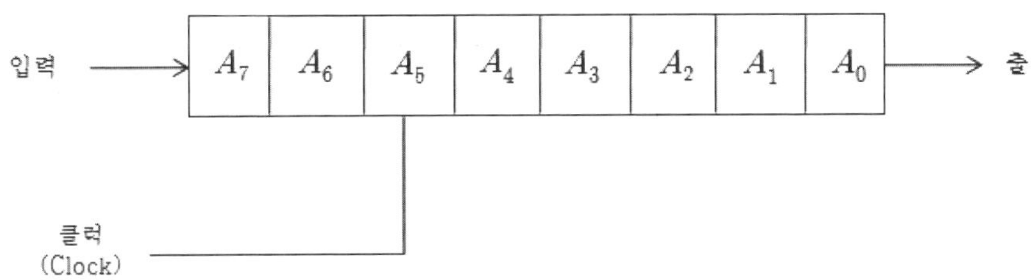

그림 7.2 8비트 직렬 레지스터의 개략도

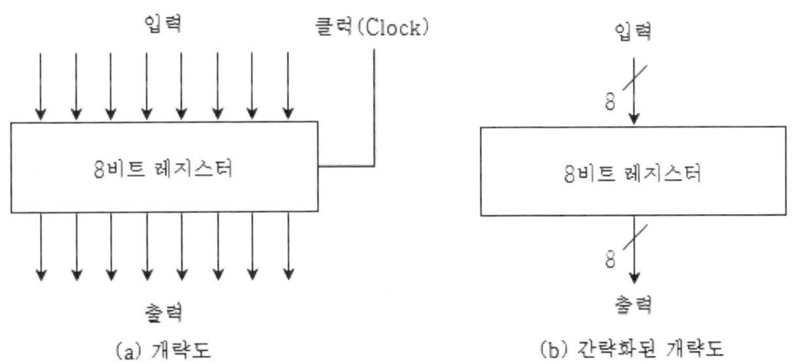

그림 7.3 8-비트 병렬 레지스터의 개략도

일반적으로 레지스터의 전송 방식은 그림7.4와 같이 몇가지 방식이 있다. 그림 7.4에 a)는 직렬입력-직렬출력, b)는 직렬입력-병렬출력, c)는 병렬입력-직렬출력, d)는 병렬입력-병렬출력을 나타낸다.

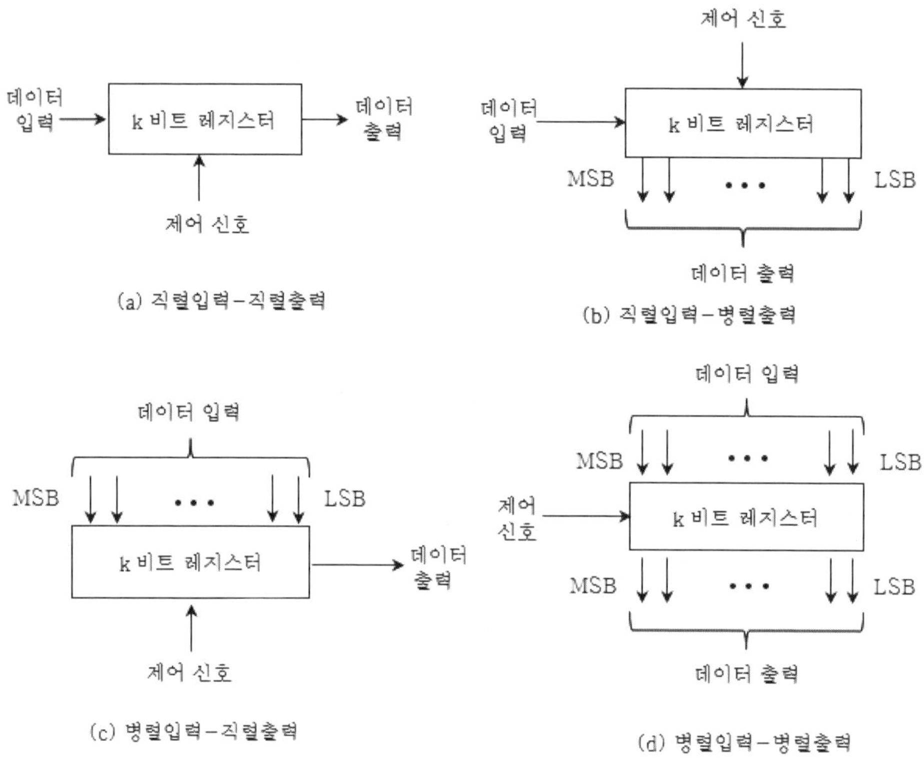

그림 7.4 여러 가지 레지스터의 전송 방식

레지스터의 간단한 예로서 병렬로드를 갖는 4비트 레지스터가 그림7.5에 있다. 그림 7.5의 4비트 레지스터는 제어선으로 로드(Load), 클럭(clock) 그리고 I 입력, A출력으로 구성되어 있다. 로드 입력이 1이고 클럭이 인가되면 이 클럭의 상승변이에서 I 입력이 레지스터 A로 전달된다. 클럭이 0인 경우에는 입력이 레지스터에 전달되지 않는다. 각 클럭에 따라 입력은 레지스터의 다음 상태를 결정한다. 출력을 변화시키지 않고 그대로 두기 위해서는 D 입력을 현재의 각 플립플롭의 출력과 같게 만들 필요가 있다. 그러므로 클럭이 인가된 상태에서 로드 입력은 다음 클럭이 새로운 정보를 받을 것인지 현재의 상태를 그대로 유지할 것인지를 결정한다.

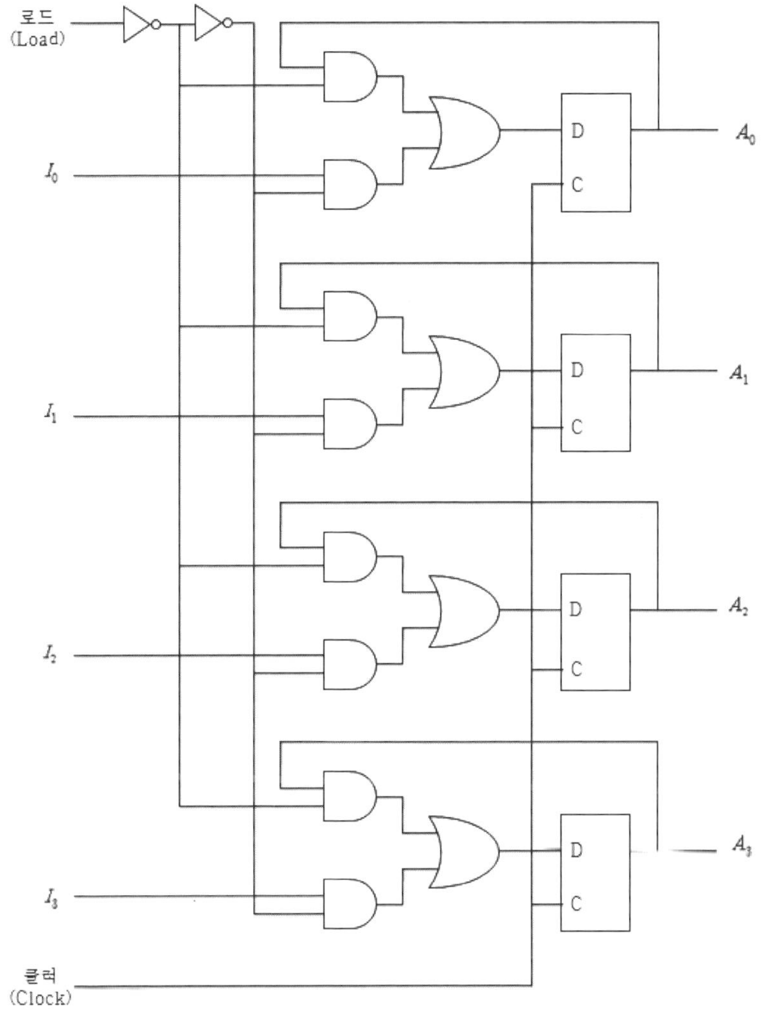

그림 7.5 병렬 로드를 가진 4비트 레지스터

7.1.2 직렬 레지스터

레지스터를 구성하는 다른 방법으로 병렬레지스터와 다르게 직렬로 연결할 수 있다. D 플립플롭들을 직렬로 연결하고, 저장할 데이터를 한 비트씩 입력시키도록 하는 것도 가능하다. 그림 7.6에 4개의 D 플립플롭들을 직렬로 연결하여 구성한 4비트 직렬 레지스터를 보여주고 있다. 이 회로에서는 D 플립플롭의 출력이 각각의 우측에 위치한 플립플롭의 D 입력으로 연결되어 있다. 직렬입력은 맨 좌측 플립플롭의 D 입력으로만 들어가며, 클록은 모든 플립플롭들에 공통으로 인가된다.

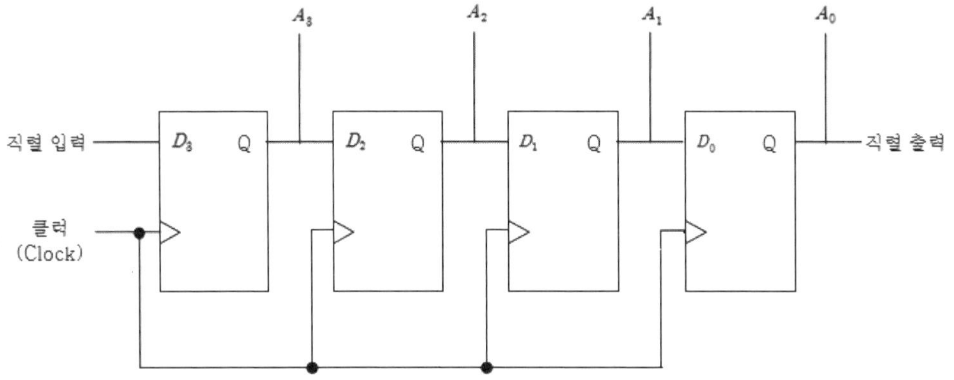

그림 7.6 4-비트 직렬 레지스터의 구성도

그림 7.6에서 4비트 데이터인 '1001'을 저장하는 과정을 보면, 입력 데이터가 레지스터로 입력되는 순서는 가장 하위 비트인 LSB부터 시작하여 한 비트씩 들어간다. 따라서 첫 번째 클록 주기에서 먼저 1이 입력되고, 두 번째와 세 번째 주기에서는 0 이 입력되고 마지막으로 네 번째 주기에서 1이 입력된다. 그렇게 입력된 비트들은 클록 신호의 상승 에지 때마다 우측에 위치한 플립플롭으로 한 비트씩 이동된다. 결국 네 번째 클록이 지난 다음에는 1001이 저장되었다는 것을 알 수 있다. 결과적으로 4비트 직렬 레지스터의 경우에 네 개의 클록이 들어온 다음에야 4비트의 저장이 끝난다. 즉, 직렬 레지스터는 병렬 레지스터에 비하여 데이터를 저장하는데 걸리는 시간이 비트 수에 비례하여 길어지는 단점이 있다. 그러나 입력 비트 수만큼의 입력 선들이 필요한 병렬 레지스터와는 달리, 직렬 레지스터에서는 입력선이 한 개만 필요하기 때문에 하드웨어가 더 간단하다는 장점을 가지고 있다.

7.1.3 시프트 레지스터

저장되어 있는 정보를 왼쪽으로 또는 오른쪽으로 이동(shift)을 시킬 수 있는 레지스터를 시프트 레지스터(shift register)라고 한다. 시프트 레지스터의 구조는 하나의 플립플롭의 출력이 다음 플립플롭의 입력에 연결된 형태로 되어 있다. 그림 7.7에 4-비트 우측 시프트레지스터을 보여준다. 이 레지스터는 대하여 우측 시프트 동작을 수행하는 시프트 레지스터이다. 이 회로에서 입력 데이터와 클록 신호가 계속 들어오면 한 비트씩 출력이 된다.

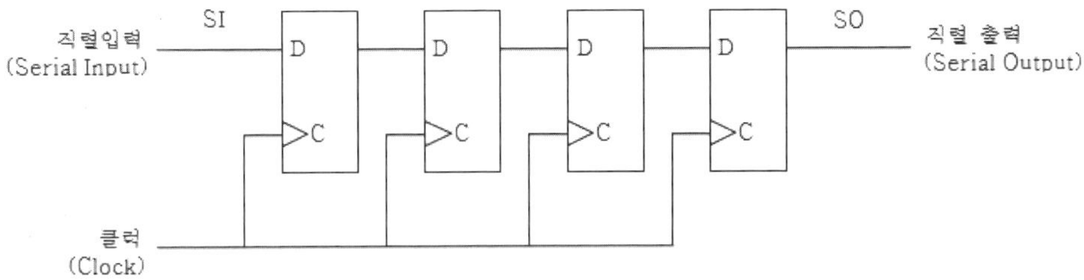

그림 7.7 4비트 시프트 레지스터

시프트 레지스터는 클록에 따라 주기마다 한 비트씩 좌측 혹은 우측으로 이동한다. 따라서 4비트 시프트 레지스터의 입력 데이터의 저장은 네 주기면 된다. 이러한 시프트 레지스터는 어떻게 구성하여 제어 신호를 사용하는가에 따라서 두 방향 중의 어느 쪽이든 선택하여 동작할 수 있다. 시프트 레지스터에 따라서 동작이 다를 수 있는데, 한쪽 방향으로만 이동이 가능한 레지스터를 단방향 시프트 레지스터라고 하며 양쪽 방향으로 이동이 가능한 레지스터를 양방향 시프트 레지스터라고 한다. 그림 7.8은 양방향 시프트 기능을 가진 레지스터의 내부 회로를 보여주고 있다.

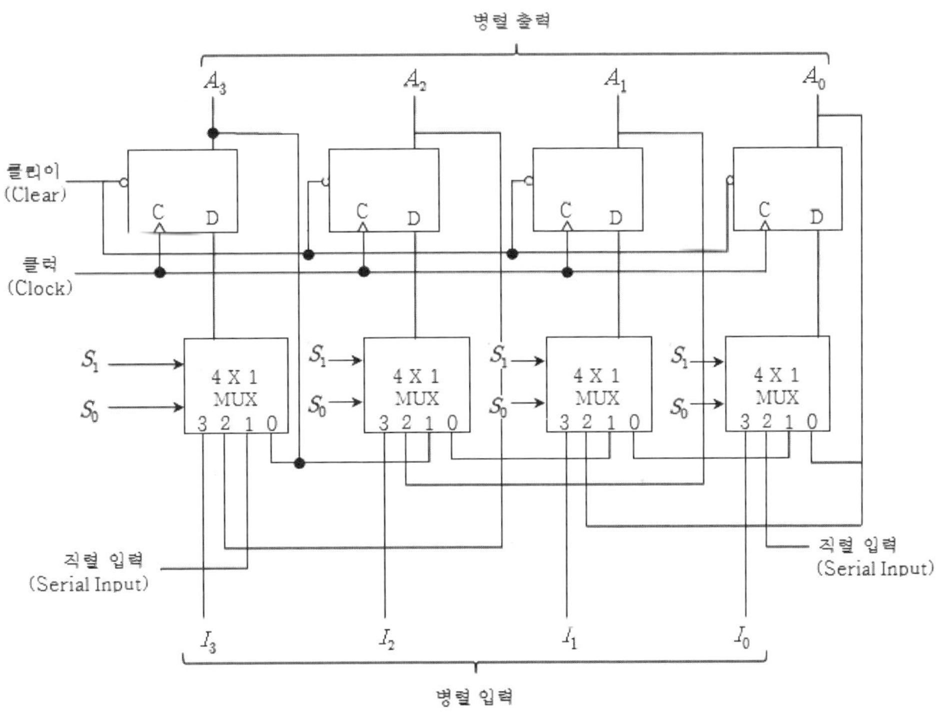

그림 7.8 4비트 양방향 시프트 레지스터

그림 7.8은 양방향 시프트 레지스터는 4개의 D 플립플롭과 4개의 멀티플렉서로 구성되어 있다. 이 레지스터의 동작방식은 표 7.1과 같다.

표 7.1 양방향 시프트 레지스터에 대한 함수표

멀티플렉서 선택선		레지스터 동작
S_1	S_0	
0	0	불변(No change)
0	1	우측시프트(Shift right)
1	0	좌측시프트(Shift left)
1	1	병렬로드(Parallel load)

4개의 멀티플렉서는 s_1s_0의 2개의 공통된 선택입력을 가지고 있다. $s_1s_0 = 00$일 때 레지스터의 현재 값이 그대로 유지되는 불변이고, $s_1s_0 = 01$일 때 우측 시프트 동작이 일어나게 되어 한 비트씩 우측으로 시프트된다. $s_1s_0 = 10$일 때는 좌측 시프트 동작이 일어나게 되어 한 비트씩 좌측으로 시프트된다.

마지막으로 $s_1s_0 = 11$일 때는 4비트의 I 입력이 병렬로 레지스터로 로드된다. 시프트 레지스터는 주로 멀리 떨어져 있는 디지털 시스템에 이용된다. 예를 들면, 두 지점 사이에 전송하는 거리가 멀다면 n비트를 전송하기 위해 병렬로 n개의 라인을 사용하는 방법보다 하나의 라인을 사용하여 직렬전송으로 순서대로 1비트씩 전송하는 것이 더 효과적이다. 즉, 전송기는 전송하려는 데이터를 시프트 레지스터를 통해서 병렬로 받아들여 하나의 라인을 통해서 직렬로 데이터를 전송한다. 수신기는 시프트 레지스터를 통해서 직렬로 들어오는 데이터를 한 비트씩 읽어 들인다. 모든 비트가 수신된 다음에 레지스터는 병렬방식으로 출력을 하므로 결국은 전송기는 병렬-직렬 변환을 수행하고, 수신기는 직렬-병렬 변환을 하게 된다.

7.2 카운터

카운터는 입력이 인가되면 미리 정해진 순서대로 상태를 수행하는 특수한 형태의 레지스터로 볼 수 있다, 카운터의 각 게이트는 2진 상태를 정해진 순서대로 만들어내도록 연결되어 있으며, 값을 하나씩 순차적으로 증가시키거나, 감소시킨다. 증가시키는 카운터는 업 카운터(Up counter)라고하고 감소시키면 다운 카운터(Down counter)라고 한다. 또한 카운터는 클럭을 어떻게 인가하는가에 따라서 리플 카운터와 동기식 카운터로 나누어진다.

리플 카운터(ripple counter)는 현재 동작되는 플립플롭의 출력값이 그 다음 플립플롭의 클럭으로 들어가 그 플립플롭을 동작시킨다. 즉 플립플롭은 순차적으로 직렬로 동작되는 것처럼 보이므로 리플 카운터 또는 비동기식 카운터라고도 한다. 다시 말하면 사용되는 모든 플립플롭의 동일한 클럭에 의해 동작되는 것이 아니고 바로 전 플립플롭의 출력값에 따라서 동작이 이루어진다. 동기식 카운터(synchronous counter)는 모든 플립플롭의 클럭이 동일한 클럭 발생기로부터 같은 시간에 동일하게 들어간다. 그러므로 모든 플립플롭은 동시에 동작을 한다.

7.2.1 리플 카운터

카운터는 레지스터의 한 종류로서 입력에 따라 미리 정해진 순서대로 상태 전이가 진행되는 레지스터를 카운터라고 한다. 입력은 공통의 클럭을 사용할 수도 있고, 외부에서 입력될 수도 있다. 또한 입력의 주기도 일정할 수도 있고 그렇지 않을 수도 있다.

2진수의 순서를 따르는 카운터를 2진 카운터(binary counter)라 한다. 2진 카운터도 값을 하나씩 증가 또는 감소시키는 것에 따라서 2진 업 카운터 또는 2진 다운 카운터라고 부른다. n비트 2진 카운터는 n개의 플립플롭으로 구성되며 0에서 2^n-1까지 카운트가 가능하다. 예를 들어서 3비트의 2진 업 카운터는 10진수로 0부터 7까지 세는 것이 가능하다.

2진 리플 카운터(binary ripple counter)는 각 플립플롭의 출력이 다음 플립플롭의 클럭에 직렬로 연결되어 있다. 예를 들어서 4비트 2진 리플 업 카운터를 설계해 보자. 4비트이므로 4개의 플립플롭이 필요하고 업 카운터이므로 10진수로 0-1-2-3-4-.......- 15 까지를 센다. 이용되는 플립플롭에도 여러 종류가 있으나 카운터는 주로 T 플립플롭과 JK 플립플롭을 이용하는 것이 편리하다.

4비트 2진 리플 업 카운터에 대한 진리표가 표 7.2에 있다. 카운트는 2진수 0000 $(A_3A_2A_1A_0)$부터 시작하여 각 클럭 입력에 의해 하나씩 증가하여 1111$(A_3A_2A_1A_0)$까지 센 후에 카운터는 다시 0000으로 돌아간다. 최하위 비트 A_0는 각 카운트 입력에 의해 보수화된다.

A_0가 1에서 0으로 될 때마다 A_1이 보수화되고, A_1이 1에서 0으로 될 때마다 A_2를 보수화하게 된다. A_2가 1에서 0으로 될 때마다 A_3을 보수화시킨다. 4비트가 아니라 더 여러 비트로 확장을 하더라도 같은 방법으로 보수화 하면 된다. 그림 7.9에 T 플립플롭으로 설계한 4비트 2진 리플 업 카운터 있다.

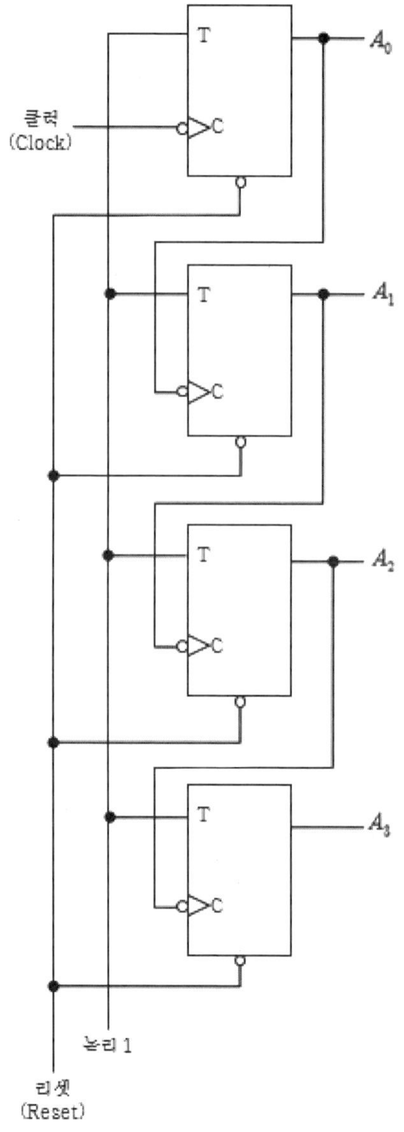

그림 7.9 4비트 2진 리플 업 카운터

표 7.2 2진식 카운터 순서

A_3	A_2	A_1	A_0
0	0	0	0
0	0	0	1
0	0	1	0
0	0	1	1
0	1	0	0
0	1	0	1
0	1	1	0
0	1	1	1
1	0	0	0
1	0	0	1
1	0	1	0
1	0	1	1
1	1	0	0
1	1	0	1
1	1	1	0
1	1	1	1

2진 다운 카운터는 클럭이 입력 될 때마다 값이 하나씩 감소된다. 예를 들어서 4비트 다운 카운터 2진수 1111에서 시작하여 1110, 1101, 1100, …, 0001, 0000 으로 값이 하나씩 감소된다.

7.2.2 BCD 리플 카운터

n 비트 카운터는 n 개의 플립플롭이 필요하며, 10진수로 표현했을 때 1부터 $2^n -1$ 까지 셀 수 있다. 이런 방식으로 설계된 카운터를 2진 n 비트 카운터라고 한다. 그런데 실생활에서 사용되는 0부터 9까지의 숫자를 사용하는 10진수 체계의 비동기식 10진 카운터를 설계하려면, 10진수를 2진수의 4비트로 표현한 BCD 코드를 사용하게 된다. 이런 카운터를 비동기식 10진 카운터 또는 BCD 리플 카운터라고 한다. BCD 코드는 0부터 9까지의 수를 2진수로 0000(1)부터 1001(9)까지 사용하는 코드를 말한다. 그러므로 BCD 카운터는 0000, 0001, 0010, ... , 1000, 1001 순서로 세며 1001 다

음은 0000으로 돌아온다. 그리고 0부터 9까지 카운트하는 BCD 코드는 4비트를 사용하므로 4개의 플립플롭으로 구성된다. 이 BCD 코드에서는 1010부터 1111까지의 6개는 사용되지 않는다. 그림 7.10에 BCD 리플 카운터의 상태도를 나타낸다.

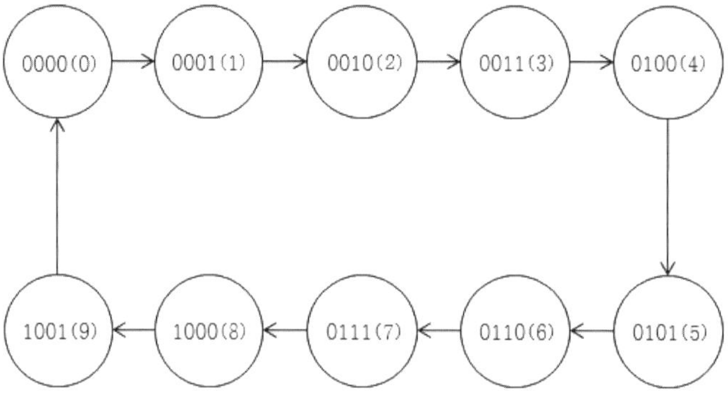

그림 7.10 BCD 리플 카운터의 상태도

BCD 리플 카운터에서 상태도는 10진수를 4비트 BCD 코드 값으로 표현한 것이다. 여기서 1001 다음의 상태가 0000이라는 것을 제외하면 일반적으로 2진 카운터를 설계하는 것과 거의 같다. 이 카운터에서 0000~1001 사이의 상태 전이를 발생하도록 하기 위해서는 일반적인 4비트 리플 카운터 회로를 그대로 사용하면 된다. 그런데 상태값 1001에서 클럭이 하나 더 들어왔을 때 1010이 아닌 0000으로 바뀌도록 하려면, 카운터의 상태가 1010이 되는 즉시 모든 T 플립플롭들의 상태를 '0'으로 리셋시키면 된다. 그렇게 하기 위하여 열(1010)번째 클럭이 들어와서 상태가 1010으로 바뀌는 즉시 모든 플립플롭 연결된 클리어 신호를 인가하여 카운터의 상태를 0000으로 강제적으로 리셋시키는 것이다.

그림 7.11은 BCD 리플 카운터를 구성한 결과를 보여주고 있다. 이 회로는 일반적인 2진 리플 카운터에 리셋 동작을 수행하기 위한 회로를 추가한 것이다.

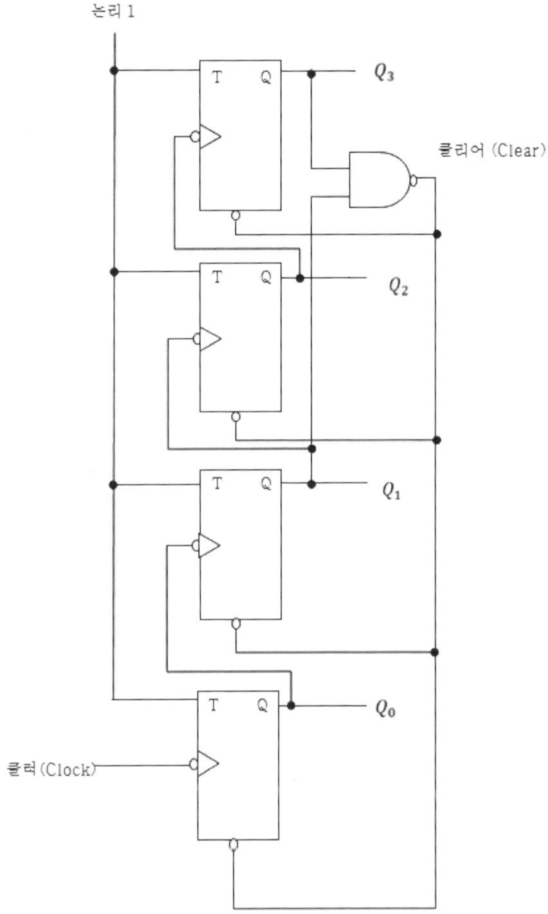

그림 7.11 BCD 리플 카운터

그림 7.11은 0부터 9까지 카운트하는 BCD 리플 카운터이다. 이 회로를 여러개 사용하여 더 큰 숫자까지 세는 것을 생각해 보자. 이 회로를 설계하기 위해서는 BCD 코드의 특성을 좀 더 자세하게 알 필요가 있다. 10진수로 8은 BCD 코드로 1000으로 표현한다. 그런데 10진수로 82는 BCD 코드로 1000 0010 으로 표현된다. 결국 10진수의 자릿수 만큼의 BCD 카운터를 이용해야 된다.

예를 들어서 10진수로 0에서 99까지 세기 위해서는 10진 수 2자릿수 이므로 2개의 BCD 카운터가 필요하게 된다. 그림 7.12는 0에서 999까지 셀 수 있는 카운터의 개략도이다.

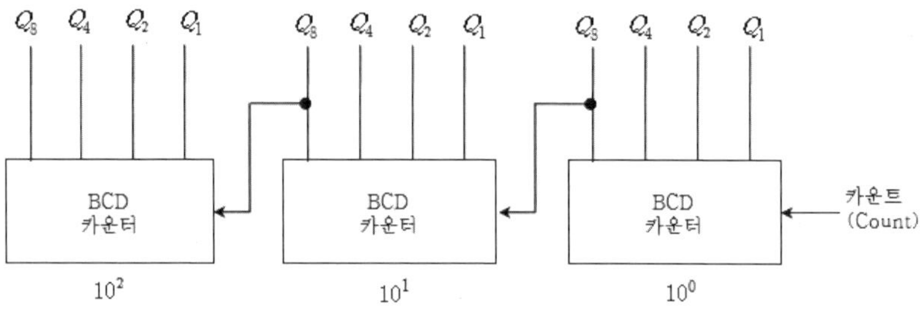

그림 7.12 0부터 999까지 세는 BCD 카운터의 개략도

7.2.3 동기식 카운터

동기식 카운터는 클럭이 모든 플립플롭에 인가되면 동시에 동작한다. 그래서 비동기식 카운터에서의 단점인 동작 시간이 지연되는 것을 보완할 수 있다. 동기식 2진 카운터는 비 동기식에 비해서 설계가 간단하다. 동기식 2진 카운터의 설계는 최하위의 자리에 있는 플립플롭은 매 클럭마다 보수화되고, 다른 플립플롭은 그보다 하위에 있는 비트가 모두 1이면 다음 카운트 입력에서 보수화된다. 동기식 카운터의 동작 특성을 알아보기 위해서 우선 가장 간단한 형태인 동기식 2비트 2진 카운터에 대해서 알아보자. 그림 7.13이 동기식 2비트 2진 카운터이다. 이 카운터는 T 플립플롭을 사용하여 설계한 것으로 클럭이 두 개의 T 플립플롭으로 동시에 들어간다. 그리고 첫 번째 플립플롭은 T 입력이 1로 세트되어 있기 때문에, 클럭의 하강 에지마다 항상 트리거링된다. 반면에, 두 번째 플립플롭의 T 클럭으로는 첫 번째 플립플롭의 출력이 연결되어 있다.

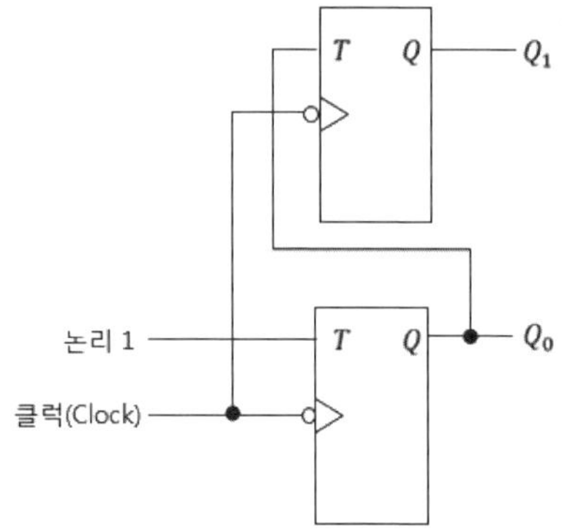

그림 7.13 동기식 2비트 2진 카운터

이번에는 동기식 4비트 2진 카운터를 살펴보자. 앞의 예에서는 T 프립플롭을 사용했으나 이번에는 JK 플립플롭을 이용하여 설계한 예를 보자. 그림 7.14가 그것이다. 이 회로에서 4비트($A_3A_2A_1A_0$) 2진수가 현재 0011($A_3A_2A_1A_0$)이면 다음의 수는 0100($A_3A_2A_1A_0$)이 된다. 즉, A_0는 가장 하위 비트이므로 항상 보수화되고 A_1은 A_0의 현재 상태가 1 이기 때문에 보수화된다. A_2는 A_1A_0의 현재 상태가 11 이기 때문에 보수화된다. 그러나 A_3는 $A_2A_1A_0$의 현재 상태가 011 이기 때문에 보수화하지 않는데, 이는 하위 3비트가 111이 아니고 011이라 모든 하위 비트가 1 이 아니기 때문이다.

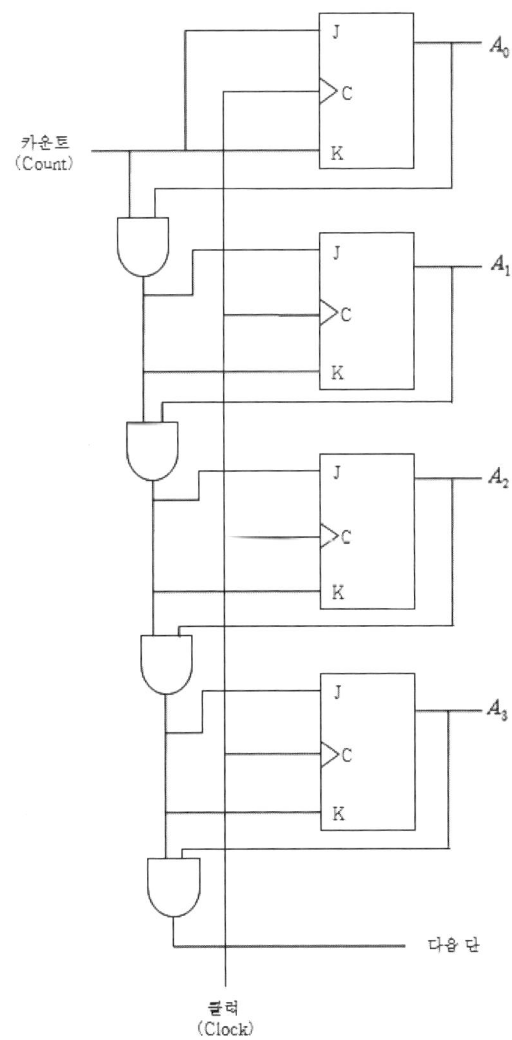

그림 7.14 동기식 4비트 2진 카운터

그림 7.14에서 각각의 플립플롭의 클럭은 동일하게 연결되어 있다. 이 회로에서 클럭이 인가되고 카운트 입력이 들어가면 동작을 하게 된다.이 카운터는 더 큰 숫자까지 셀 수 있는 카운터로 쉽게 확장이 가능하다. 모든 앞단의 플립플롭의 출력이 1이 될 때 1의 출력을 만들도록 플립플롭과 AND 게이트를 추가하면 확장이 가능하다.

그림 7.14는 클럭의 상승 에지에서 트리거링 된다. 그러나 항상 클럭의 상승 에지에서의 동작이 필수적인 것은 아니다. 동기식 카운터는 상승이나 하강 에지에서 트리거 될 수 있다.

7.2.4 병렬로드를 갖는 카운터

디지털 시스템에서 초기값을 외부로부터 받은 다음에 그 값을 세는 카운터가 필요한 경우가 있다. 이런 경우 카운터로 한 클럭만에 모든 데이터를 다 가져오는 동작을 병렬로드라고 한다.

그림 8.15는 병렬로드 기능을 가진 4비트 2진 카운터의 개략도를 보여주고 있다. 그림 7.15의 개략도를 보면 초기값, 카운트 출력, 제어 신호로 카운트, 로드, 입력이 있다. 이 개략도를 자세하게 설계한 것이 그림 7.16에 있다.

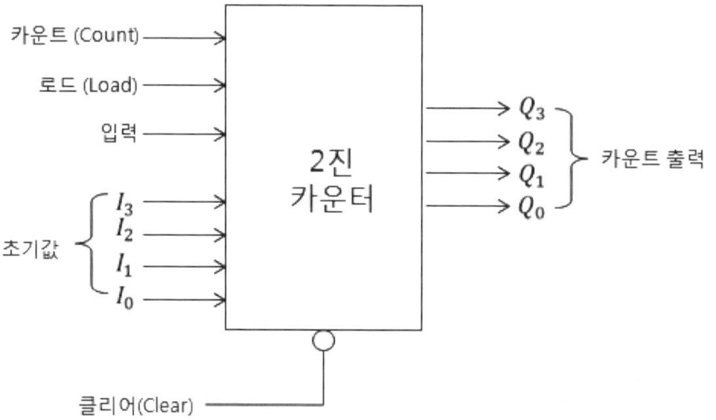

그림 7.15 병렬로드 기능을 가진 4비트 2진 카운터의 개략도

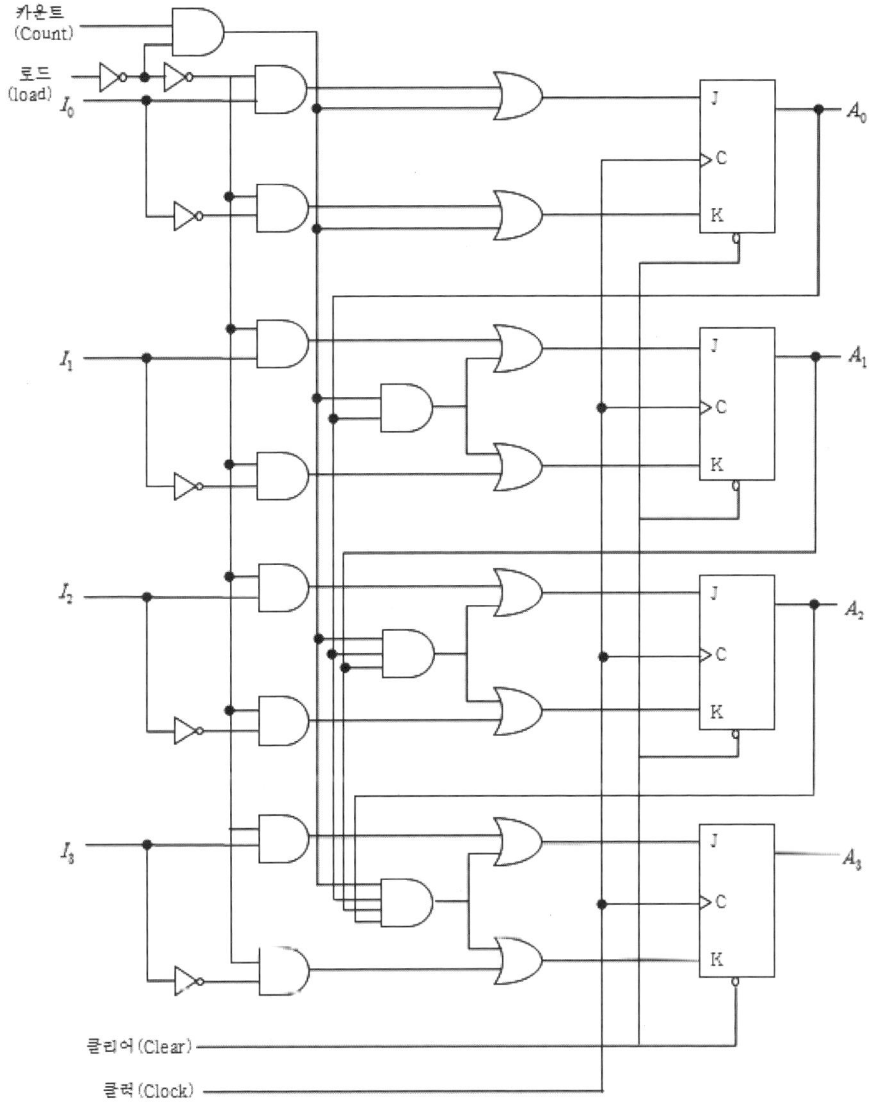

그림 7.16 병렬 로드 기능을 갖는 4비트 2진 카운터

그림 7.16의 카운터의 동작은 표 7.3과 같다. 클럭 신호가 활성화 되면, 플립플롭의 출력이 모두 0이 된다. 또한 카운트 신호와 로드 신호는 둘 중의 어느 하나만 1로 세트될 수 있다, 두 신호가 동시에 1이 될 수는 없다. 만약 로드 신호가 1이라면, 외부로부터 들어오는 초기값이 플립플롭에 로드된다. 그리고 카운트 신호가 1이라면 로드되어 있던 값이 카운트 동작을 수행한다. 그러나 로드 및 카운트 신호가 모두 0이라면 카운터는 어떤 동작도 수행하지 않고 현재의 상태를 그대로 유지한다.

표 7.3 그림 7.16 카운터의 동작

클리어	로드	카운트	카운터의 동작
0	X	X	모든 출력들을 0으로 리셋
1	1	0	초기값을 카운터에 적재
1	0	1	카운트 동작 수행
1	0	0	정지 상태

연습문제

7.1 시프트 레프트에서 오버플로우를 검사하는 방법을 설명하시오.

7.2 동기식 카운터와 비동기식 카운터의 차이점을 설명하시오.

7.3 2개의 T 플립플롭과 하나의 입력 x를 갖는 2비트 다운카운터를 설계하시오. x=0인 경우에는 카운터는 변화가 없고, x=1인 경우에 11, 10, 01,00의 순서로 변화된다.

7.4 3번 문제에서 T 플립플롭을 사용하지 말고 JK 플립플롭을 이용하여 설계하시오.

연습문제

7.5 직렬전송과 병렬전송의 차이점을 설명하시오.

7.6 6비트 시프트 레지스터의 값이 '110011'이다. 이 레지스터의 값을 3번 산술 시프트 시키면 어떻게 되는가를 설명하시오.

7.7 그림 7.7의 4비트 시프트 레지스터(오른쪽)를 변경하여 4비트 시프트 레지스터(왼쪽)로 설계하시오.

제 8 장

메모리

제8장

메모리

메모리는 처리하려고 하는 2진 정보를 입력하여 저장하였다가 이 정보를 처리할 경우에 불러서 사용할 수 있게 해준다. 또한, 처리하는 과정에서 수시로 불리어져서 사용되며 그 처리되는 중간 결과를 수시로 갱신한다. 2진 정보 하나를 비트(Bit)라고 하며 이 한 비트를 저장하는 공간을 셀(Cell)이라고 한다. 그러므로 메모리는 셀들의 집합으로 구성되어 있다.

셀의 구조에 따라서 메모리는 두 가지 종류로 나누어진다. RAM(Random access memory)과 ROM(Read only memory)이 그것이다. RAM은 정보를 입력하여 저장하고 그리고 필요한 경우에 읽어서 사용할 수 있는 메모리이며, 여기서 새로운 정보를 기억장치에 저장하는 과정을 쓰기 동작이라 하고, 이 저장된 정보가 메모리로부터 읽혀지는 과정을 읽기 동작이라고 한다. ROM은 읽기 동작만을 할수 있고 쓰기 동작은 할 수 없다. 그러므로 ROM은 저장한 데이터를 쓰기는 필요없고 읽을 필요만 있는 경우에 이용할 수 있는 메모리이다.

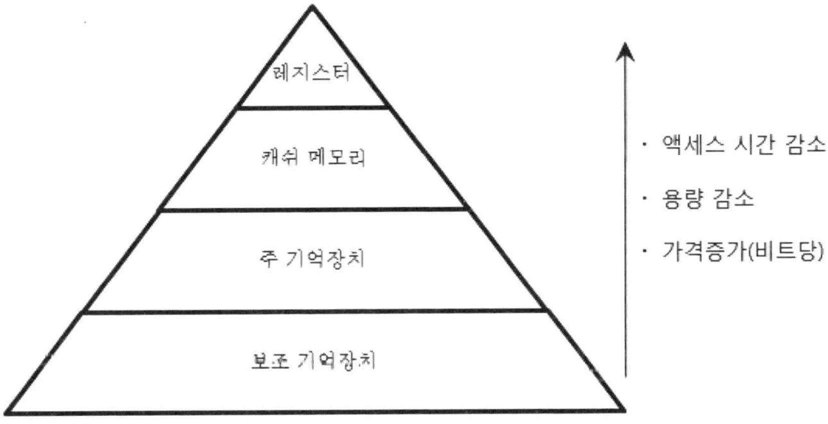

그림 8.1 메모리의 계층구조

컴퓨터에서 많이 사용되는 메모리의 계층구조는 그림8.1과 같다. 주기억 장치는 컴퓨터 몸체에 내장되어 있으며 입력된 프로그램과 데이터를 저장하며, 보조기억 장치는 주기억장치에는 저장할 수 없는 대용량의 데이터를 저장하고 그리고 백업용으로 이용되는 것으로 자기 디스크(Magnetic disk), 자기 테이프(Magnetic tape), 플로피 디스크(floppy disk), 하드 디스크(hard disk), CD ROM 등이 있다.

캐쉬메모리(Cache memory)는 주기억 장치의 읽기, 쓰기 속도가 늦은 것을 개선한 더 낮은 계층의 메모리이며, 레지스터는 중앙처리장치(CPU)에서 처리할 때 잠시 메모리로부터 가져다가 저장하는 공간을 말한다.

이렇게 메모리를 하드웨어적인 측면에서 분류하지 않고 접근하는 방식에 따라서 분류하는 방법과 메모리가 휘발성이냐 아니냐에 따라서 분류하는 방법이 있다. 접근하는 방법에 의한 분류는 메모리를 어떻게 접근하느냐에 따라서 분류한 것으로 원하는 데이터를 RAM이나 ROM과 같이 직접 찾아가는 직접 접근 방식(Direct access memory)과 자기테이프와 같이 원하는 데이터를 접근하려면 테이프를 감든지 풀리는 시간이 필요한 메모리를 순차적 접근 방식(Sequential access memory)이라고 한다. 메모리가 휘발성인가 아닌가에 의한 분류는 휘발성 메모리는 일정한 시간이 지나거나 전원이 꺼지면 저장된 내용이 지워지는 메모리 형태를 말하며 전원이 꺼져도 내용이 지워지지 않는 메모리를 비휘발성 메모리라고 한다. 주로 주기억장치로 사용되는 RAM은 전원이 꺼지면 저장된 정보가 지워지는 휘발성이며, 자기 디스크, 자기 테이프, ROM 같은 메모리는 전원이 차단되어도 기록된 정보가 계속 유지되는 비휘발성 메모리이다.

8.1 RAM

메모리에서 데이터를 저장하는 기본 단위는 워드(words)라고 하며 이는 연속적인 여러개의 비트로 구성된다. 즉, 하나의 워드는 일반적으로 하나의 단어를 의미하며 몇 개의 비트 '1'과 '0'의 조합으로서 나타낼 수 있다. 예를 들면 8비트를 1바이트(byte)라고 하며 영문자 하나를 기억하는데 필요로 하는 최소한의 비트이다. 문자에 따라서는 한 문자를 표현하는데 2바이트(16비트)를 이용하거나 또는 32비트(4바이트)를 이용한다.

RAM의 개략도는 그림 8.2와 같으며, 워드 입력, 워드 출력, 번지, 읽기 그리고 쓰기선으로 이루어진다. n비트의 워드 입력선은 메모리에 워드를 저장하려고 할 때 사용하며, n비트의 워드 출력선은 메모리에서 워드를 출력하려고 할 경우에 사용된다. k개의 번지선은 메모리에 저장되어 있는 많은 워드 중 하나를 선택하는 데 사용되며 k개의 선으로는 메모리에 들어있는 모든 워드를 다 선택할 수 있다. 그리고 읽기와 쓰기선은 제어선으로서 워드를 읽고, 쓰기를 하는 경우에 사용되는 선이다. 이 개략도에서 $2^k \times n$ 은 RAM에 저장되어 있는 전체 워드의 수(2^k)와 한 워드당 비트수(n)를 나타낸다. 예를 들어서 1k×8 은 1024(1k)개의 워드와 한 워드는 8비트라는 것을 의미한다.

메모리내의 100번지의 워드를 선택하려면, 10비트의 번지를 ' 0001100100'으로 인가하고 읽기면 읽기선을 쓰기면 쓰기선을 인가하면 된다. 그러면 8비트의 워드를 읽거나 쓰기를 할 수 있다.

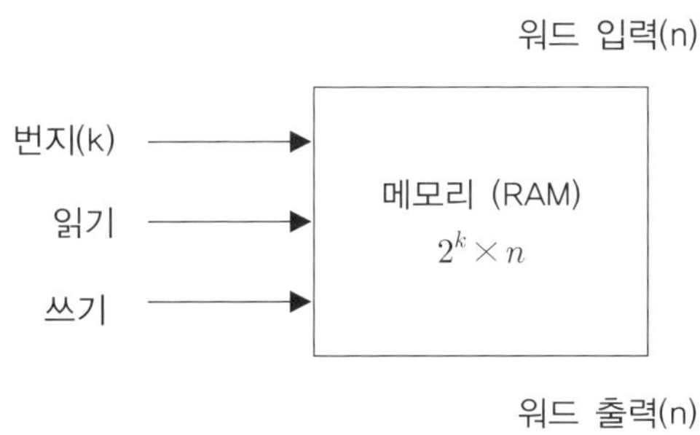

그림 8.2 기억장치의 블록 도표

RAM은 읽기와 쓰기 두 가지 동작의 제어가 있다. 읽기 제어 선은 메모리에 있는 내용을 읽어 다른 곳으로 보낼 때 사용하고, 쓰기 제어 선은 다른 곳에 있는 내용을 메모리 원하는 장소로 저장하려고 할 때 사용하는 것이다.

읽기 동작은 다음의 두 단계로 이루어진다.

- 선택된 워드의 번지를 번지선에 인가한다.
- 읽기 제어선을 인가한다.

쓰기 동작은 다음의 세 단계로 이루어진다.

- 선택된 워드의 번지를 번지선에 인가한다.
- 저장할 워드를 워드 입력선으로 보낸다.
- 쓰기 제어선을 인가한다.

집적 회로 RAM은 내부 구조에 따라서 DRAM(Dynamic RAM: 동적 RAM)과 SRAM(Static RAM : 정적 RAM)으로 구분한다. 동적 RAM은 2진 정보를 콘덴서에 저장하는데 일정 시간이 경과하면 자동으로 방전되므로 DRAM은 일정한 시간 단위로 재충전(Refresh)시켜야 한다. DRAM은 전력 소비가 적고, 단일 메모리 칩 내에 더 많은 정보를 저장할 수 있으며 가격이 저렴하여 주기억 장치용으로 많이 사용된다. SRAM은 주로 2진 정보를 플립플롭에 저장하므로 재충전이 필요 없어서 속도가 조금 빠르나 DRAM에 비해서 집적도가 낮고 가격이 조금 비싼 편이라서 캐쉬 메모리용으로 이용된다. DRAM이 초기에 비동기식으로 사용되어 속도가 늦은 것을 동기식으로 동작시킨 것을 SDRAM(Synchronous DRAM)이라 하고 한번에 하나의 데이터만 접근하는 방식을 동시에 두 개를 접근할 수 있도록 개선한 것을 DDRSDRAM(Double data SDRAM) 이라고 한다. 현재는 거의 이 DDRSDRAM이 이용되고 있으며, 메모리를 관리하는 부분을 개선한 미국의 램버스(Rambus) 회사에서 만든 RDRAM이 함께 사용되는 추세다.

RAM의 용량이 $2^k \times n$ 인 RAM은 하나의 워드당 n비트인 $m(2^k)$개의 워드를 갖는 RAM이며, 한 비트씩 저장하는 공간을 $m \times n$ 만큼 가지고 있다. 2진 정보 1비트를 저장하는 SRAM의 2진 셀의 회로는 그림 8.3 a)과 같다. 그림 8.3 b)는 a)의 개략도이다.

1비트 정보는 RS 플립플롭에 저장되며, 회로는 입력선, 출력선, 선택선 그리고 읽기/쓰기선으로 구성되어 있는데 선택선은 많은 셀 중에서 해당되는 셀을 지정하는 선으로 다시 말하면 읽기/쓰기를 하기 위한 번지를 가리키게 된다.

실제로 아주 작은 4x3의 RAM은 논리구조는 그림 8.4와 같다. 이것은 4개 워드로 구성되어 있으며 한 워드는 3비트씩이다. 한 비트를 저장하는 셀은 전체 12개가 필요하게 된다. 즉 이 작은 메모리는 12비트를 저장하게 된다.

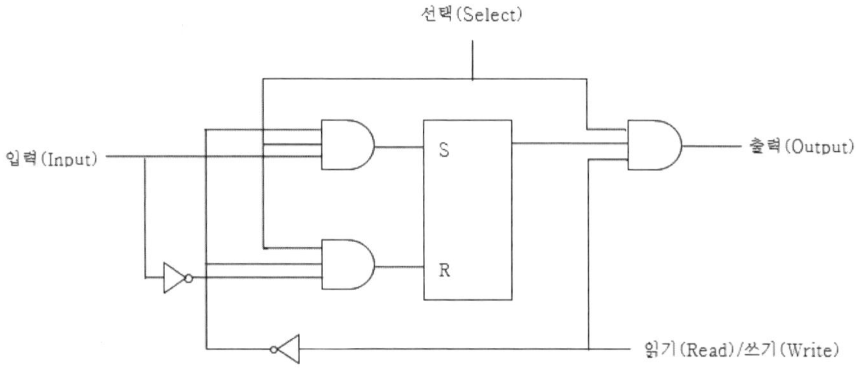

(a) 한 비트를 저장하는 SRAM

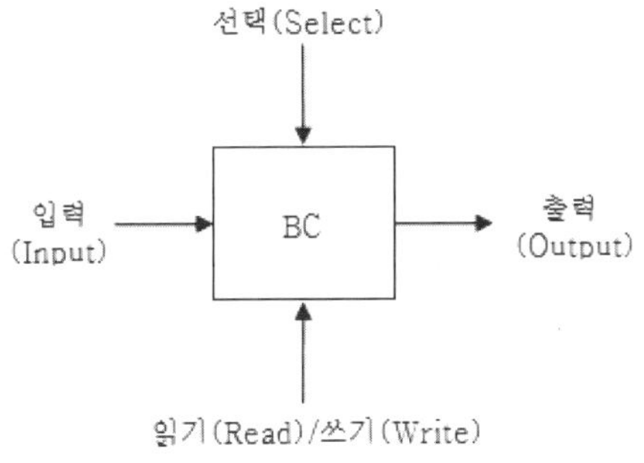

(b) 개략도

그림 8.3 메모리 소자

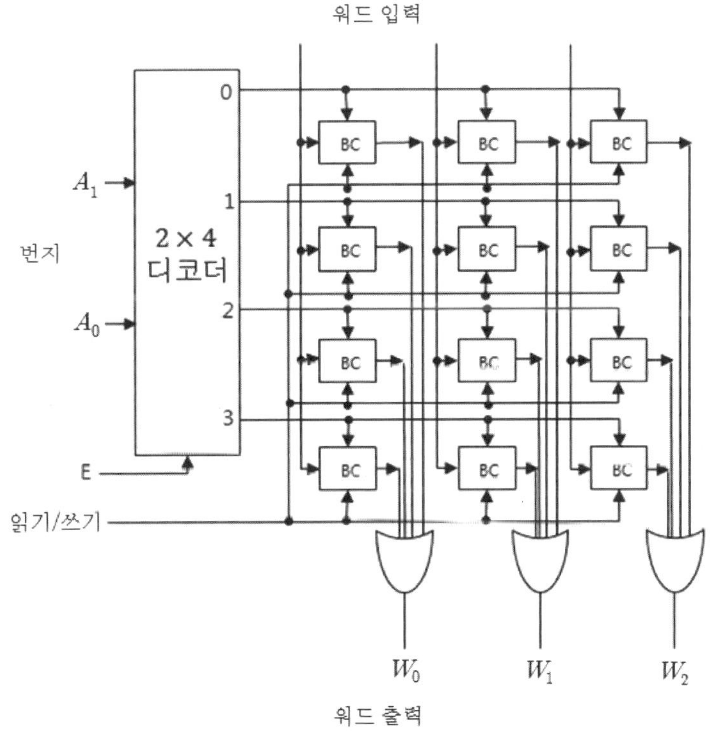

그림 8.4 4×3 SRAM의 기본구조

그림 8.4는 3개의 입력과 1개의 출력을 갖는다. 전체 $4(2^2)$개의 워드를 가지고 있으므로 번지선이 2개가 필요하다. 2비트의 번지선은 0번지(00), 1번지(01), 2번지(10) 그리고 3번지(11)의 4개의 워드중 하나를 나타낸다. 이렇게 하기 위해서는 디코딩 회로로서 2×4 디코더가 필요하다. 이 디코더는 결국 원하는 번지를 활성화시키게 된다.

그 활성화된 선은 각 셀의 선택선으로 연결되어 각각의 셀에서 읽기 또는 쓰기의 동작을 하게 된다. 읽기 동작이면 OR 게이트들을 통과해서 출력이 되며, 쓰기 동작이면 입력된 비트를 셀에 저장하게 된다.

메모리를 구성하는 방법은 그림 8.5와 그림 8.6과 같이 2가지 방식으로 구성할 수 있다. 그림 8.5는 64x4 메모리로서 64개 워드의 용량이므로 6x64의 디코더를 필요로 한다. 이 디코더는 6개의 번지선을 입력하여 해당하는 워드의 선택선을 활성화하여 읽기 또는 쓰기를 할 수 있다. 예를 들어서 111110 번지가 입력되면 디코더의 '63'이 활성화 되어 그 내용을 읽기 또는 쓰기를 하게 된다. 그림 8.6은 64x1 메모리로서 번지가 열번지와 행번지로 나누어져서 들어간다. 예를 들어서 번지가 111110 이라면 111은 열번지로 들어가고 110은 행번지로 들어가 양쪽 디코더에서 활성화된 부분의 한 비트를 읽거나 쓰기를 한다.

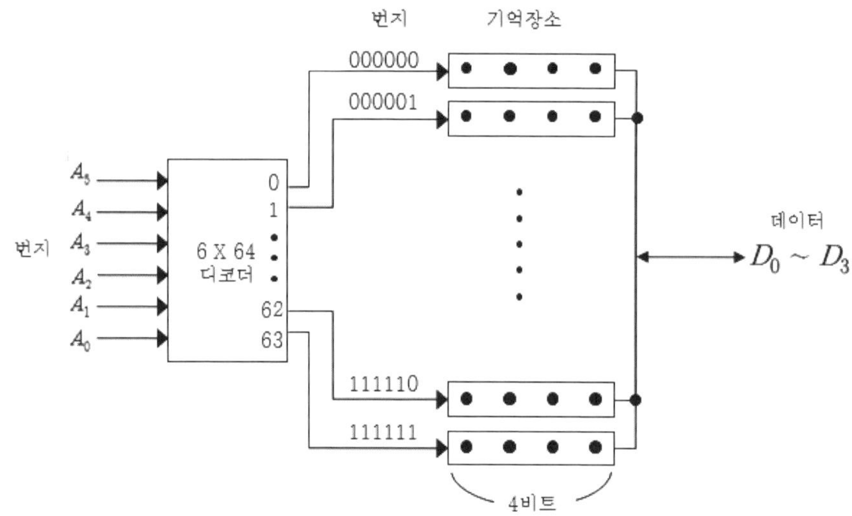

그림 8.5 64x4 메모리

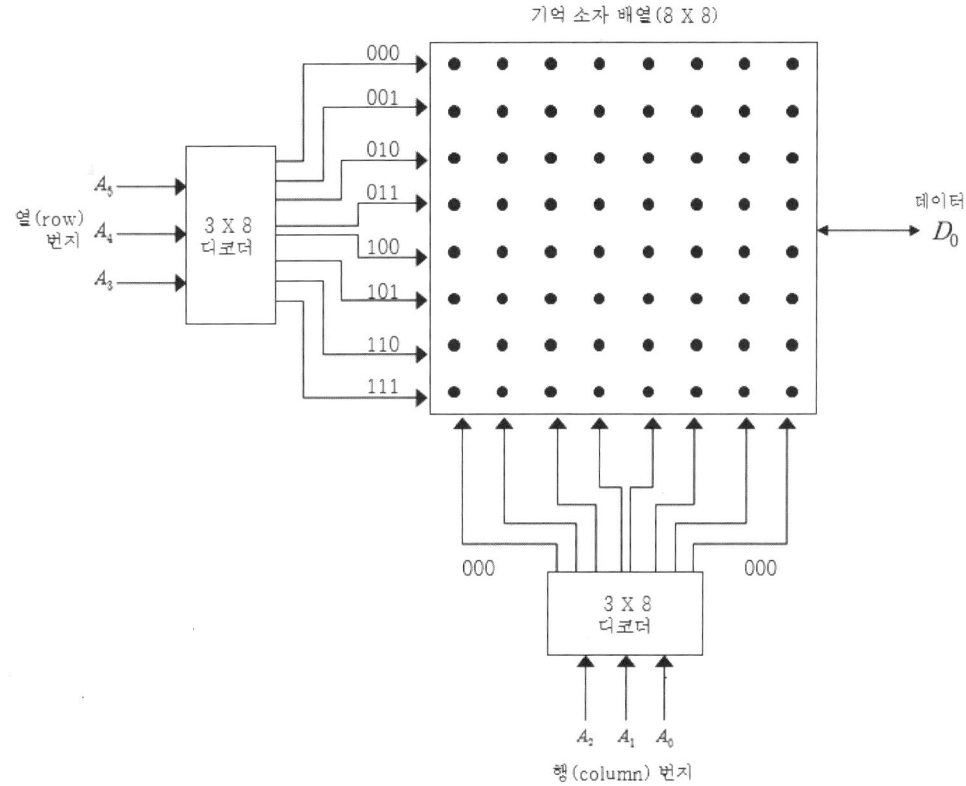

그림 8.6 64 x 1 메모리

컴퓨터에서 주기억장치의 용량은 정보량의 증가와 소비자의 요구에 의해서 갈수록 커지고 있다. 그래서 메모리는 여러개의 작은 용량의 메모리를 여러개 연결하여 큰 용량으로 사용하게 된다. 즉 메모리를 확장하여 사용하는 것이다. 그림 8.7은 8x4 메모리 2개를 연결하여 16x4 메모리로 확장할 수 있다. 16x4 는 번지선이 4개가 필요하다. 이 중에서 3개는 번지선으로 사용되고 1개는 인에이블(Enable)선인 CS(Chip Select)로 들어가면 된다. 예를 들어서 '1000' 번지($A_3A_2A_1A_0$)에 '0110'을 저장하려면 번지선 중 A3가 활성화되는 RAM1의 첫 번째 번지에 '0110'을 저장한다.

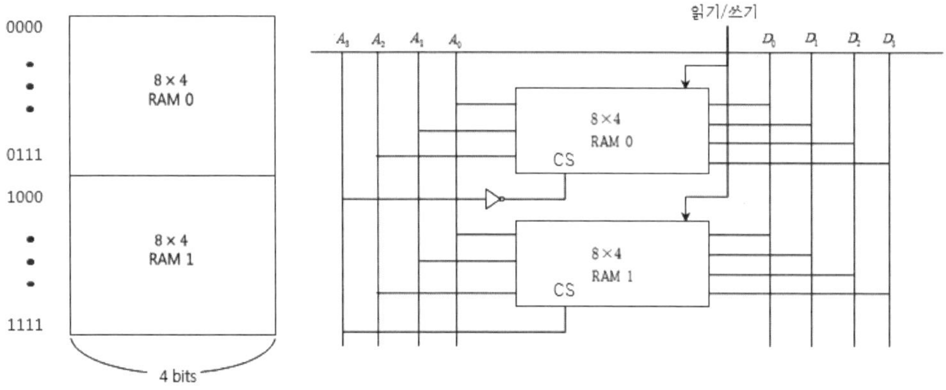

(a) 개략도　　　　(b) 16 x 4 메모리

그림 8.7 8x4 메모리 2개를 연결하여 16x4 메모리로 확장

그림 8.8은 8x4 메모리 2개를 연결하여 8x8 메모리로 확장할 수 있다. 8x8 메모리는 3개의 번지선이 필요하다. 예를 들어서 메모리에서 6번지에 '01011100'을 저장하려면, 번지선은 110($A_0A_1A_2$)이 들어가고 쓰기선이 활성화 되면 '0101' 4비트는 RAM0($D_0D_1D_2D_3$)에 저장되고 '1100' 4비트는 RAM1($D_4D_5D_6D_7$)에 저장되어진다.

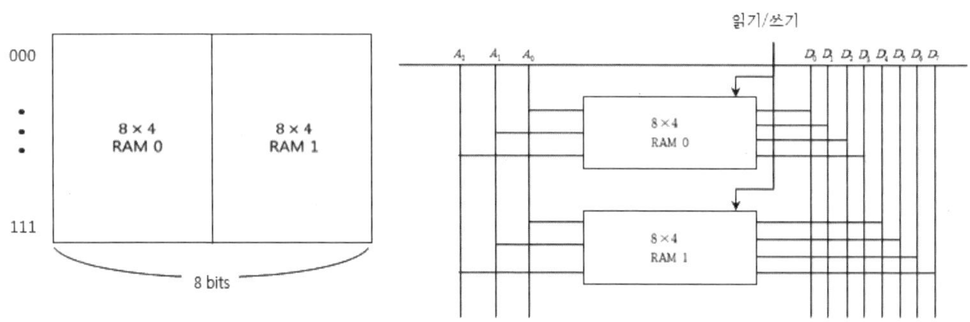

(a) 개략도　　　　(b) 8 x 8 메모리

그림 8.8 8x4 메모리 2개를 연결하여 8x8 메모리로 확장

8.2 ROM

ROM은 저장된 데이터를 읽을 수만 있는 메모리로 별도의 회로가 데이터를 기록하거나 변경할 수 없다. 그래서 ROM은 자주 사용되는 데이터를 반영구적으로 기억시킬 때 사용하는 메모리이며 코드 변환, 수학적 환산표, 컴퓨터 명령어 등 변화되지 않고 자주 이용하는 데이터를 저장하는 데 많이 이용된다.

ROM의 개략도는 그림 8.9와 같으며, 회로의 입출력은 데이터 출력, 번지선으로 구성된다. 그래서 회로는 RAM에 비해서 아주 간단하다. 원하는 워드의 번지선을 활성화시키고 그 번지의 저장된 내용을 읽기만하면 되기 때문이다.

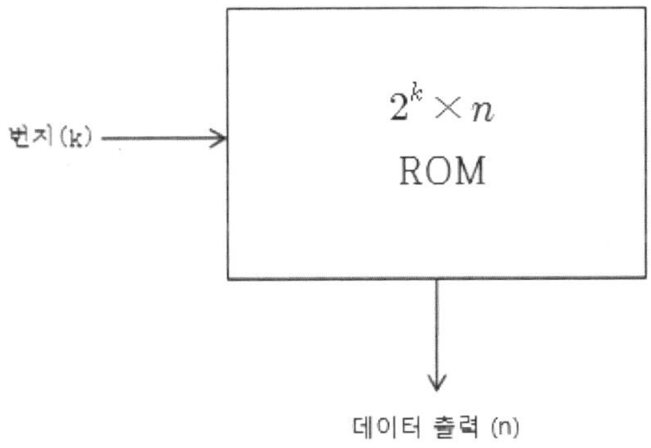

그림 8.9 ROM 의 개략도

ROM은 디코더와 OR 게이트를 이용하여 간단하게 구성할 수 있다. 초기에 ROM에 저장하려고 하는 정보는 단지 읽기만 하는 것이므로 번지선이 디코더의 입력으로 들어가서 해당되는 디코더의 출력이 활성화되면 OR 게이트를 통하여 읽어내게 된다. 그림 8.10에 8x4의 일반적인 형태의 ROM이 있다. 이 ROM은 8개의 워드를 갖고 있으며, 한 워드는 4비트로 되어 있다 그래서 디코딩회로로 3x8 디코더가 있어야하며 4개의 OR 게이트가 있어야 한다.

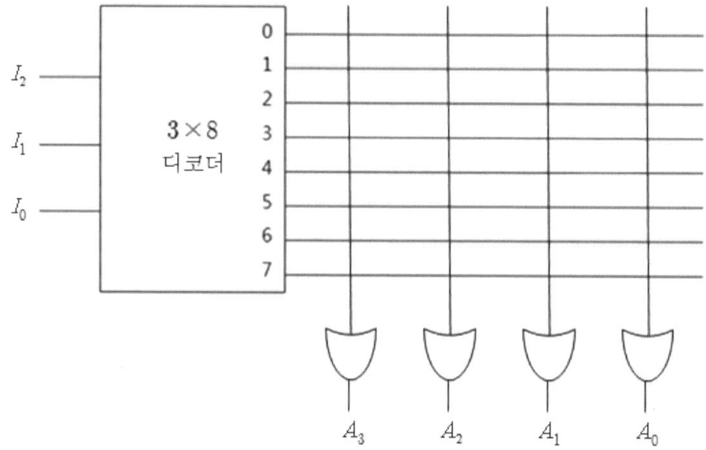

그림 8.10 8×4 ROM의 내부 논리

실제로 표 8.1과 같은 내용이 들어있는 간단한 ROM을 설계하면 그림 8.11과 같다. 여기서 ROM의 크기는 16x3 이므로 주소선은 4개가 필요하다. 그래서 디코딩 회로는 4x16 디코더가 필요하며 한 워드는 3비트로 되어 있으므로 3개의 OR 게이트가 있어야 한다.

표 8.1 ROM의 내용

0000	0	1	1
0001	0	1	0
	1	0	1
	1	1	1
	0	1	1
.	1	0	0
.	0	1	1
.	1	1	1
.	0	0	0
.	0	0	1
	1	1	1
	0	0	0
	0	1	1
	1	0	0
1110	0	0	0
1111	1	0	1

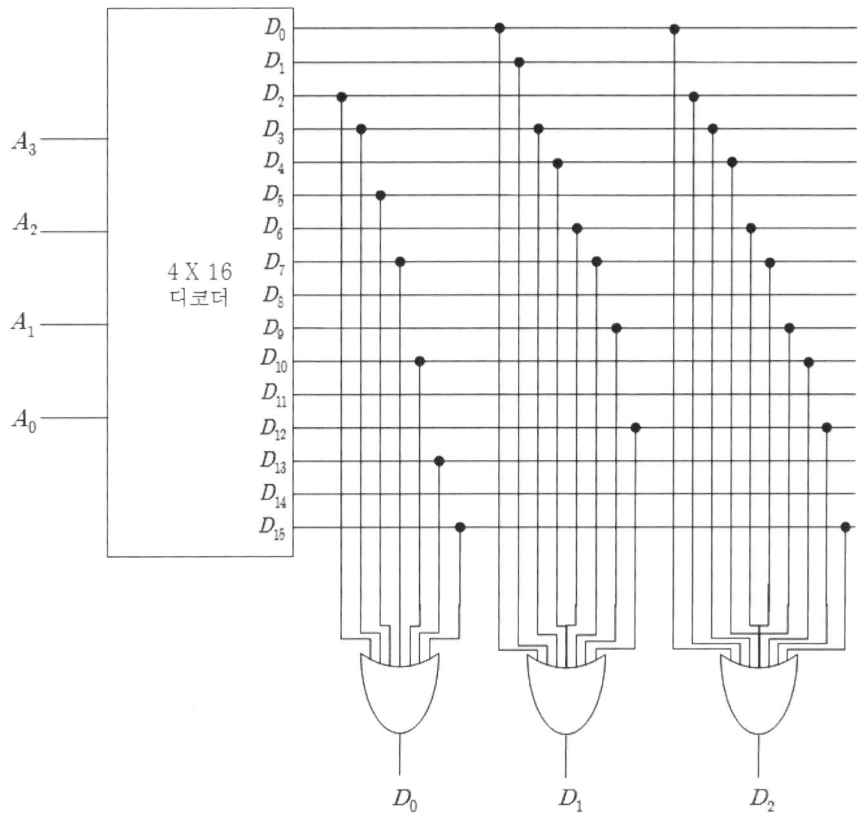

그림 8.11 16x4의 ROM

ROM은 프로그래밍 하는 방법에 따라서 마스크 ROM, PROM, EPROM의 3가지로 구분할 수 있다.

마스크 ROM(mask ROM)은 제조 과정의 마지막 조립 과정에서 프로그래밍 하는 것으로 기록된 프로그램은 변경할 수 없고 단지 읽기만 한다. 이것을 일반적으로 이야기할 때 ROM이라고 한다. 그래서 마스크 ROM을 만들 때 사용자는 ROM에 들어가는 데이터를 진리표 형태로 제공하면 제작자는 진리표에 따라 ROM을 만든다.

PROM은 제작자가 아닌 사용자가 직접 별도의 프로그램 장치를 이용하여 단 한번에 걸쳐서 프로그램을 할 수 있다. 사용자가 진리표 대로 0 또는 1을 프로그램 하면 된다. 즉 PROM에 있는 퓨즈를 절단하면 논리 0을, 절단하지 않으면 논리 1을 나타낸다.

EPROM은 프로그램도 가능하고 지울 수도 있는 ROM으로서 PROM과 같이 퓨즈의 형태로 구성되어 있으며 사용자가 원하는 형태로 퓨즈를 절단하여 프로그램 할 수 있다. 그런데 PROM은 절단된 퓨즈를 복원할 수 없고 단 한번만 프로그램 할 수 있었으나, EPROM은 퓨즈가 절단되어도 다시 초기 상태로 복원할 수 있도록 되어있는 PROM이다. 초기의 EPROM은 일정 시간 자외선을 쪼이면 절단된 퓨즈가 복원되는 UVEPROM이 사용되었다가 후에 자외선 대신 전기 신호를 사용하여 데이터를 지우는 EEPROM이 사용되었다. 복원 과정을 통해 처음 상태로 복원된 EPROM은 다시 프로그램에 의해 필요한 데이터를 저장할 수 있다.

크기가 큰 ROM은 구현시에 칩의 수가 많아지고 공간을 많이 차지하는 단점이 있다. 이것을 보완하는 것을 PLD(programmable logic device)라고 한다. PLD는 주어진 논리 기능을 수행하도록 프로그램할 수 있는 AND 게이트와 OR 게이트의 대형 배열 구조를 갖는 IC 이며 각 게이트 입력에 퓨즈가 연결되어 있어 사용자가 적당한 곳의 퓨즈를 전자적으로 끊음으로써 곱의 합(sum of product)의 형식으로 된 조합논리함수를 실현할 수 있다. 그림8.12는 네 개의 AND 게이트들과 두 개의 OR 게이트들로 이루어진 게이트 배열을 보여주고 있다. AND 게이트 배열 부분을 AND 배열이라고 부르고, OR 게이트 배열 부분은 OR 배열이라고 부른다.

그림 8.12는 다음의 논리함수를 연결한 결과를 보여주고 있다.

$$F_1 = AB' + AB$$

$$F_2 = AB + A'B$$

수직 방향의 입력(A,B)선과 AND 게이트 입력선의 교차점은 프로그래밍에 의해 서로 접속되었다는 것을 가리킨다. 결론적으로 각 AND 게이트의 출력은 선택된 입력 변수들에 대한 곱의 항(product of sum)을 구현해준다. 예를 들어, 그림8.1과 같이 프로그래밍 된 경우에는 첫 번째 AND 게이트는 $A'B$, 두번째 AND 게이트는 AB', 그리고 세 번째 AND 게이트의 출력으로는 AB의 연산 결과이다. 이 각각의 AND 게이트는 OR 게이트로 연결된다.

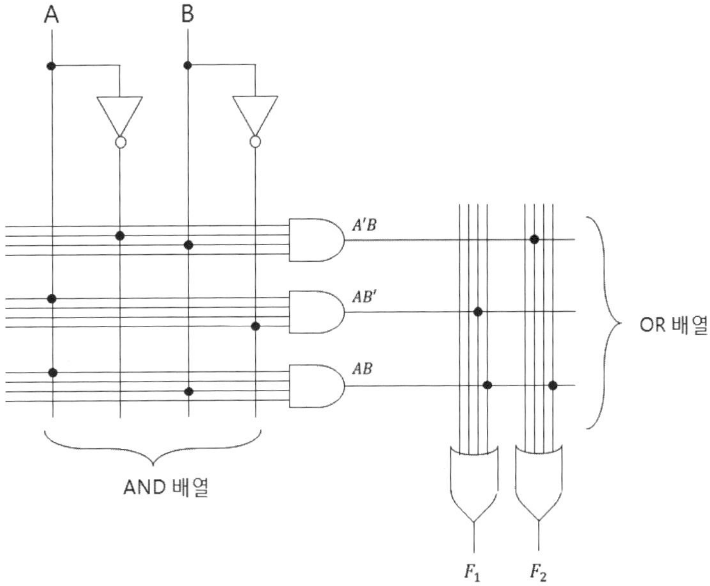

그림 8.12 간단한 게이트 배열의 내부 회로

그런데 게이트 배열에서 게이트들의 수와 각 게이트의 입력선의 수가 많아지게 되면, 신호 선들이 많아져서 회로가 매우 복잡해 보이게 된다. 따라서 이러한 회로를 그릴 때는 그림8.13과 같이 각 게이트의 입출력 선을 한 개씩만 표시하여 그린다. 그리고 입력 신호선과 게이트 입력선이 서로 교차되는 교차점은 ●으로 표시한다.

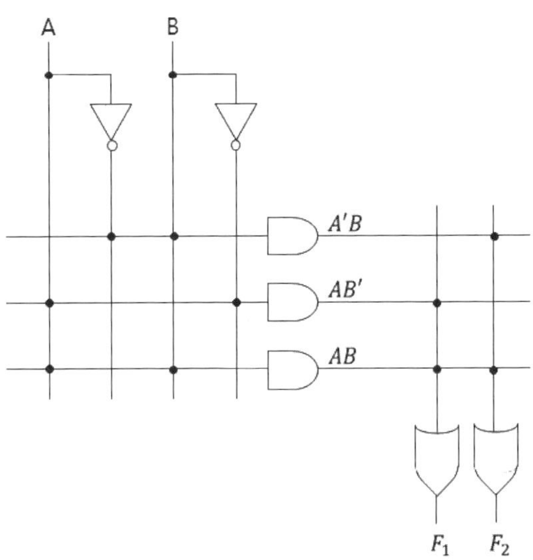

그림 8.13 간략화 표기를 사용한 게이트 배열 회로

연습문제

8.1 RAM과 ROM의 종류를 설명하시오.

8.2 메모리의 계층구조에 대해서 설명하고 각 계층 간의 용량, 속도, 가격을 비교해 보시오.

8.3 다음과 같은 메모리 장치에서 어드레스선과 데이터선의 수를 구하시오.

1) 4k x 16
2) 64k x 24
3) 64M x 32
4) 128G x 64

8.4 RAM의 용량이 64kx8인 메모리의 개략도를 그리고 2진수로 '1000010001000100' 번지의 내용이 읽혀지는 과정을 표시하시오.

8.5 8x4 ROM의 내용이 다음과 같은 경우 회로도를 그리시오.

찾아보기

저 / 자 / 소 / 개

◉ **이지영**

– 세명대학교 컴퓨터학부

◉ **박덕원**

– 세명대학교 컴퓨터학부

도서출판 **그린**

디지털논리회로

Green Pub.

1판1쇄 발행 ▶	2015년 10월 20일
저 사 ▶	이지영, 박덕원
발행처 ▶	도서출판 **그린**
발행인 ▶	윤덕우
출판등록 ▶	제8-161호(1995. 5. 3.)
주소 ▶	서울특별시 서대문구 연희로5길 50(연희동) 우 : 03716
전화 ▶	02)333-2574, 2575
Fax ▶	02)333-2561
E-mail ▶	greenpress@greenpress.co.kr
Homepage ▶	http://www.greenpress.co.kr

정가 : 15,000원

ISBN : 978-89-5727-232-9 (93560)